碳产业链丛书

碳市场发展与石油石化企业应对举措

相　超◎编著
单卫国◎审校

石油工业出版社

内 容 提 要

本书系统梳理碳定价机制发展历程、碳市场覆盖范围、碳排放监测报告核查方法、配额分配、清缴履约、碳抵消使用、市场风险与防范、数字化管理与平台建设等，内容涵盖全球碳市场、中国碳交易市场、中国碳衍生市场、企业碳资产管理、石油石化企业对策等。

本书适合石油石化企业碳管理从业人员、金融类碳资产管理人员及业务人员阅读，也可供高等院校相关专业师生参考。

图书在版编目（CIP）数据

碳市场发展与石油石化企业应对举措 / 相超编著．
北京：石油工业出版社，2024.10. -- ISBN 978-7
-5183-7010-8

Ⅰ．X511；F426.22

中国国家版本馆 CIP 数据核字第 20242Y7T33 号

出版发行：石油工业出版社
　　　　　（北京安定门外安华里 2 区 1 号楼　100011）
　　　　　网　　址：www.petropub.com
　　　　　编辑部：（010）64523561　　图书营销中心：（010）64523633
经　　销：全国新华书店
印　　刷：北京九州迅驰传媒文化有限公司

2024 年 10 月第 1 版　2024 年 10 月第 1 次印刷
787 毫米 × 1092 毫米　开本：1/16　印张：15.75
字数：400 千字

定价：168.00 元
（如出现印装质量问题，我社图书营销中心负责调换）
版权所有，翻印必究

自序

全球极端气候变化是当今人类面临的严峻挑战，已造成重大损失，甚至可能冲击人类文明。全球已形成基于《联合国气候变化框架公约》的气候治理框架，达成应对气候风险合作机制和绿色发展的共识，正在以公平、共同但有区别的责任原则践行可持续发展，力争实现《巴黎协定》中设定的"1.5℃或2.0℃"温升控制目标，减缓气候变化不利影响。解决气候危机的路径，需要从高污染、高耗能、高排放的传统发展方式转向绿色低碳循环的生产、生活和消费方式，从以化石能源为主的能源系统转向以可再生能源为主的能源系统。全球大多数国家提出碳中和目标，推动绿色低碳转型。中国生态环境脆弱、气候条件复杂，是最易受到气候变化不利影响的国家之一。中国以煤为主的资源禀赋决定了煤电在电力安全中的重要作用，因此能源转型和能源安全更是备受关注。中国提出二氧化碳排放力争于2030年前达到峰值、努力争取2060年前实现碳中和的"双碳"目标是以习近平同志为核心的党中央经过深思熟虑作出的重大战略决策，也是推动高质量发展的内在要求。中国"双碳"政策体系不断完善，正在对现行能源和工业体系进行一场广泛而深刻的系统性变革。

全球碳定价机制中的碳市场成为助力碳减排的重要推手。借鉴国际经验，中国自2013年在首批试点城市启动了碳排放权交易市场，并在2021年启动了全国碳排放权交易市场，已经进入"排碳有成本，减排有收益"的时代。碳排放权交易制度不断完善，激励碳市场管控的重点排放企业减碳降碳，也能帮助金融机构在更广泛的气候投融资中对碳减排的经济效益定价，推动各行业落实"双碳"目标。未来全国碳市场交易主体、产品和方式将进一步丰富，碳市场在碳减排、技术发展与投融资等方面的作用将更加凸显。但我们也要看到，碳排放权交易体系从一项经济学理论发展到引导全社会转型的政策工具，其建成不是一蹴而就，并且中国碳市场起步晚，处于初级阶段，规则方法还不健全，石油石化行业链条长，排放核算复杂，也增加了企业控排难度。各参与方面临市场风险、交易风险、政策风险等，需要政府、企业、审核机构、投资机构等各相关方积极参与和共同推动。

在此背景下，帮助石油石化企业认识碳市场、提前布局碳市场具有重要意义。本人基于长期碳市场工作经验以及多年参与碳市场建设研究积累，编写了《碳市场发展与石油石化企业应对举措》一书。本书系统介绍了全球气候治理，国际和国内碳市场、碳金融、碳资产管理以及石油石化企业应对策略，条理清晰、内容丰富、数据翔实，是一本企业了解碳市场非常实用的书。在编写过程中，本人多次与国内外的行业专家、政府官员和金融机构开展深度交流，这些经历影响乃至塑造了本书的视角和框架。感谢在这个过程中提供帮助的各位领导和专家，感谢中国石油集团经济技术研究院单卫国教授，感谢碳市场领域的文献作者，本书也基于他们对自身领域的真知灼见贡献之上。希望本书成为石化行业关注碳市场进程的一段路基。

碳市场在快速发展，编者认识水平和理解深度有限，不足之处在所难免，敬请读者批评指正。

前　言

为应对气候变化危机，中国制定了碳达峰、碳中和目标以及能源转型的重大战略决策。碳排放权市场交易机制是实现碳减排目标的重要机制，可以激励各方参与者采取措施减少碳排放，促进绿色转型，推动现代企业存在的单纯追求商业利润和股东利益至上的理念转向企业谋求与利益相关者、与环境社会的价值共赢。

碳排放权交易体系是由政策规则构建的，比一般的实物商品交易市场更为复杂抽象，需要全面系统地讲清来龙去脉，详细梳理碳定价机制发展历程、碳市场覆盖范围、碳排放监测报告核查方法、配额总量确定、配额分配、配额清缴履约、碳抵消使用、市场风险与防范、数字化管理平台建设等一系列经济技术问题，辅助企业整体把握碳市场政策规则，建立低碳发展策略。本书主要阐述碳排放权发展和石油石化企业应对策略，聚焦建立碳市场理论和石油石化企业实际生产链接，帮助石油石化企业在转型中提前布局应对。本书希望承接理论量化研究与企业实操之间的过渡桥梁，主要围绕碳市场和石油化工行业，为企业实际业务服务，希望用通俗的语言传达碳市场核心内容和观念，可以帮助企业从纷繁复杂的各行业碳市场发展中看到自身行业的发展情况。

本书共分五章：第一章系统介绍气候变化情况，全球应对气候变化进行治理的历程发展，帮助读者了解气候变化危机、全球气候治理框架，以及选择推行碳排放权交易的原因，并介绍了国际碳交易体系基本运作方式、国际主要碳市场运行进展情况以及优缺点；第二章介绍了中国能源转型现状路径，碳市场覆盖范围、配额分配、履约机制、交易机制，重点阐述了试点市场和全国碳市场各项要素设计，辅以案例分析，便于深入掌握全国碳市场运行制度；第三章介绍碳衍生市场中的碳金融市场、碳信用市场以及碳普惠、碳积分市场，阐述了各市场运行机制；第四章提出企业参与碳资产管理的模式；第五章主要阐述石油石化企业参与碳市场、推动绿色低碳转型的主要应对措施，结合碳市场和行业发展趋势，借鉴成熟案例和先进经验，为企业提出可操作的建议。

目 录

第一章 全球碳市场 ... 1
- 第一节 全球气候治理 ... 1
- 第二节 全球碳市场结构 ... 25
- 第三节 碳市场的经验借鉴 ... 53
- 参考文献 ... 58

第二章 中国碳交易市场 ... 62
- 第一节 "双碳"与石油石化行业转型 ... 62
- 第二节 试点碳市场 ... 74
- 第三节 全国统一碳市场发展 ... 91
- 第四节 石油化工行业碳排放核算 ... 110
- 第五节 碳足迹碳标签 ... 118
- 第六节 碳市场存在的问题探索与建议 ... 122
- 参考文献 ... 129

第三章 中国碳衍生市场 ... 131
- 第一节 碳金融市场 ... 131
- 第二节 碳信用市场 ... 143
- 第三节 碳普惠市场 ... 161
- 第四节 碳积分市场 ... 166
- 参考文献 ... 169

第四章 企业碳资产管理 ... 171
- 第一节 碳资产管理体系框架 ... 171
- 第二节 碳资产的估值与会计处理 ... 186

第三节　油气企业碳资产开发 ………………………………………… 191
　　第四节　碳资产区块链数字化管理 …………………………………… 198
　　第五节　绿电绿证与碳资产协同 ……………………………………… 202
　　参考文献 ………………………………………………………………… 213

第五章　石油石化企业对策 ………………………………………………… 215
　　第一节　碳市场发展对石油石化企业挑战与机遇 …………………… 215
　　第二节　石油石化企业应对碳市场举措 ……………………………… 218
　　参考文献 ………………………………………………………………… 243

第一章 全球碳市场

全球气候变暖，大气和海洋持续升温，地球上的冰雪存量不断下降，海平面逐步升高，低温极端事件开始减少而高温极端事件则逐渐增多，这些变化在此前近百年甚至几千年间都前所未有。温室气体的累积排放是气候变化的关键驱动因素，导致气候系统所有组成部分进一步变暖并出现长期变化。全球气候变化已经引起了国际组织和各国政府的高度重视，各国进行了多次协商和谈判，现已形成了以《联合国气候变化框架公约》（United Nations Framework Convention on Climate Change，UNFCCC）为基础，《京都议定书》（Kyoto Protocol）《巴黎协定》（Paris Agreement）为延伸的全球气候治理机制。碳排放权交易市场利用市场机制为处理经济发展与减排关系难题提供了一种解决方案，并在全球得以广泛应用，逐步发展成熟并壮大。

第一节 全球气候治理

一、气候变化

全球极端天气气候事件频发、重发。全球平均气温、海表温度打破历史纪录。多地区遭遇了异常猛烈的高温干旱和暴雨洪水。以全球变暖为主要特征的气候变化不断加剧。全球变暖由温室气体增多引起，而人类化石燃料排放是温室气体增加的主要原因。

1. 全球升温

1）全球气温呈现总体上升趋势

世界气象组织（World Meteorological Organization，WMO）发布的《2020年全球气候状况报告》显示，相比1850—1900年（即工业革命前），全球平均气温中枢已抬升了1.2℃。之后，WMO发布的2021年报告表示全球气温上升的总体趋势正在延续；2022年报告则显示2015—2022年是有记录以来最暖的8年；2023年报告中的温室气体浓度、平均温度、海洋热量、海平面等气候指标均创新纪录（表1-1-1）。

2）全球变暖以及气候变化的进程加快

过去50年来，全球变暖的速率维持在每10年增加0.2℃的水平，也是过去2000年以来增温速率最快的50年。1951—2020年气温中枢较1901—2020年持续抬升（图1-1-1）。大气圈、海洋、冰冻圈和生物圈发生了广泛而迅速的变化。

表 1-1-1　2023 年全球气候指标变化

气候指标	主要变化
温室气体浓度	二氧化碳（CO_2）、甲烷（CH_4）和一氧化二氮（N_2O）的浓度在 2022 年达到创纪录水平，2023 年这三种气体的浓度持续增加
平均气温	全球近地表平均气温比 1850—1900 年的平均水平高 1.45±0.12℃，是 1850 年以来最热的一年。2014—2023 年是有记录以来最热的 10 年
海洋热量	海洋热量达到自 1958 年以来的最高水平。1971—2023 年，0～2000m 范围的海洋上层平均升温速率为 $0.7±0.1W/m^2$，2005—2023 年为 $1.0±0.1W/m^2$
海平面	全球平均海平面（GMSL）达到了有卫星记录以来（1993—2023 年）的最高水平。2014—2023 年的海平面上升速度为 4.77mm/a，是卫星记录的第一个 10 年（1993—2002 年为 2.13mm/a）的 2 倍
海洋热浪和寒潮	全球海洋热浪日均覆盖率为 32%，高于 2016 年 23% 的记录，而海洋寒潮日均覆盖率为 4%，远低于 2022 年的水平（7%）
冷冻圈	（1）海冰：2023 年，北极海冰面积仍远低于正常水平，于 3 月 6 日达到年最大值（$1462×10^4km^2$）、9 月 19 日达到年最小值（$423×10^4km^2$）；南极海冰面积在 2 月 21 日缩减至 $179×10^4km^2$，是 1979 年以来的最低值。（2）冰盖：GRACE 卫星记录显示，2022 年 9 月至 2023 年 8 月，格陵兰岛冰盖损失量为 $196×10^9t$，南极冰盖增加量为 $122×10^9t$。（3）冰川：2022—2023 水文年，北美西部和欧洲冰川大面积损失，遭受有记录以来（1950—2023 年）最大的冰量损失

来源：世界气象组织。

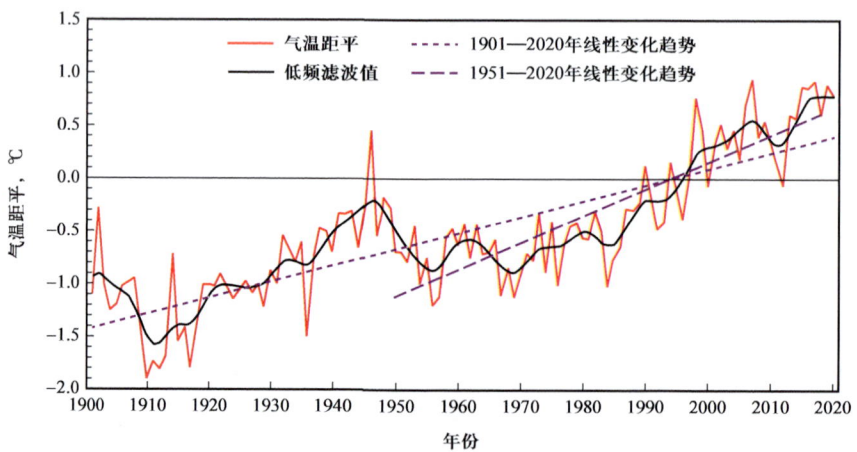

图 1-1-1　全球气温中枢变化
数据来源：《气候变化监测公报》《中国气候公报》

3）全球温升的樱花佐证

全球温升的另一表现是樱花盛开时间提前。日本樱花盛开的时间会受春季气温的影响，根据日本历史记载京都樱花满开可追溯到公元 812 年，近几个世纪以来，观测的樱花开花高峰期逐渐提前。2023年日本京都樱花树盛开高峰期距离1月1日天数为84天[1]（图1-1-2）。

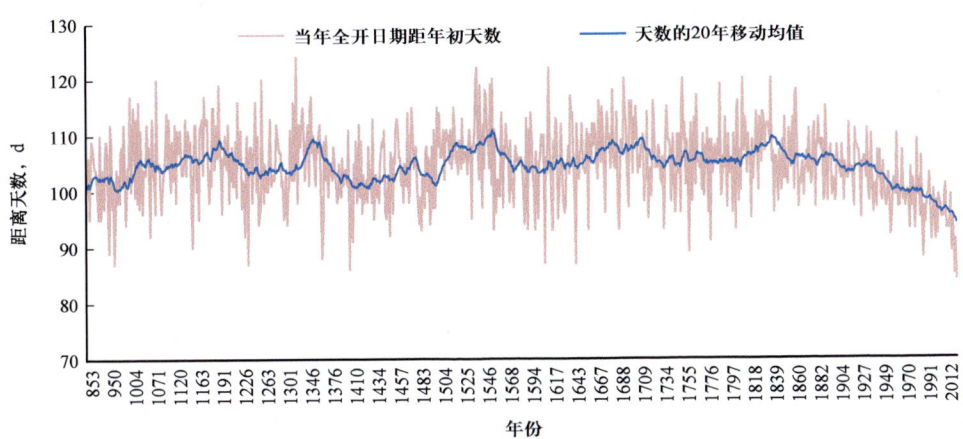

图1-1-2　日本京都樱花树盛开高峰期距离每年1月1日的天数

4）中国地表均温上升

1951—2020年，中国地表年平均气温呈显著上升趋势，增温速率达到0.26℃/10a。根据2023年度《中国气候公报》数据，2023年全国平均气温10.71℃，较常年偏高0.82℃，为1951年以来历史最高（图1-1-3）。

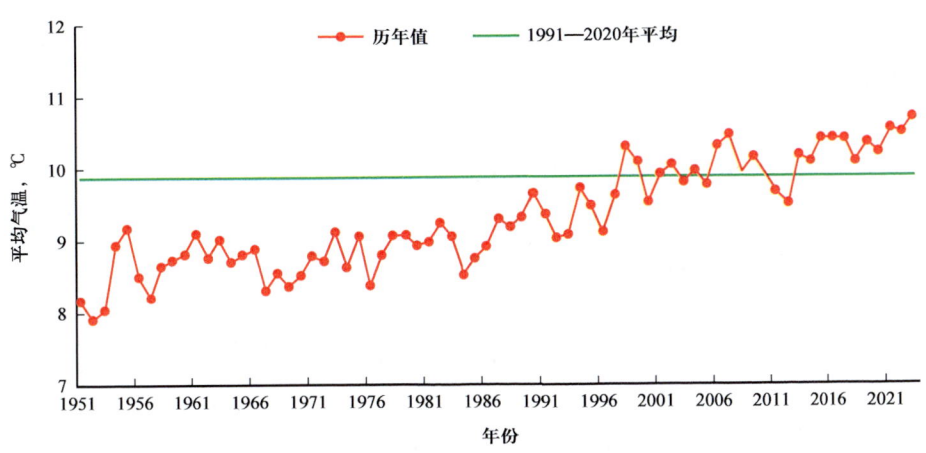

图1-1-3　1951—2023年中国平均气温历年变化
数据来源：国家气候中心

2. 全球变暖带来的影响

1）对降水的影响

全球气温变化将引起全球降水模式改变，未来可能会出现更多的极端降水或者极端干旱。

气温上升会使空气中容纳更多的水汽，进而影响到降水结构，例如小雨日数减少、暴雨日数增加，洪涝及干旱灾害或变得更加频繁和严重。根据政府间气候变化专门委员会（IPCC）报告显示，极端降水强度随全球变暖的增幅约为每摄氏度7%，但会表现出一定的区域差异，当温升在1.5~2.0℃时，全球更多地区会遭遇更加严重的农业和生态干旱。随着全球变暖的每一点额外增加，预估的极端气候事件的频率和强度变化会加大，而世界范围内的干湿变化与二氧化碳浓度正相关，即随着二氧化碳浓度上升，全球干旱事件发生概率将持续走高[2]。

2）对不同大陆、国家和地区间的影响

全球气候变化在不同大陆、国家和地区间产生不同的影响，欠发达国家风险更大。从气温变化来看，大陆中部较沿海地区或更加温暖，高纬度的气温升高比赤道附近地区要快；从降水来看，降水的增加主要发生在高纬度地区，赤道附近和中纬度地区的降水可能会减少，出现干旱、火灾等情况；从海平面上升来看，沿海地区和岛屿受到的威胁或更大，并进一步向内陆入侵。对2021年全球气候风险指数对不同国家和地区受天气相关损失事件（风暴、洪水、热浪等）影响程度的分析显示，欠发达国家通常比工业化国家受到的影响更大[3]。例如，2000—2019年，波多黎各、缅甸和海地气候风险指数排名最高，2019年受影响最大的则是莫桑比克、津巴布韦和巴哈马。

3）对冰川和海平面的影响

全球气温升高，出现海洋热膨胀、极地冰盖、山地冰川融化，平均海平面呈上升趋势。《自然气候变化》研究结果显示，预计到2100年，3.3%的格陵兰冰川将融化，或使得全球海平面升高约30cm，或导致2亿人被迫搬迁。另外，海平面上升也会扩大海洋、气象和生态灾害的影响，比如风暴、洪水的发生频率增多，风暴潮的强度和影响范围增大，同时盐水入侵也会更加频繁，影响饮用水和生物多样性等。

自1900年以来，全球海平面的上升速度比过去3000年的任何一个世纪都要快。2023年2月14日，在联合国安理会举行的海平面上升与国际和平与安全问题公开辩论会上，联合国秘书长古特雷斯警告称，如果全球平均气温较工业化前水平升高幅度控制在1.5℃，全球平均海平面将在未来2000年上升约2~3m；而气温如果升高2℃，海平面可能会上升6m[4]。2023年2月，国际学术期刊《自然通讯》（Nature Communications）一项研究显示，在未来高排放场景下，至2150年，南极冰盖和格陵兰冰盖预计会使全球海平面升高约1.4m，只有全球温升低于1.8℃才不会导致冰盖发生不可逆转的变化[5]。根据中国海洋发展研究中心公布信息显示，对中国来说，海平面上升1m，上海和江苏受到威胁；上升4m，上海沉没，江苏大部分地区沉没；上升6m，粤港澳开始受到威胁，并开始影响山东沿海地区[6]。

4）对经济增长的影响

在传统经济学框架中，如不存在额外的外生性补贴，单纯为了提升环境质量所产生的治理成本会增加市场主体的生产成本，从而降低经济增速，但是"波特假说"认为基于科斯定律等原理设计的环境治理政策（例如市场化定价的环保税、污染排放权交易机制等）会强化企业的创新动机，提升要素生产率，最终将对冲生产成本的上涨。有关研究认为，如果没有《巴黎协定》，那么到2100年，全球人均实际GDP将因为气候变化而永久性地损失7%；但如果各经济体目前遵守了相关条例，届时实际损失将下降至1%[7]。

气候变迁对金融市场的影响与对实体经济的影响是错综复杂而联系紧密的。欧央行2019年发布的工作论文显示，气候灾害造成的损失占灾害保险损失的比重持续上升，在2018年已超过80%，气候因素正成为威胁金融稳定的重要因子。气候变化对经济增长和金融稳定的冲击是相互交织、动态演进的。气候变化会引起实体经济和金融体系资产贬值缩水，导致投资收缩和消费减少，形成更低的潜在产出（图1-1-4）。一旦负面影响形成实质性的冲击，易形成金融稳定和实体冲击的负循环反馈，放大风险[8]。

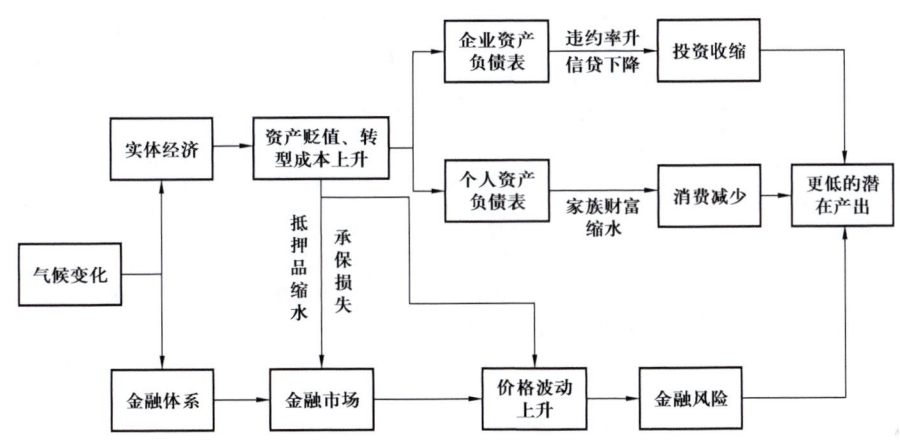

图1-1-4　气候变化对经济增长和资产价格冲击的传导逻辑

5）气候变化与社会演进

"王朝周期律"与气候曲线存在较强的相关性。历史学研究中常提及"王朝周期律"理论，即王朝持续时长与变乱发生的概率之间存在U型相关性，与经济发展的繁荣度存在倒U形相关性；在一个朝代的存续期内，经济增长的拐点通常早于变乱发生概率的拐点。现代经济地理学的研究表明，气候变化与历史学中的"王朝周期律"有明显的相关性：温暖湿润的环境有助于社会稳定和经济增长，从而对平抑变乱发生的概率具有正向作用；寒冷干燥的环境对经济增长不利，从而会加速周期推进。

竺可桢通过对中国历史文献的梳理和总结，建立了中国的温度曲线与朝代变迁的时序图，古代社会存在典型的"气候—治乱"循环，社会稳定性与气温显著正相关，大约70%~80%的战争、朝代更迭和全国性社会失序发生在"冷期"[9]。葛全胜等研究认为中国历史上的治乱周期和人口波动与冷暖变化存在显著的对应关系（图1-1-5）。过去2000年中盛世、大治和中兴局面的社会经济繁荣时期总共31个，其中25个出现在气候较暖的时期或冷暖转换期；7次大规模的国家动乱都发生在冷期[10]。气候变化直接影响粮食生产，进而影响粮食供给，直至动摇社会稳定性，产生一系列政治经济后果。暖期的气候总体有利于农业发展，从而为社会更快发展提供更为优越的物质条件，是历史上"冷抑暖扬"特征形成的根本原因[11]。

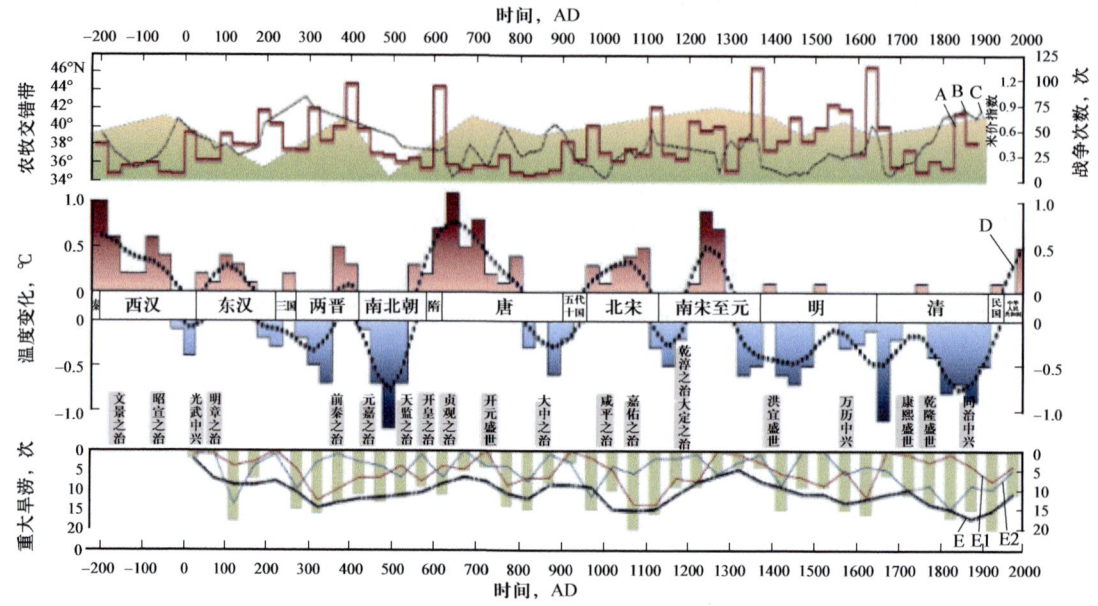

图1-1-5 中国历史上的治乱周期和人口波动与冷暖变化对应关系

注：A. 秦汉以来全国每30年发生战争的次数；B. 秦汉以来黄河中下游地区米价指数曲线（每个朝代分别标准化，分辨率为30年）；C. 秦汉以来农牧交错带西段（呼和浩特至潼关一线以西）北界的变化；D. 秦汉以来东中部地区（105°E以东，25°～40°N）冬半年温度变化（分辨率为30年，柱图代表相对于1951—1980年冬温均值的正、负距平值，点线为60年滤波结果）；E. 东汉以来东中部地区（105°E以东，25°～40°N）每50年发生重大旱涝事件的年数[曲线分别为旱涝灾害（E）、重大旱灾（E1）和重大涝灾（E2）百年滑动平均]

数据来源：《中国历史时期气候变化影响及其应对的启示》

6) 对人类健康有直接和间接影响

2021年IPCC发布的第六次评估报告（AR6）第二工作组（WGII）报告《气候变化：影响、适应和脆弱性》，其中第7章"健康、福祉和不断变化的社区结构"评估了气候变化对人类健康和福祉的当前影响以及未来风险，报告明确指出气候变化对气候敏感传染病和慢性非传染性疾病，以及精神心理健康等的威胁正在增加，并表现出复合暴露和连锁事件的风险，且预计未来风险还会随着全球变暖而进一步加剧[12]。

3. 温升与碳排放关系

1) 全球变暖主要由温室气体增多导致

温室效应理论是全球变暖研究的基础。法国热学家约瑟夫·傅里叶1827年出版的论文《地球温度和平面空间温度备忘录》中第一次证明了大气温室效应理论的存在，即地球将吸收的太阳光热量反射回太空过程中，被大气层中的温室气体拦下了其中的一部分，并将其重新反射回地球表面，导致全球温度普遍上升。斯凡特·阿伦尼乌斯在1896年首次计算了大气中二氧化碳含量的变化对地表温度的影响，提出了大气中的 CO_2 含量对地球温度的影响估算，计算结果表明，如果大气中 CO_2 的含量减少一半左右，可能会导致欧洲的平均气温下降约 4~5℃，而当时阿伦尼乌斯认为地球变暖（与大气二氧化碳浓度的增加有关）将是人类的一次机遇，世界上的寒冷地区可以利用改善的气候条件和更高的农业产量来造福快速增长的人口。

过去一百多年以来，大气二氧化碳浓度和全球表温呈紧密正向相关关系。人类最早采用仪器观测二氧化碳浓度始自 1958 年 3 月，期间美国学者查理斯·大卫·基林（C. David Keeling）在夏威夷莫纳罗亚岛开始观测，这个观测站一直延续到现在。该站观测到的大气 CO_2 体积分数浓度已经从 20 世纪 60 年代的不到 320×10^{-6} 增加到 2023 年的 419.7×10^{-6}。这条曲线被科学界称作"基林曲线"，清晰地揭示了工业化以来大气 CO_2 浓度不断升高这一事实（图 1-1-6）。20 世纪 80 年代开始，全球地表平均温度开始快速拉升，到 20 世纪 90 年代末，平均表温升高幅度已经达到 0.5℃。从 1997—1998 年的超级厄尔尼诺事件开始，出现了一个长达 15 年的"全球变暖停滞期"，研究发现原来热量进入了大洋深处[13]。海洋是一个庞大的热能储库，自工业革命以来，超过 90% 的人为温室效应能量进入了海洋内部，而滞留在地表的不足 10% 的热量引发全球 1.3℃ 的升温和越来越频发的极端气候事件[14]。如果海洋洋流发生翻转，热量又被重新释放到大气中，可能引起全球气温的加速上升。20 世纪 90 年代初，中国在青海的瓦里关山建立了大气本底观测站，开始了中国大气 CO_2 浓度观测；该站的观测资料显示，中国的大气 CO_2 浓度与全球同步增加。

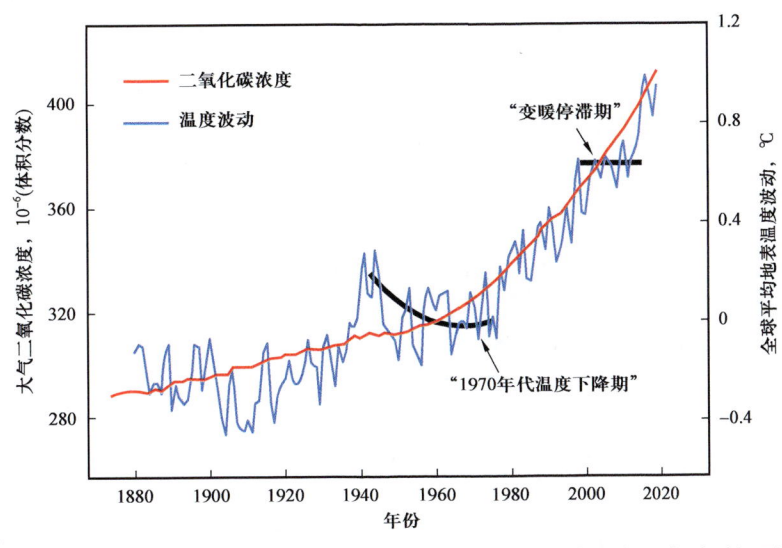

图 1-1-6 工业革命以来大气二氧化碳浓度和全球平均地表温度波动记录
数据来源：美国大洋与大气管理局网站（www.noaa.gov）

2）地质史上的巨量碳释放

从地质学角度看全球变暖，工业革命以来是地质史上的巨量碳释放时期。地质学家利用冰川测度更远历史时期的二氧化碳浓度。南极洲和北极格陵兰岛几千米厚冰川是过去几十万年以来降雪不断累积形成的。降雪刚落在冰面上的时候，内部疏松，跟大气可以直接交流。随着新的降雪在上面不断堆积，下面积雪开始压实，空隙变小，最后在冰川内部形成许多密闭的气泡，气泡当中封存着古大气的化学组成信息。冰块本身由氢和氧两种元素组成，氢和氧的同位素分馏与降雪时的大气温度有关，利用氢、氧同位素可以重建极地大气温度历史。

通过在冰川高原上钻取出几千米长度的冰芯，可以恢复出过去80万年以来的大气二氧化碳浓度波动历史。过去80万年以来，温度和二氧化碳浓度波动呈现出高度吻合关系。工业革命以来，二氧化碳浓度上涨幅度为140×10^{-6}，这已经超过了冰期—间冰期旋回的振幅。另外，420×10^{-6}左右的二氧化碳浓度是过去80万年以来地球从未有过的峰值[15]。工业革命以来，人类释放二氧化碳的规模和速度巨大，可以称为地质历史上巨量碳释放事件（图1-1-7）。地质历史上另一个能与之相对比的事件还要追溯到5500万年前的古新世—始新世极热事件。由于某种因素触发，当时海底陆坡上埋藏的天然气水合物大规模崩解，据估计在数千年时间里，一共有3.5×10^{12} t的碳被释放到大气中；与此对应，同期的全球平均气温比背景值高出5～10℃，海洋大幅度酸化导致底栖生物发生集群性绝灭，陆地动植物群落也发生重大绝灭和变革[16]。

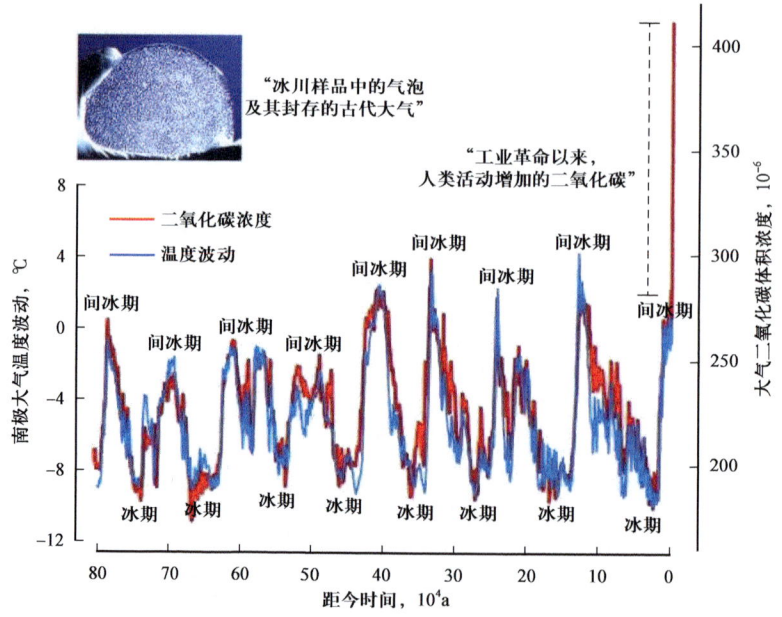

图1-1-7　过去80万年以来大气二氧化碳浓度和南极大气温度的波动历史
资料来源：澎湃新闻《从地质角度看全球变暖》

3）全球2℃温升目标阈值设置与未来温升预计

全球普遍认同到2100年将相对工业革命前的温升目标控制在2℃以内，以应对未来气候变化。1991年，首个服务政府政策的气候变化目标被提出，称为"红绿灯系统"，它使用每10年气温和海平面上升的速率来区分气候变化的危险等级，其中红灯代表"能够扰乱社会经济，有导致系统不稳定的重大风险"，与次一级的黄灯之间的界限被设为"最大温升2℃、最大海平面上升0.5m"[17]。1996年，欧盟直接将2℃作为2100年相对工业革命前最大允许的温升，以避免生态系统（如珊瑚）遭受重大损害[18]。此后，2℃温升阈值逐渐被社会各界所熟知。2015年《联合国气候变化框架公约》缔约方通过《巴黎协定》，旨在于21世纪内大幅减少全球温室气体排放，到2100年将全球温升限制在2℃以内，同时寻求进一步限制温升在1.5℃以内的措施。无论是2℃还是1.5℃的温控目标，都是为协调UNFCCC各缔约国谈判和行动设立的，并非严格意义上的科学目标，但是也有研究指出单纯地使用全球平均温度并不能完整地反映复杂地球系统的各个部分所受到的影响[19]。

全球逐步迫近气候变化风险阈值上限。2024年6月，世界气象组织发布《全球年度至十年气候最新通报》指出，未来5年，至少有一年的全球年平均温度将比工业化前水平暂时高出1.5℃的可能性为80%，预计2024—2028年，每年全球平均近地表温度将比1850—1900年基线高出1.1~1.9℃。

4）人为因素被认为是全球二氧化碳浓度增加的主要原因

自工业时代开始以来，由于观测技术不足，人类活动引起的全球变暖一直未被明显观察到。直至1979年，气象学家查尼（Charney）应美国政府的要求为美国国家科学院做筹备，并需要提交一份气候评估报告给美国总统卡特，由其领衔的著名报告《二氧化碳和气候：一个科学评估》（"Carbon Dioxide and Climate: A Scientific Assessment"）正式发表，此报告开启了气候评估的先河，认为人类继续使用化石燃料会造成大气中二氧化碳发生巨大变化，并通过当时气候对大气二氧化碳增加响应的气候模型，预测大气中二氧化碳增加一倍将导致全球变暖1.5~4.5℃。目前，这个40多年前的评估基本被证实。

联合国政府间气候变化专门委员会（IPCC）评估报告不断发布，对二氧化碳浓度增加来源于人为因素的结论逐步明确。1988年，联合国环境规划署（UNEP）和世界气象组织（WMO）共同成立了在科学上有权威性、政治上有公信力、可组织报告气候变化的政府间气候变化专门委员会（IPCC），IPCC预算由会员国自愿捐款提供，主旨是用通俗语言报告主流科学对气候变化的认识和结论，提升气候变化认知，减少纷争。该机构的第一任主席就是《查尼报告》作者之一的伯特布林。IPCC于1990年发布了第一份全球气候变化评估报告认为"很难确定观察到的气候变化是由人类活动引起的"，但在随后几年的评估报告中对人类活动引起全球变暖的结论越来越确定。2021年，IPCC第六次评估报告（AR6）评估了1870—2019年全球年均二氧化碳排放浓度的变化，指出其中化石燃料排放占人为CO_2排放总量的86%，其中2010—2019年的年均化石燃料碳排放量为(9.6 ± 0.5) PgC❶，可折算为$(35.2 \pm 1.8) \times 10^9$ t CO_2。报告明确指出，毋庸置疑，人为影响正在使得大气、海洋和陆地变暖。2010—2019年相对于1850—1900年，人为导致的总的全球表面温度变

---

❶ 碳排放量中的"PgC"代表Petagrams of Carbon，即千兆克的碳，用于表示每年的碳排放或吸收量。具体来说，1PgC等于10^{15}g的碳，也就是10^9t的碳。

化最优估计为 1.07℃。据统计，若以 10 年为统计周期，这些人为排放的 CO_2 中约 46% 留存在大气，23% 被海洋吸收，31% 被陆地吸收。因此，人为碳排放越多，最终留存在大气中的 CO_2 就越多，令其浓度不断上升。另外，根据计算机气候模型模拟结果，同时包含人为和自然因子的模拟实验能合理再现观测到的全球增温现象，但是单独自然因子无法解释观测到的增温，反映出人为因素是引起增温的主要因素（图 1-1-8）。

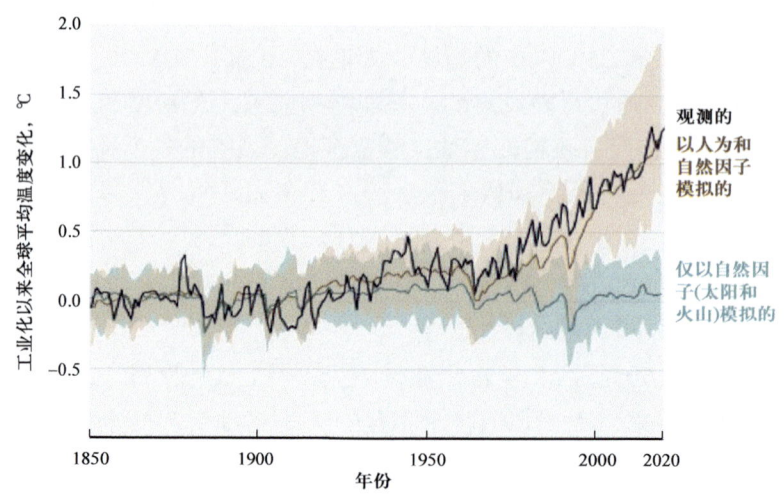

图 1-1-8　在超级计算机上利用气候模式再现的工业化以来全球平均温度变化

人类活动需要对全球变暖负责吗？

自 1990 年 IPCC 的第一次报告以来，随着观测和模型知识的进步，人类活动对全球变暖原因的答案也在不断变化。

第一次（1990 年）：极少观测证据可检测到人类活动对气候的影响，很难确定观察到的气候变化是由人类活动引起的，还是由自然气候变异造成的。

第二次（1995 年）：一些证据可识别人类活动对 20 世纪气候变化的影响。

第三次（2001 年）：近 50 年观测到的变暖大部分可能是由于温室气体浓度增加造成的。

第四次（2007 年）：全球变暖不仅在地表，而且在对流层和洋面以及海冰都检测到变暖信号。20 世纪中期以来全球变暖很可能是人类活动造成的。

第五次（2013 年）：在 5 个圈层都检测到变暖，自 20 世纪中期以来全球变暖人类活动很可能是主因。

第六次（2021 年）：毋庸置疑，人类活动已造成大气、海洋和陆地变暖。在未来 20 年内全球变暖可能达到或超过 1.5℃，我们是否将变暖限制在这一水平并防止最严重的气候影响取决于未来 10 年采取的行动。

二、气候治理

全球气候变化正在发生，日益紧迫，且主要由人类活动引起，需继续强化全球应对行动。自 20 世纪 90 年代国际气候谈判全面启动以来，国际社会长期以寻求有效的温室气体减排方案为核心目标。在《联合国气候变化框架公约》下,《京都议定书》成为第一个气候治理重大成果,其遵循碳排放总量控制"自上而下"分拆目标的方式,要求成员国对形成强法律约束力的减排目标和时间表作出承诺。之后,《巴黎协定》以2℃温升控制的愿景目标取代了明确、数量化的减排目标,方式转变为各国结合国情遵循"自下而上"上报国家自主减排贡献的方式,自觉自愿作最大程度减排努力,奠定了2020年以后气候合作治理基础,也体现了相对务实和灵活的特征。

1. 全球气候治理框架

全球气候治理是为了解决全球应对气候变化问题所做的制度安排和相应运行机制,其关键要素包括《联合国气候变化框架公约》内治理和《联合国气候变化框架公约》外治理,内治理是核心,外治理是补充(图1-1-9)。《联合国气候变化框架公约》内治理的制度安排包括"承诺""监测"和"促进",分别解决"要做什么""做没做到"和"没做到怎么办"三个问题。其中"承诺"主要包含减缓、适应和执行手段三方面的内容,减缓承诺下包括森林、碳定价等子议题,适应承诺则包含损失损害、适应目标、农业、预警观测等子议题,执行手段承诺主要包含资金、技术和能力建设等子议题。"监测"对应的是透明度和全球盘点议题,旨在通过各国自主通报信息与盘点进展的手段,对全球气候治理的整体行动进行监测和追踪。"促进"对应的是履行和遵守议题。

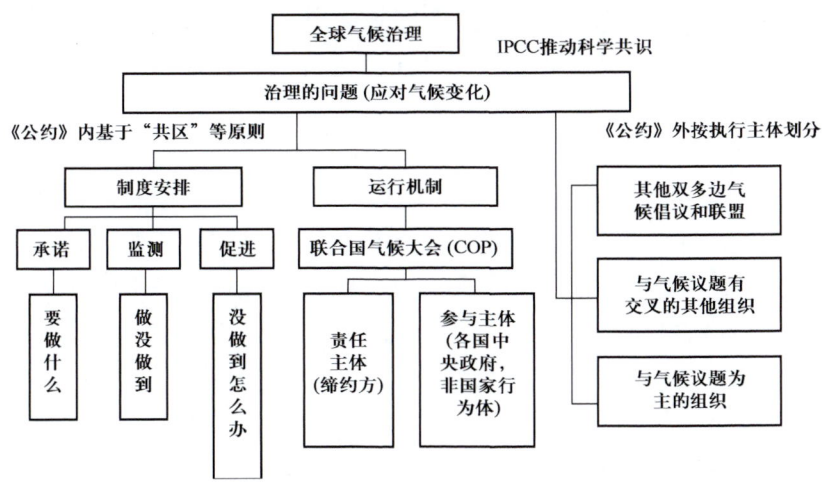

图1-1-9　全球气候治理框架
注:COP,即缔约方大会(Conference of the Parties)

《联合国气候变化框架公约》外的气候治理机制,按执行主体大致可以分成三类:一是以气候变化为主题的国际联盟和论坛,比如主要经济体能源与气候论坛、气候行动部长级会议以及七国集团气候俱乐部。二是涉及气候议题的其他专业性国际组织和多边论坛,包括联合国下的国际组织,如国际民航组织、国际海事组织、《联合国生物多样性公约》秘书处、联合国环境规划署、联合国粮食和农业组织、世界气象组织等;其他政府间国际组织会议,包括二十国集团峰会、七国集团峰会、亚太经济合作组织峰会等。三是双多边的自愿合作气候倡议组织和联盟，涉及主体非常广泛，比如全球甲烷承诺、格拉斯哥净零金融联盟等。这些组织都有其自身的制度安排和运行机制，比如推动在已有国际框架下增加气候议题、建立多边气候俱乐部以及成立非政府组织气候联盟和城市联盟等[20]。

2. 全球气候治理进程

全球气候治理经历了四个治理时期，气候治理形成了良好的连续性和传承性。《联合国气候变化框架公约》建立了全球气候变化合作的基本框架，但未提出量化的减排目标。全球在此公约框架之下进行气候协同治理。《京都议定书》是国际气候谈判所达成的唯一带有法律约束力的条约，分为第一承诺期和第二承诺期，确保全球气候治理进展执行，但其仅要求作为温室气体排放大户的发达国家采取具体措施限制温室气体的排放，而发展中国家不承担有法律约束力的温室气体限控义务。继而《巴黎协定》提出了更清晰、全面的温控目标，动员所有有能力作出贡献的国家参与全球应对气候变化行动，是指导2020年之后气候治理的主要机制。

1）《联合国气候变化框架公约》支撑全球气候治理时期（1990—2005年）

《联合国气候变化框架公约》构建了国际气候变化合作治理的基本框架，为全球共同应对气候变化奠定了基础。

（1）《联合国气候变化框架公约》形成背景。

1990年10月，在世界气象组织、联合国环境署和其他国际组织共同举办的第二次世界气候大会期间，137个国家加上欧洲共同体进行部长级谈判，呼吁建立一个气候变化框架条约。1990年12月，联合国大会通过第45/212号决议，决定成立由全体会员国参加的气候公约政府间谈判委员会（INC），立即开始起草《联合国气候变化框架公约》（UNFCCC）。1991年2—5月联合国召开了5次会议，150个国家的代表最终确定于1992年6月在巴西里约热内卢举行的联合国环境与发展大会签署此公约。1992年6月，在巴西里约热内卢举办了历史性地球问题首脑会议，联合国希望帮助各国政府重新思考经济发展，并找到应对地球污染和自然资源消耗的解决方案，会议通过了《联合国气候变化框架公约》，并成立该公约的协调机构，即公约秘书处。在这次会议上，172个政府（其中108个由国家元首或政府首脑作为代表）通过了3份指导未来发展方法的主要文件，即《21世纪议程》《里约宣言》和《森林原则声明》；会议开放了2项具有法律约束力的文书供签署，即《联合国气候变化框架公约》和《生物多样性公约》。《联合国气候变化框架公约》于1994年3月21日生效，公约中各国同意"稳定大气中的温室气体浓度，以防止人类活动对气候系统造成危险的干扰"。这是全球第一个为全面控制二氧化碳等温室气体排放，应对全球变暖给人类经济和社会带来不利影响的国际公约，是国际气候变化合作的基本框架。

中国于1992年11月7日经全国人大批准《联合国气候变化框架公约》（以下简称《公约》），并于1993年1月5日将批准书交存联合国秘书长处。该公约自1994年3月21

日起对中国生效。《公约》自 1994 年 3 月 21 日起适用于澳门，1999 年 12 月澳门回归后继续适用；自 2003 年 5 月 5 日起适用于香港特区。

1995 年 4 月，政府间气候变化专门委员会（Intergovernmental Panel on Climate Change，IPCC）牵头的《联合国气候变化框架公约》的第一次缔约方会议（即 COP1）召开，会议决定设立柏林授权工作组，围绕形成一个让缔约方可以操作的、具有法律约束力的协定开始谈判。各方在 1997 年日本东京 COP3 会议上通过《京都议定书》。《京都议定书》"自上而下"要求工业化国家承诺根据商定的具体目标，强制减少温室气体排放，并定期报告，是第一部量化限制温室气体排放的国际法律文件。但是《京都议定书》执行面临较多困难，首先减少温室气体排放量在当时意味着对经济发展的限制或要求经济发展转型。这种转型要求对于正要快速发展的俄罗斯，以及已经基本锁定在高碳发展路径上的美国、加拿大等来说很难接受；其次《京都议定书》中对于"发达国家承担定量减排任务 – 发展中国家视自身情况行动"的二分法受到一些国家的反对，作为发达国家的美国以此为借口退出协议。因此，《京都议定书》从通过到生效经历了 7 年的艰苦谈判，波折不断，最终在欧盟的努力斡旋下和推动下，2004 年 11 月 18 日俄罗斯批准了《京都议定书》，至此达到了《京都议定书》的生效条件，于是在 2005 年 2 月 16 日正式生效。中国于 1998 年 5 月 29 日签署《京都议定书》，2005 年 2 月 16 日起《京都议定书》对中国生效。

（2）《公约》核心内容。

《公约》核心内容包括：

第一，确立应对气候变化的最终目标。《公约》第 2 条规定："本公约以及缔约方会议可能通过的任何法律文书的最终目标是：将大气温室气体浓度稳定一个水平上，以防止气候系统受到危险的人为干扰，并且这一水平应当足以使生态系统实现可持续"。

第二，确立国际合作应对气候变化的基本原则，主要包括"共同但有区别的责任"原则、公平原则、各自能力原则和可持续发展原则等。

第三，明确发达国家应承担率先减排和向发展中国家提供资金技术支持的义务。《公约》附件一国家（发达国家和经济转型国家）应率先减排，并被期望 2000 年前单独或联合将温室气体排放控制在 1990 年的水平。附件二国家（主要发达国家）应向发展中国家提供资金和技术，帮助发展中国家应对气候变化。

第四，承认发展中国家有消除贫困、发展经济的优先需要。《公约》承认发展中国家的人均排放仍相对较低，因此在全球排放中所占的份额将增加，经济和社会发展以及消除贫困是发展中国家首要和压倒一切的优先任务。

（3）COP 大会推动全球各国应对气候变化。

《联合国气候变化框架公约》框架下，缔约方每年召开联合国气候大会（Conference of the Parties，COP），会议召集各方来讨论如何共同应对气候变化问题，并对公约的各种延伸进行谈判，以确立具有法律约束力的排放限制，会议期间 IPCC 牵头评估气候变化。IPCC 没有进行原创性研究的任务，不会向决策者提出建议，其报告旨在与"政策相关"（决策帮助），而非"政策规定"。因此，IPCC 的综合科学报告与《公约》缔约方大会期间作出的政治决定之间存在着重要的协同作用。截至 2023 年，IPCC 气候变化科学评估报告已发布 6 次，COP 大会已召开了 28 届，成为全球规模最大、影响力最高的气候会议。

2）《京都议定书》生效后到第一承诺期（2005—2012 年）期间引领全球气候治理

2005 年《京都议定书》生效后在全球形成了"自上而下"和"二分法"的气候治理结构。《京都议定书》根据"共同但是有区别"的原则，实行"二分法"，把参与国家的责任分为两类，发达国家需要承担定量减排任务，发展中国家根据自身情况采取积极行动，但没有硬性指标。发达国家在《京都议定书》中被列在附件 B 名单中（中国是条约控制框架以外的发展中国家，所以当时不受温室气体排放限制），他们在《京都议定书》中承诺在"第一承诺期（2008—2012 年）把温室气体排放在 1990 年的水平上下降 5%"。《京都议定书》通过三种基于市场的机制为各国提供了实现目标的额外手段，即附件 B 国家之间可以通过国际碳排放贸易（Emission Trading）、联合履行（Joint Implementation）来提高减排效率，同时《公约》附件一国家可以通过清洁发展机制（Clean Development Mechanism）向发展中国家购买额外的减排量以帮助自己完成任务，也奠定了以后碳市场发展的基础。在 2005 年到 2012 年期间，各国对《京都议定书》第一承诺期完成之后是否继续第二承诺期经历了分歧产生、极度悲观到承诺达成的历程。2005 年 COP11 暨《京都议定书》第 11 次会议开始就发达国家 2012 年以后减排的潜力和量化减排指标问题展开谈判。

2007 年巴厘岛大会为 2012 年以后的国际气候制度筹备绘制蓝图，大会谈判中争议的焦点是未来制度的安排：究竟是保持《京都议定书》框架，让一些发展中国家可以"毕业"进入附件 B 同发达国家共同承担减排责任，还是所有的国家都承担具有法律约束力的责任，只是责任强度不同？经过多方博弈，最终的决议确立了"双轨制"的设计，一方面，签署《京都议定书》的发达国家要执行其规定，承诺 2012 年以后大幅度量化减排指标；另一方面，发展中国家和未签署《京都议定书》的发达国家则要在《公约》下采取进一步应对气候变化的措施，史称《巴厘岛路线图》。

3）《京都议定书》第二承诺期（2013—2020 年）协调全球气候治理

《京都议定书》第二承诺期各国立场之间的差距巨大，直至第一承诺期到期的最后时间，即 2012 年底的多哈会议上才达成一致，确定实施第二承诺期的气候治理，期间《多哈修正案》就《京都议定书》第二承诺期作出安排，为《京都议定书》附件 B 所列发达国家缔约方规定了量化减排指标，使其整体在 2013—2020 年承诺期内将温室气体排放量在 1990 年水平上至少减少 18%。《〈京都议定书〉多哈修正案》维护了《公约》原则，特别是"共同但有区别的责任"原则、公平原则和各自能力原则，延续了《京都议定书》的减排模式，实现了第一承诺期和第二承诺期法律上的无缝链接。在此次多哈会议上对《京都议定书》没有形成第三承诺期，因此多哈会议也可认为是终结了《京都议定书》。多哈会议期间，美国因国会没有批准而未加入，加拿大后来宣布退出，俄罗斯、日本、澳大利亚、新西兰拒绝加入第二承诺期。

4)《巴黎协定》构建了2020年以后全球气候治理秩序

《巴黎协定》构建了"自下而上""自愿和回顾"的气候治理体系。2015年12月12日，全球近200个缔约方联合签署通过《巴黎协定》，确立了保护环境、合作共赢的多边机制，目标是将全球平均气温较工业化前水平升高的幅度控制在2℃之内，并承诺"尽一切努力"使其不超过1.5℃，从而避免更大灾难性的气候变化后果，该协定于2016年11月4日生效。《巴黎协定》在全球气候治理中确立了2020年以后以"国家自主贡献（Nationally Determined Contributions，NDCs）+五年评审"为核心"自下而上"的碳减排的气候自愿治理模式，即各国根据自己的能力进行承诺，在行动过程中，通过不断比对行动的进展，逐步缩减排放量，但是这种方式是一种自愿行为，没有办法保障未来能有一个安全气候治理环境。从2023年开始，全球每5年盘点一次全球气候行动总体进展和效果，以帮助各国提高行动力度、加强国际合作、实现应对全球气候化的长期目标。2023年全球进行首次盘点。

5)《巴黎协定》气候治理框架核心内容

《巴黎协定》最大限度凝聚了各缔约方的共识，开创性地建立了新全球气候治理框架，明确了气候治理的整体目标、行动着力点和支持保障机制。

（1）协定基本确立减缓、适应和执行三大目标。

《巴黎协定》第二条明确提出了三项目标：减缓目标，即把全球平均气温较工业化前水平升幅控制在2℃之内，并努力将气温升幅限制在工业化前水平以上1.5℃之内，减缓侧重于通过减少温室气体排放避免气候变化程度加剧；适应则是基于气候变化已经发生这一事实，人类需增强自身各方面能力适应这一变化，从而降低气候变化可能带来的损失；执行手段目标，即让资金流动符合温室气体低排放和气候适应型发展的路径。

为了实现这三个目标，《巴黎协定》设置了若干行动领域（即议题）。减缓目标下包括森林和碳定价机制，适应目标下包括适应和损失损害，执行手段目标下包括资金、技术和能力建设。在《巴黎协定》之外也有新的执行领域不断涌现，例如减缓目标相关的能源和森林，适应目标相关的损失损害、农业和早期预警观测系统，以及适应资金、基于自然的解决方案等交叉领域。每一个行动领域都有国家的自主行动和国家间合作的相关安排。除了这些行动领域的议题，《巴黎协定》的透明度、全球盘点和遵约构建了程序上的规则，保障协定能够完整有效得到实施[21]（图1-1-10）。

（2）国家自主贡献核心机制特征。

国家自主贡献是《巴黎协定》的核心内容，是由缔约国自主参与并编制、通报和确保目标实现的法律文本。截至2023年11月，《巴黎协定》194个缔约方全部提交了国家自主贡献目标，68个缔约方提交了长期的温室气体低排放发展战略。宣布长期减缓战略与目标的缔约方温室气体排放量占全球温室气体排放量的88%。国家自主贡献特征体现在三个方面：

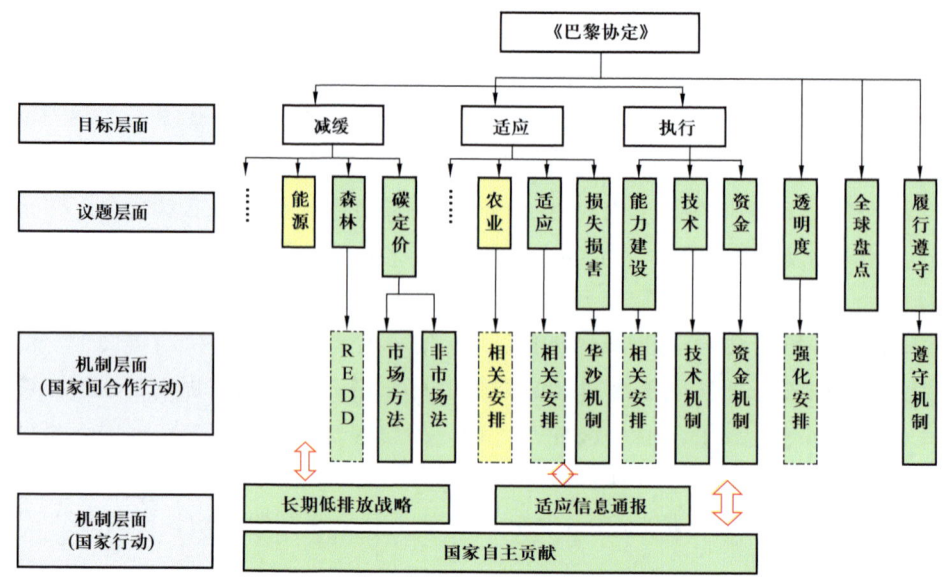

图 1-1-10 《巴黎协定》下气候治理制度安排和合作机制

注：绿色底框表示《巴黎协定》内的议题或机制，实线方框表示《公约》内有官方名称的机制，虚线方框表示《公约》内无官方名称，但是有相关机构和规则的安排。黄色底框表示《巴黎协定》外、《公约》内议题或机制。

① 自愿承诺参与行动。为了应对气候变化，发达国家和发展中国家均需依据本国国情，自愿作出碳减排的具体承诺并采取碳减排行动。各国的自主贡献打破了发达国家和发展中国家之间的屏障。

② 减少缔约国的矛盾。不同于《京都议定书》规定的"自上而下"的强制性减排模式，《巴黎协定》尊重并认可国内政策在全球气候变化问题上的重要地位，认为缔约国可以自主制定本国的具体减排方案，由缔约国自愿承诺，形成新的框架与格局。这种承诺的框架与格局从总体上缓解了缔约国之间关于减排分配的矛盾，扫除了减排合作的障碍[22]。

③ 推动缔约国的自我驱动。国家自主贡献推动了全球气候治理走向"自我驱动"，即并不寻求强制性、具有法律约束力的国际法方案，而是赋予各缔约国在减排问题上的自主权。

（3）巴黎协定的法律约束力。

《巴黎协定》签署后需要所有缔约方严格遵守。《巴黎协定》整体和程序上具有法律约束，但条款执行、具体内容、实施效果不属于法律约束范畴，整体呈现"硬的法律外壳"和"软的执行机制"的特征。

①《巴黎协定》对缔约国具有法律约束力，该协定的法律约束力指的是协定整体上的约束力，并不包括一些具体规定。其中包括减排和资金在内的各缔约国的自主贡献内容属于无法律约束力的大会决议。在每个国家的气候行动以及2020年后发达国家的气候出资等方面仍然缺乏法律约束力。

②《巴黎协定》对缔约国的约束力只是体现在程序上，就是提交并通报（5年一次）该国的减排自主贡献，至于缔约国应该提交什么样的自主贡献、应该如何进行碳减排、国

内具体的减排政策是怎样的、达到何种减排目标等,均不是缔约国的法定义务,没有强制性[23]。各缔约国提交的国家自主贡献没有包括在协定条款中,也没有统一格式要求,原则上等同于自愿行动。另外,升温上限和零排放目标是《巴黎协定》中具有法律约束力的文本内容,但是对于约束的目标和约束的方式等均没有明确[24]。

③《巴黎协定》的遵约机制缺乏强有力监督制度。例如,对不遵守条约义务的缔约国缺乏惩戒措施。但遵约机制制定偏保守又有其原因,主要因为借鉴环境治理方面的经验,通常是对环境污染源头进行比较严格的控制,对于保护环境的具体行为则要鼓励[25]。

6)碳预算方式指导气候治理的问题与挑战

(1)碳预算概念。

碳预算是指为符合《巴黎协定》气候目标而允许未来排放的二氧化碳量。据 IPCC 第六次报告(AR6)第一专家组报告数据显示,自 1850—2019 年全球历史二氧化碳累计排放量已达 2.39×10^{12} t。在 2100 年势必实现 2℃目标约束下,剩余全球碳预算为 $0.9 \times 10^{12} \sim 2.3 \times 10^{12}$ t,与此相对应的 1.5℃目标下,剩余全球碳预算为 $0.3 \times 10^{12} \sim 0.9 \times 10^{12}$ t[26]。

全球碳项目(Global Carbon Project,GCP)评估显示,温升 1.5℃的剩余"碳预算"(即在 50% 的可能性保持在 1.5℃以下的情况下仍能排放的二氧化碳量)为 3800×10^8 t 二氧化碳。2020 年 12 月 11 日,GCP 发布《2020 年全球碳预算》报告指出,2020 年全球总二氧化碳排放量约为 400×10^8 t,按照目前的排放速度,剩余碳预算将在 2030 年前被耗尽。

(2)碳预算指导气候政策的挑战。

碳预算提供了一种衡量国家排放目标与控制全球温度上升目标是否一致的方法。碳预算可被用于为五年期全球盘点过程提供标准,评估排放目标与长期温度目标是否一致;而且国家碳预算对政策制定具有重大意义,例如,短期碳预算可以以类似于财政预算的方式被采纳和报告,将国家气候目标以更具体的方式嵌入政府决策过程中,但是对于如何在各国之间公平地分配剩余的碳预算,仍然存在巨大的挑战。

7)2023 年全球首次盘点

联合国在 2023 年 COP28 会议前提交的全球盘点综合报告系统回顾了自 2015 年《巴黎协定》通过以来全球气候行动的进展情况,评估结论是当前国际社会的气候行动依旧远落后于《巴黎协定》目标的需要,全球实现 1.5℃温控目标的时间窗口正在迅速缩小。

(1)盘点的主要情况。

一是全球零碳电力装机容量迅速增长,但降低化石燃料发电的进展逊于预期。发电部门所产生的二氧化碳排放量在 2022 年达到历史最高,随着可再生能源的装置与发电量迅速地增长,电力部门的排放已渐趋稳定且可能于 2023 年开始下降。二是电动车全球销售量猛增,但交通运输绿色低碳模式转型仍未引起足够重视。三是钢铁与水泥等部门的去碳化进展缓慢,但近期发展呈现短期转好态势。四是现有碳捕捉移除技术仍未实现广泛商业应用。五是气候金融远不及达标所需量，化石燃料的公共融资仍在上升。

（2）盘点存在的主要争议与问题。

由于全球气候治理的复杂性，此次全球盘点结果也存在一些争议和问题。第一，"转型脱离化石燃料"的时间和行动具有模糊性。全球盘点只是针对所有缔约方的集体性评估，"转型脱离化石燃料"的要求也是针对所有缔约方发出的一种集体性呼吁，但其具体时间、方式以及相应的政策行动仍然较为模糊，没有明确的规定[27]。第二，"转型脱离化石燃料"的领域是有限的。此次全球盘点提出的"转型脱离化石燃料"的目标明确限定在能源系统，而对于化石燃料的非能源利用，即对用作化工原料的化石能源应该如何处理没有规定；同样对于能源系统以外的化石燃料的使用也没有作出明确规定。第三，末端减排技术的标准和使用具有不确定性。此次全球盘点结果重申了加速逐步减少煤电，但减少煤电的类型明确限定在"未加装减排设施"（unabated）的范围内。报告对未加装末端技术的下游排放情况没有明确要求，也没有提出将碳捕集和封存（CCS）技术应用于汽车、飞机、燃气锅炉、柴油发电机等下游排放环节[28]。

三、各国博弈

《联合国气候变化框架公约》及其相关机制是推动各国气候政策与行动的主要渠道，但存在具体执行缺乏约束、共区原则（共同但有区别的责任原则）被淡化、技术资金合作进展缓慢等问题。另外，部分国家为维护工业化国家集团的先发优势，存在另辟蹊径，以争夺和掌控全球气候治理体系改革的行为。全球大国围绕气候治理的博弈日益加剧，不同国家围绕不同议题进一步分化成了多个小集团，加剧了全球气候治理的复杂性和合作难度。中国作为发展中国家在全球气候治理中面临诸多困难，但是也展现出了负责任大国担当，保持了绿色发展战略定力，将继续讲好绿色中国故事。

1. 全球气候治理的现实困境

1）减排长效机制和执行机制会出现脱钩风险

《巴黎协定》规定了"自下而上"的国家自主贡献减排模式，这一模式仍缺少与全球长期减排目标之间的关联。国家自主决定意味着会存在缺乏具体标准、实施力度弱、没有严格的法律约束与惩罚、国家减排目标不够清晰明确等问题[29]。短期而言，自主贡献模式使得适应世界气候变化的多边体制架构更为松散，从而难以形成有效且稳定的全球气候治理体制，并可能导致巴黎气候大会后各国很难达成一致，且会对自主贡献制度及执行后续安排等问题再度产生激烈的博弈[30]。全球定期盘点基于各缔约国的具体方案和行动，并没有任何针对具体缔约国的明确条款，更没有任何惩罚机制，可能存在减排长效机制和执行机制脱钩风险。

2）共区原则正在被淡化

共区原则指各国依据现实国情和实际能力，在共同承担国家自主贡献义务的前提下，有区别地贡献自己的力量[31]。《巴黎协定》尽管同样遵循共区原则，但发达国家开始逐步合拢与"有能力的"发展中国家承担的区别责任，共区原则的适用基础在被淡化[32]。

3）国际气候合作机制进展缓慢

在技术机制方面，现有的技术合作机制存在重协调和知识分享、轻实质行动和具体实施（例如存在知识产权壁垒、转移过时技术）的缺点。发达国家和发展中国家在技术机制与资金机制议题上的谈判进展甚微。技术转让活动的成本如何得到有效支持，仍是目前技术机制没有解决的问题。市场合作机制方面也还留存一些问题待解决，例如多年期排放轨迹及多轨迹计算如何设定、排放避免是否可作为减排成果参与交易、如何设定可持续发展机制项目基线方法学等问题。

2. 全球气候治理博弈

在国际气候政治领域，以经济社会发展水平、面临气候风险程度等为基本依据，国际气候谈判集团分化为不同的谈判阵营，并结成代表不同利益诉求的集团。在气候进程中，谈判集团作为一种非正式联盟，在相关议题上采取共同立场，发挥着活跃的作用，影响甚至决定谈判的走向。

1）国际社会在气候问题上形成了"两个阵营""三股力量""多重博弈"的格局

发达国家与现阶段排放量仍在"爬坡"的发展中国家形成相对的"两个阵营"。发达国家阵营正在成为气候议程的设置者和未来合作框架的塑造者，以此向其他排放大国施压。发达国家阵营强调发展中国家是排放大国，应对全球减排负有更大责任，淡化"共同但有区别的责任"原则，特别强调发展中国家需要加大减排力度，要求承担与发达国家对等的责任义务。发展中国家阵营强调发达国家不应模糊历史累计排放，应该向发展中国家提供新的、额外的、持续的、可预测的、充足的和及时的资金、技术开发与转让，以及能力建设支持，开放市场，开展务实技术合作，帮助发展中国家推动温室气体减排、低碳和可持续发展。

"两个阵营"之下又分为"三股力量"。"三股力量"是欧盟、伞形国家（包括美国、日本、加拿大、澳大利亚等）、基础四国（中国、印度、巴西、南非）。"三股力量"自身特点和气候问题的诉求各不相同。全球变暖北极冰盖消融，欧洲极端灾害频发，欧洲在气候谈判推动、气候目标制定和气候政策执行上最为激进。欧盟许多国家在1990—2000年前后实现了碳达峰[33]，温室气体排放量已进入下行通道，具有较好的减排基础，将自己视为气候变化的领导者；伞形集团是当前全球气候变暖议题上不同立场的国家利益集团，具体是指除欧盟以外的其他发达国家。美国作为最大的发达国家，出于其国内利益需要和国际战略考虑，没有欧盟积极主动高调，但也不愿意放弃在气候变化问题上的话语权。日本、加拿大、澳大利亚等在政治立场上追随美国，形成伞形集团。伞形集团国家中期减排目标低，全球气候治理中常以发展中国家参与减排为行动前提条件。基础四国中印度、巴西属于 77 国集团成员，与中国同是发展中国家，气候利益较为一致，是应对气候问题的第三股力量。

2）西方各国在全球气候治理问题上存在分化

一是全球碳市场机制表现为碎片化，未形成全球统一的碳市场。《巴黎协定》第六条提出构建全球性碳市场的框架后，各方围绕经核证的减排量（CERs）结转、不同国家间减排项目的双重核算等细则问题争论不休。现阶段只有欧盟碳市场发展成熟，美国等国仍无统一碳市场，全球碳市场也并未链接。二是欧盟内部气候政策存在分歧。欧盟"领先国"（德国、丹麦、荷兰与北欧国家等）与"滞后国"（希腊、意大利、葡萄牙、西班牙、波兰等）之间经济发展阶段不同造成减排立场差异。"滞后国"的煤电占比高，认为欧盟气变目标过于激进、反对严格的减排措施。波兰、保加利亚和罗马尼亚等东欧国家至今仍未制定煤炭淘汰计划。三是美国内部在气候治理上两党分歧严重，且摇摆不定无法制定和维持具有连续性的气候政策。在应对气候变化行动早期阶段，小布什政府曾宣布退出《京都议定书》，认为其不符合美国的国家利益，会造成经济倒退。直到奥巴马政府才有所转变，但特朗普执政期间，又宣布退出《巴黎协定》[34]，搁置甚至废除了包括《清洁电力计划（Clean Power Plan，CPP）》等一系列清洁能源政策。自拜登就任总统以来，美国重回《巴黎协定》，将气候变化议题上升至美国国家安全与外交政策的中心地位，并提出了到 2030 年温室气体排放量在 2005 年水平上减少 50%~52% 和在 2050 年前实现碳中和的目标。美国的气候政策着重于重塑并加强美国在国际事务上的领导力、提升话语权、制定符合自身利益的绿色规则、推进国家和气候安全战略等，在国际气候资金、技术援助等方面则贡献不多。

3）国际气候领域出现"小院高墙"的竞争战略做法

发达国家把与气候相关的优势领域，纳入"小院"，通过筑起足够高的壁垒，维护已有竞争优势，突出表现为建立具有意识形态对立色彩、以小多边为主要组织形态的"气候俱乐部"。七国集团主导成立的"气候俱乐部"扩员节奏不断加快，继吸纳澳大利亚后，印度的"入伙"工作已提上日程。从表面看，"气候俱乐部"与传统气候谈判集团之间存在相似之处，例如在特定议题上持相同立场，采取一致行动。但是就本质而言，二者迥异。从宗旨看，俱乐部成员从自身利益出发，意在联合国框架外推动新的应对气候变化路线，事实上是对联合国框架及"共同而有区别的责任"等国际公认原则的否定和抛弃；从成员看，意识形态认同成为迈入俱乐部门槛的先决条件，这种阵营化发展趋势将恶化国际气候合作氛围；从手段看，俱乐部倾向于利用自身资本、贸易、投资等领域优势地位，强推其低碳策略，通过建立奖惩激励机制，迫使他国跟随或服从，显失公平公正。"气候俱乐部"通常对加入俱乐部的内部成员互相免除与气候相关的关税，共同向不加入的外部成员征收关税或高碳税，形成"小院高墙"竞争战略做法。

4）全球对气候规则制定权和碳定价主导权争夺日益激烈

各国普遍制定了以"零碳"目标为指向的气候或能源计划，西方尤其是欧盟国家，志在气候变化领域利用大国地位发挥更大影响力，意图掌控新规则、制定主导权，并急于通过抢占气候立法先机，作为提高国际气候博弈胜算的有力工具。西方国家布局相关立法：一是为自身增强气候行动奠定合法性基础。澳大利亚借助新通过的《2022年气候法》（Climate Change Bill 2022），一举结束了十年来气候行动屡遭右翼阻击无所作为的局面。二是确立经贸等领域新标准、新规则，并为其域外适用做准备，施压各国服从。涉外气候立法深刻调整了当前国际贸易、相互投资、市场运行规则，事实上发挥着重塑世界贸易规则，进而构建全球经贸新秩序的作用。

全球碳市场进入快速发展期，西方国家争夺碳定价主导权，获取溢价利益。欧盟在国际碳排放权交易规则制定、碳金融业务等方面占有碳定价的主导话语权优势，可利用碳定价话语权，在产品出口方面对发展中国家提高价格，形成"发展中国家出口产品的绿色溢价"。2008—2012年国际碳排放清洁发展机制（CDM）运行期间，欧美国家是减排项目CDM产生的自愿减排量的买方，发展中国家是卖方，但《京都议定书》规定发展中国家企业不能直接与发达国家的需求方进行交易，交易方式、价格、程序和手续只能由第三方代办，代办方主要来自欧美发达国家，导致发展中国家企业在扣除中介代办费用后，项目开发收益大幅减少。碳减排项目定价权的缺失给发展中国家碳减排企业造成了较大经济损失。

3. 中国在当前全球气候治理模式下面临的主要问题

中国是气候治理的行动派，在清洁能源、节能减排、森林碳汇等领域作出了巨大贡献，同时在参与气候治理过程中也面临碳规则障碍、国际低碳技术封锁与气候外交舆情困境等问题。

1）国际碳排放与低碳领域规则限制

在全球碳排放核算规则制定方面，由国际能源署（IEA）、美国橡树岭国家实验室（CDIAC）、全球大气研究排放数据库（EDGAR）、美国能源信息署（EIA）、世界银行（World Bank）、世界资源研究所（WRI）和英国石油公司（bp）等机构组成的碳排放核算机构，基本覆盖了绝大多数国家的碳排放核算数据，垄断了碳排放核算方法体系的国际话语权。在低碳领域，中国面临西方国家设定的风机出口"认证壁垒"等规则限制。中国新增风电装机容量基本占据全球40%~50%的份额，欧洲要求每个厂商的新机型在新市场都需要认证，认证的周期在2~4年，这种耗时耗力的认证过程，成为中国风机无法大规模进入欧洲的主要规则阻碍之一。

2）产业绿色低碳技术受到国际垄断影响

中国产业面临大规模系统性换技术问题，而国外技术优势通过环保公约、标准标志等制造的"绿色壁垒"对发展中国家进行技术封锁。减碳技术中的绿色照明技术LED外延片、芯片是整个产业的上游部分，其主要生产技术被德国、美国、日本等国家的企业垄断。中国许多风电设备的生产商无自有核心技术，需购买德国等欧洲国家的风电专利技术，自身仅完成最后的组装，仅专利使用费一项，每年每台风机就需向技术出让方支付巨额费用。在光伏太阳能产业中，中国企业主要集中在中游太阳能电池生产环节，属于典型的"两头在外"，上游的多晶硅等原料供给由欧美日的主要厂商垄断。中国新能源汽车的核心技术仍有待突破，新能源汽车的高品质电机要求高效节能，电机效率达到97%的高品质电机主要还是由欧美日的供应商提供。新能源汽车产业的核心零部件高端芯片也是国外"卡脖子"的核心技术问题。虽然《联合国气候变化框架公约》规定了发达国家有向发展中国家提供技术转让的义务，但发达国家为维持垄断地位仍在实施低碳技术转移限制。

3）碳达峰前中国面临气候治理上的舆情困境

欧美等发达国家多数已经实现碳排放达峰，在此背景下欧美希望通过主导全球碳减排议程，塑造对己有利的结构性领导权力，采用"先声夺人""褒己贬人"的策略吸引国际舆论，将分摊减排义务尽量向发展中国家转嫁。国际气候变化谈判的底层逻辑问题是"碳预算"（全球温控目标下，未来碳排放的总量）约束下全球气候变化的责任如何分担。中国以煤炭为主的资源结构，决定了"碳强度"不低，西方国家担心中国碳排放占用过多"碳预算"，因此在国际上会发动强大的国际舆论压力。另外，部分国际媒体对中国气候治理存在负面言论，还有多方面原因：一是来自对中国理解中的隔膜感和传统意识形态视角下的冲突情绪，例如中国光伏领域凭借制造优势获得的出口竞争力，也被描述成"对国际清洁产业链的威胁"。二是来自西方国家的急于求成，一些国际媒体在多种中国对外场合不断提出"中国承诺如何兑现"，对中国十年后碳达峰的计划，认为是"中国的承诺不够雄心勃勃"、仍在依赖传统路径，并针对中国碳排放量、煤炭、空气污染等问题大肆攻击中国行动力度，但是他们忽视中国14多亿人口的发展需求，也忽视了中国能源快速转型中可能出现的不可预知风险。在中国碳达峰前，可能会在国际上一直面临减排路径的舆论压力。

4. 中国参与全球气候治理的应对分析

1）发展国际碳交易中心、碳交易货币和国际碳金融体系

中国可以通过四种途径来获取国际碳排放权价格形成的主导权，即建设国际碳交易平台、建立强有力的"碳—主权货币"绑定机制、打造国际碳金融体系和发展国际第三方认证评级组织。

（1）建立多国互认互通的国际碳交易中心。

依托联合国有关国际碳市场的制度安排，结合绿色"一带一路"倡议，开发多国互认互通的国家间碳减排量生成和交易机制，开发国际碳交易中心的跨区域碳交易价差等交易品种，开展碳资产证券化以及发展气候衍生品，论证建立国际碳信用交易中心。

（2）建立强有力的货币绑定机制。

交易货币的形成有两种方式：一种是"政治"力量约定形成，例如1974年美国与沙特签订"石油美元"协议，将美元作为国际原油计价和结算的唯一货币；另一种是通过市场机制形成，当以某国货币计价的商品实际交易额远高于以其他货币计价的交易额时，就

奠定了该货币的主导交易货币地位。正如"煤炭—英镑""石油—美元"等关键货币崛起之路，虽然当前国际"碳—欧元"货币绑定交易量占比最高，但仍未被欧元区以外市场接受。因此，利用国际碳货币绑定尚未形成的契机，通过对涉碳交易规则的强制约束和立法，或通过国际平台增加"碳—人民币"的交易量，将本国主权货币绑定为碳计价和结算货币，是争取定价权的关键一步。

（3）打造国际碳金融体系。

中欧碳市场发展阶段不同，中国碳价不宜不顾发展阶段快速看齐欧洲碳价，碳交易市场需要科学合理定价，其中发展国际碳金融市场有利于促进碳价的合理化和稳定性。按国际惯例，大宗商品定价权的产生，一方面是基于一级市场的供需，但更重要的是取决于二级市场的流动性。碳金融的发展可以改变碳市场单边运行状态，使碳排放价格随着投资需求变化而变动，形成平衡的供需市场。中国可开展与碳交易相关的金融活动，设立国际碳金融衍生品交易平台，开发以国际自愿减排量为基础的碳金融衍生品交易市场，逐步完善市场价格发现机制，打造国际碳金融体系。

（4）发展国际第三方认证评级机构。

第三方机构的认证核查是国际报告和核查机制中的重要环节，可以提供"责任框架"以及客观、真实、具有公信力的认证结果。通过支持第三方评级机构与碳金融行业协会建设，与国际市场减排活动方法学、基准线建设、第三方认证机构、认证流程等形成对接。

2）主动参与国际气候治理秩序与碳规则制定

欧美国家是国际市场主要的交易规则制定者、传播者和扩散者，并通过物质上的成功使其规则或理念富有吸引力。欧美国家通过结构性权力行使权威和影响力，使加入这个体系的其他外围国家主动或被迫遵守由欧美制定的国际交易规则和监管规则。中国此前对西方国家建立的规则，多采用"接轨"策略，但是目前全球气候治理规则标准制定还是一片待开发的"蓝海"，中国可以借机在全球气候治理中发掘"中国模式"的合理内涵，为世界各国提供能够被理解、认同和接受的规则，提高在理论和知识领域的研究水平和国际话语权。

（1）制定中国碳中和标准的国际方法论原则。

主动参与制定与国际规则相融合的生态碳汇制度标准、碳抵消机制标准、碳捕集利用与封存标准以及甲烷气体排放标准等方面的方法原则，建设覆盖范围全面、体系完整、科学严谨的碳核查认证机制，建设中国碳标签等碳中和技术、认证和评价体系。

（2）参与、建设与拥护国际各行业碳排放规则。

参与推行"生存性碳排放"与"浪费性碳排放"的体系区分研究，鼓励中国行业协会主动参与国际航空、船舶以及汽车电池碳排放等的国际规则组织，协助相应的国际专业标准组织来华落住，争取地域优势。

（3）推动国际低碳规则标准人才培养。

设立国际低碳规则标准人才培养基金，打造国际低碳规则制定程序人才团队，引导中国智库、高校等积极参与碳市场规则制度研究。

（4）推动碳交易市场与欧盟的协调。

协商达成碳边境调节机制项目互认，减少碳税或获得关税豁免，启动中国出口产品碳边境调节机制以及出口退税研究。

3）推进国际绿色科技等知识领域合作

绿色低碳技术是复杂技术系统，不同低碳技术分布在不同创新主体中，促进国际上创新主体之间合作，实现风险共担优势互补，对于提升中国低碳创新能力至关重要。中国低碳创新技术鼓励自主研发的同时接入全球低碳技术合作网络，加强国际合作，整合利用全球低碳技术资源：一是通过国际友好城市间绿色技术交流合作，开展低碳城市、海绵城市、智慧城市、城镇化及城市环境问题应对等共同话题交流。二是构建跨区域"绿色技术联盟"，中国在高智能化新能源客车和纯电动大巴搭载 5G、大数据、人工智能等技术领域保持领先，基于绿色技术可以与伙伴国家建立"绿色技术联盟"。三是构建全球低碳技术合作网络，利用国际多边环境条约下的发达国家可报告和可核实的技术转移义务机制，辅以大型项目采购，作为与外资的交易条件，推动低碳技术合作创新，注重"以市场换技术能力"而非"市场换技术"。例如，三峡工程建设过程中的水电机组技术转移是这方面的经典案例。三峡工程从引进之初就重视消化吸收再创新。在购买国外企业成熟技术装备的同时，积极促进国内企业与跨国公司的技术合作。国内技术受让方向国外合作伙伴阿尔斯通派出了最强技术力量，全过程参加机组的设计、制造、安装和调试，在国外先进技术的高起点上，在较短时间内形成了自主创新能力。四是建立新能源产业绿色技术创新转化应用综合示范基地，设立专项基金支持，支持国际合作，在新能源的核心技术和关键零部件方面形成整体部署和支持政策。

4）实行多边合作的积极推进策略

作为全球公共物品供给，气候变化的全球治理，需要国际集体的理性行动，而大国领导是推动集体行动的关键。美国重返《巴黎协定》后，全球气候治理转变为多边参与格局。在构建中国气候治理体系过程中，可坚持《巴黎协定》下各国按照不同国情实行"共同但有区别的责任"的原则，实行多边合作框架下的积极推进策略。

（1）构建广泛内涵的"绿色伙伴关系"。

在贸易政策、气候投融资政策、低碳科技创新政策等方面，开展制度互认和对接，有序消除他国针对中国的绿色投资壁垒，区域上与"一带一路"国家携手完善绿色投融资机制，并建立清洁能源合作伙伴关系。

（2）加大南南合作力度，做发展中国家的"气候方案合作引领者"。

2021 年《中非应对气候变化合作宣言》发布，2022 年中国—太平洋岛国应对气候变化合作中心成立。截至 2023 年 9 月，中国已累计安排超过 12 亿元人民币用于开展气候变化南南合作，与 40 多个国家签署了 48 份气候变化南南合作文件。中国在新能源领域的领先技术，正通过"一带一路"建设、应对气候变化南南合作惠及诸多发展中国家，帮助其提高应对气候变化能力。中国企业在新能源领域解决方案性价比高，中国方案已经成为助力巴基斯坦、尼泊尔、埃塞俄比亚等新能源、气象卫星发展的中坚力量。越来越多的发展中国家认可中国的气候治理措施和理念，并将气候应对与减贫减灾联系起来，协助最不发达国家和最贫困群体加强适应行动的实施力度。中国作为气候方案合作引领者和发展中国家的大国代表，理应与G77等发展中国家一道推动国际气候话语权分配格局的调整，推动气候正义。

（3）参与和构建双边、小多边和多边气候、生物多样性等倡议型组织。

积极参与全球气候等的倡议组织，建立强化气候行动工作组，与重要资源出口国建立"零碳生产论坛"，发起"能源资源治理倡议"等国际性低碳倡议组织，利用《生物多样性公约》多边缔约会议，加强基于自然的解决方案在城市应对气候变化方面的应用合作。

（4）强化多边低碳合作，精准定位合作对象，推动全球能源转型形成协调一致规划。

欧洲在太阳能板、蓄电池、电动汽车等产业的优势不大，要依靠政府补贴扶持和对外征收反倾销税来维持存活。中国要密切关注欧盟绿色新政进展走向，探索作欧盟的"绿色新政协调者"。中国拥有丰富的清洁能源所需的关键矿产资源和成熟的清洁能源供应链，在绿色能源革命中正在扮演"领头羊"的角色，可以用中国绿色制造和新质生产力打造清洁能源产业的全球"铁军"，做伞形集团的"清洁能源合作者"。

第二节　全球碳市场结构

全球气候治理模式下，各国根据减碳目标，多采取碳税或碳排放权交易等碳定价模式。碳定价机制成为具有实际约束力的可以实现全球气候目标的重要工具。

一、碳定价模式

碳定价机制是将碳排放的社会环境成本还给排放者，也就是所谓的"污染者付费"，通过发挥价格的信号作用使经济主体为排放买单，也起到引导生产、消费和投资向低碳方向转型的作用。

1. 碳定价概念

碳定价机制是对温室气体排放以吨二氧化碳当量（tCO_2e）为单位给予明确定价的机制，旨在通过碳密集型产品与服务的价格来反映其对环境与社会的影响。

2. 碳定价理念起源

从经济学原理的角度出发，环境资源具有非竞争性（一个使用者对某物品的消费并不减少该物品对其他使用者的供应）和非排他性（一个使用者对某物品的消费并不影响其他使用者消费），是典型的公共品。碳排放问题与其他环境污染问题类似，起源于公地悲剧（外部性）。理性个体为最大化自身利益，过度使用资源环境等公共品，过度碳排放，从而造成公共利益的损害，产生负的外部性。由于经济主体碳排放的成本不能完全内化，市场无法反映真实环境成本，即出现市场失灵。

用外部不经济内部化的方式解决市场失灵主要有两种方式：一是引入政策干预，通过税收、补贴等政策手段使得个人或企业边际成本等于社会边际成本，以"庇古税"为代表[35]，即政府可以通过税收手段强制性地拉平社会成本与企业成本之间的差距。二是明确资源的产权，利用市场力量解决外部性问题，以"科斯定理"为代表，即只要界定清楚初始产权，市场主体总能通过自愿交易达到资源的最优配置。有关研究在科斯的基础上将产权概念引入环境污染控制，首次提出了排放权交易的概念，由政府界定污染排放的产权发放给排放者并允许像商品一样买卖，通过市场手段优化资源配置。区别于传统的行政命令手段，基于市场的排放交易具有更低的减排成本，可以通过设计兼顾效率与公平[36]。

3. 碳定价主要类型

碳定价机制主要包括以下几种定价机制：

（1）碳税是对化石燃料（如石油、煤炭、天然气）以其碳含量或碳排放量的比例为基准所征收的一种税种。

（2）碳排放交易市场（ETS）是一个基于市场的节能减排政策工具，排放者可以交易排放单位以满足其排放目标。

（3）碳信用机制是指通过实施自愿减排项目，将从大气中消除或避免向大气排放的温室气体量进行交易的机制。

（4）基于结果的气候金融是指投资方和项目方事先约定项目减排量目标，在项目完成时投资方向项目方支付减排量资金的一种方式。

（5）内部碳定价是指机构或企业在内部政策分析中为温室气体排放赋予财务价值以促使将气候因素纳入决策考量的机制。

4. 碳税与碳交易对比

在温室气体减排政策措施和手段中，经济手段得到越来越多的重视和广泛应用。其中，以碳交易机制和碳税制度为主的碳定价政策成为世界上众多国家实现温室气体排放控制目标的主要经济手段。

1）碳税发展

碳税由于其通过直接提高产品价格的方式抑制碳排放，又被称为"价格控制机制"，目的是通过税收手段将二氧化碳排放带来的环境成本转化为生产经营成本。碳税最先于20世纪90年代初在北欧国家实施，并从1992年起在欧盟一些国家得以推广，已有丹麦、芬兰、德国、意大利、英国等国家开征碳税或气候变化相关税种。2006—2009年，北美国家的一些地方政府（如美国科罗拉多州圆石市、加拿大不列颠哥伦比亚省）也陆续开征类似税种。东南亚国家（如泰国、马来西亚）开始计划引入碳税政策，其中印度尼西亚已于2021年10月通过了税收改革法案。中国虽没有与碳排放直接挂钩的税种，但已初步建立了以环境保护税、资源税、耕地占用税等税种"多税共治"，以企业所得税、增值税、车辆购置税等系统性税收优惠政策"多策组合"的绿色税收体系[37]。

2）碳交易

碳排放交易市场（ETS）是政府根据减排目标对一定时期的排放总量进行限制，并分配生产者一定数量的排放配额，生产者可以在碳市场自由买卖配额，以满足各自的生产需求和排放需求，由于碳市场通过控制排放总量的方式实现减排，又被称为"数量控制机制"。

5. 碳税与碳市场交易模式对比

由于运作方式不同，碳市场和碳税存在以下显著差别：

（1）碳市场偏重于数量调控，而碳税偏重于价格调控。碳市场建立在政府确定的减排配额基础之上，参与企业据此进行交易，政府可根据需要确定减排的总量和发放方式，掌控性较强。碳税则是政府通过税收的形式改变企业的成本收益对比，间接引导企业采取措施减少排放。碳市场更有利于政府循序推进减排目标，而碳税更有利于形成市场主体主动减排的长效机制。

（2）碳市场相对灵活，可满足多元化需求；而碳税相对固定，有利于稳定预期。碳市场具有交易对手众多、价格随供求波动、时间空间都可以根据需要灵活组合等特点，但由于碳价格市场化自由浮动，也会使参与主体面临成本不确定的问题。碳税属于"税"，具有税收所特有的强制性、固定性、无偿性等基本特征，优势是税率稳定，市场主体不确定性小，对于长期减排有激励作用。

（3）碳市场纳入边界富有弹性，而碳税的区域连接受限。碳市场边界富有弹性，可以相对自由地与不同国家、不同区域的市场进行连接，有利于在较大区域范围内达成一致行动。相对而言，碳税属于一国主权，国家与国家之间的衔接面临更加多元的考量、更加复杂的程序，特殊情况下甚至可以成为区域和产业保护的新壁垒[38]。碳市场与碳税对比情况见表1-2-1。

表 1-2-1 碳市场与碳税的主要差异

碳定价机制特点	碳市场	碳税
碳价水平	市场决定	政府决定
碳排放水平	政府决定	市场决定
实施范围	主要针对大型排放源	中小型排放源、家庭和个人
实施阻力	阻力较小	阻力较大
行政干预	多	少
价格水平	不确定	确定
减排激励	时大时小	长期、稳定
国际协调	比较容易	较难

6. 碳定价机制在实践中面临的挑战

一是存在碳泄漏风险，不利于全球减排联动。碳泄漏（Carbon Leakage）指实施碳税或碳市场（ETS）后，跨国企业可将高碳产业转移至低排放成本地区，致使本应减少的碳排放转移到其他地区排出，造成本地区碳税政策效果大打折扣。欧盟启动碳边境调节机制，对从碳定价低的国家进口的特定高碳排放产品征税，或为碳定价高的国家出口商提供出口退税，避免减排的先行国家处于竞争劣势，同时规避碳泄漏问题。

二是碳税税率水平较低，或碳排放配额过剩，不利于碳价格机制发挥调节作用。目前，在碳税制度上，整体税率普遍较低；在碳排放权交易制度上，政府往往高估了配额需求，甚至免费发放配额，且允许未使用配额跨年度累积，导致配额过剩，压低交易价格。对于高排放、高利润企业，碳价格偏低将削弱减排动力，达不到预想的政策效果。

三是可能会加剧社会不平等问题。碳价格可能推高部分生活必需品的价格，尤其是电价。生活必需品支出在低收入群体总支出中占比重更大，导致碳税或碳市场（ETS）对低收入群体的影响比中高收入群体更大。

7. 中国碳定价模式选择

1）各国碳市场和碳税的组合模式

各国碳市场和碳税的组合模式大体有以下三种：

（1）二选一式。二选一式指碳市场和碳税中选择一种实施。目前，一些国家只有碳市场，没有碳税。典型的如韩国、美国等。其中又分几种情况：一是只有国内的区域性市场，如美国加利福尼亚市场、区域温室气体倡议组织（RGGI）[39]；二是全国性市场，如中国、韩国、新西兰、瑞士等国家的碳市场；三是跨国市场，主要指欧盟碳市场。欧盟碳市场覆盖了28个欧盟成员国，欧盟之外的一些国家也有加入。一些国家在参与欧盟碳市场的同时还设立了国内碳市场，将没有纳入欧盟碳市场，但本国认为有必要管控的行业或企业纳入[40]。例如，德国自2021年1月1日起为现行欧盟碳排放交易体系未覆盖到的建筑供热和道路运输部门建立了国内碳排放交易体系。另有一些国家只有碳税，没有碳市场，如挪威、冰岛等，新兴经济体中的南非目前也只开征了碳税。

（2）并行式。并行式指碳市场和碳税同时存在，但两者基本不重合。这是目前比较主流的模式。具体而言，包括两种情况：一是碳市场和碳税所覆盖的地理范围不重合。比如，加拿大有些省设有碳市场，有些省征收碳税，相互之间不重合，联邦兜底机制确保每个省都能被覆盖。二是征收对象不重合。比如，欧盟碳市场已将能源、工业、建筑、交通等排放大户纳入，各成员国在征收碳税时则会有意避开这些行业，仅对没有纳入碳市场的主体征收碳税。

（3）交叉式。交叉式指碳市场和碳税同时存在，而且相互之间有一定交叉。例如，瑞典早在1991年就开征了碳税，2005年成为欧盟碳市场的成员国后，一方面继续对没有纳入欧盟碳市场的一些行业（如供热行业）征收碳税，另一方面甚至对已纳入欧盟碳市场的采矿用柴油、热电联产设施等，也要部分征收碳税。日本于 2014 年在全国范围内开征"气候变化税"，但在东京、埼玉两地同时也有碳市场在运行。墨西哥碳市场覆盖电力、石油、天然气以及工业部门，涉及全国温室气体排放总量的 40% 左右，但碳税覆盖所有产业排放的二氧化碳。

以上三种模式各有优劣，服从于不同国家、不同时期的政策目标。如果政策目标偏重于严格控制碳排放，可以同时运用碳市场和碳税两种政策工具，既可以交叉也可以并行，必要时甚至可以叠加。但如果政策目标重在经济发展与减排之间寻求某种平衡，则可根据需要选择其中的一种，或者虽然两种都有，但彼此并行而不交叉，以防止企业的成本负担过于沉重。

2）欧盟选择碳交易市场的原因

欧盟碳税未能成行，其中主要原因是欧洲的能源产业担心在美国和亚洲缺乏相似措施的情况下进行征税会影响其竞争力；同时，欧洲不同国家税收政策的传统差异，如企业和个人税收之间的平衡问题，导致在达成一致立场的问题上存在困难；另外，一些国家担心失去对诸如税收等国家政策核心领域的控制而使得困难增加。实质上，如果欧盟协议不存在内部协商一致的财政政策，那么达成统一的碳税政策是不可能的。随着对气候变化严重程度的担忧日益增强以及国家层面的排放交易计划的实施，欧盟委员会认为针对大型工业污染者，利用排放交易制度代替需要征得各方同意的环境政策相对容易，更易被工业企业和其他利益相关者所接受。欧盟经历碳市场试点实验后决定发展自身碳交易市场，另外，欧盟为了避免竞争扭曲也希望建立一个共同的碳排放交易市场[41]。

3）中国碳市场模式选择

中国建立碳交易市场之初就有过在碳税和碳市场之间的争论，最终决定碳市场优先发展。主要原因：一是碳市场是一种管理成本低的制度安排；对于碳税，如果税率太高，不会被社会接受，税率太低，则起不到有效的减排作用。二是碳税的碳价由政府决定，减排量由市场决定。碳市场的减排量由政府决定，碳价由市场决定。碳税的不确定性在于减排量，而碳市场的不确定性在于价格。从中国控制碳排放总量目标的角度看，碳市场是一个更可靠的工具。

二、碳市场框架

碳排放权交易市场是利用市场机制控制和减少温室气体排放的政策工具，将排放的负外部效应内部成本化，为处理经济发展与减排关系难题提供了一种解决方案。与传统的行政管理手段相比，碳交易具有良好的政策兼容性、区域和行业拓展性以及金融衍生性，在全球得以广泛应用，发展势头不断增强。

1. 全球碳市场机制

全球碳市场框架不断完善。按联合国不同气候约束机制，全球碳市场形成了基于《联合国气候变化框架公约》框架内机制和公约外机制"两类法律框架"下的碳市场，其中基于《联合国气候变化框架公约》的碳市场框架又包括《京都议定书》碳市场机制以及《巴黎协定》下自愿合作的新市场机制和非市场手段等"三类模式"；另一类公约外框架包括两类碳市场交易机制，即国家区域性碳配额合规强制交易和自愿碳交易（图 1-2-1）。

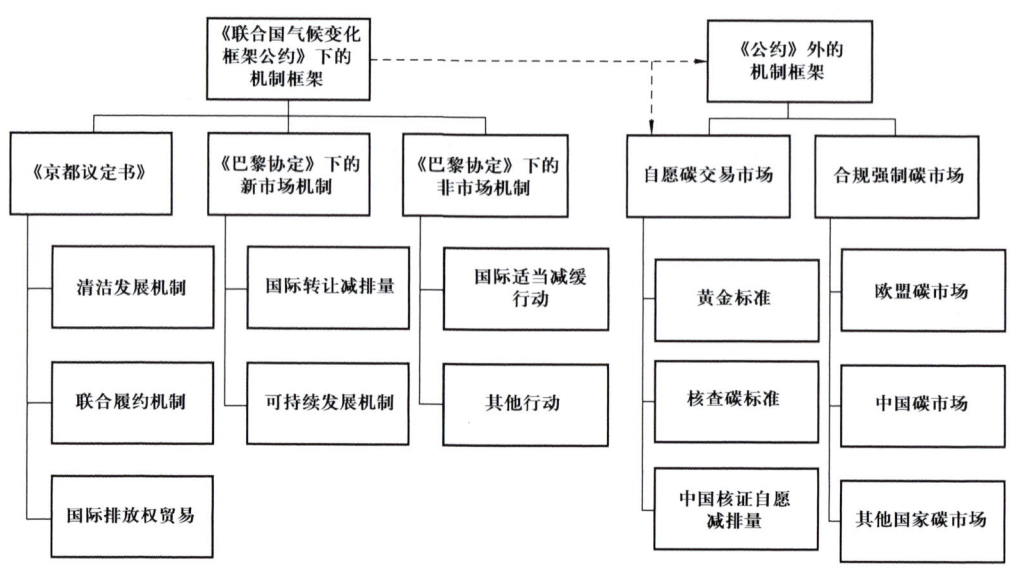

图 1-2-1　全球碳市场框架图

1)《京都议定书》下的三类国际碳市场机制

《京都议定书》第一次以国际法律文件的形式规定了具体国家的温室气体排放目标，其形成了国际排放贸易机制（International Emissions Trading，IET）、联合履行机制（Joint Implementation，JI）、清洁发展机制（Clean Development Mechanism，CDM）等三类灵活履约机制，为各国碳减排产品的全球互认和流通奠定了基础。

（1）国际排放贸易机制 IET。

IET 是在《京都议定书》附件 B 中列明发达国家的国家登记处（National Registry）之间，进行包括"减排量单位"（Emission Reduction Unit，ERU）、"核证减排量"（Certified Emission Reduction，CER）、"分配数量单位"（Assigned Amount Unit，AAU）、"清除单位"（Removal Unit，RMU）等减排单位核证的转让或获得，也即发达国家将其超额完成的减排义务指标，以贸易方式直接转让给另外一个未能完成减排义务的发达国家的一种机制。

（2）联合履行机制 JI。

JI 是指《京都议定书》附件 B 国家之间通过项目级的合作所实现的减排单位（ERU），可以进行相互转让，其目的旨在帮助附件 B 国家以较低的成本履行其量化的温室气体减排义务。IET 与 JI 主要区别在于 JI 是基于两国项目合作形成。

（3）清洁发展机制 CDM。

CDM 允许《京都议定书》附件 B 国家在非附件国家的领土上实施能够减少温室气体

排放或从大气中消除温室气体的项目，并据此获得"经核证的减排量"（CER），以抵减附件B中发达国家的温室气体减排义务。

JI和CDM均为基于清洁生产项目产生碳减排单位的国际转让机制。CDM主要针对两个目标：一是帮助非附件国家（发展中国家）持续发展，为实现最终目标作出应有贡献；二是帮助附件国家转让或获得项目减排量。欧盟强制碳市场一直是CDM和JI产生的国际碳信用的最大需求方，但随着欧盟碳市场发展进入第四阶段（2021—2030年），逐步停止使用CER等现有的国际减排信用来进行欧盟碳市场配额抵消。

2）《巴黎协定》构建了促进自愿合作的市场方法和非市场方法等两类机制

《巴黎协定》第6条规定了各国可能希望在执行其国家自主贡献（Nationally Determined Contributions，NDCs）方面进行合作的若干途径，包括促进自愿合作的市场方法和非市场方法[42]。其中促进自愿合作的市场方法又包括两种，分别是第6条第2款和第3款下的国际转让减排成果（Internationally Transferred Mitigation Outcomes，ITMOs）和第6条第4款至第7款下的可持续发展机制（Sustainable Development Mechanism，SDM），以促进缔约方实现其NDCs目标并不断提高减缓和适应力度[43]。自愿合作的市场方法为缔约方实现其NDCs目标提供了灵活性，且降低了减缓成本[44]。

（1）自愿合作的市场方法。

一是减缓成果国际转让机制。《巴黎协定》第6条第2款规定，各国实际排放量低于NDCs的部分，构成国际转让减排成果（ITMOs），可以在国家间进行交易，帮助其他国家履行NDCs承诺。这是一个以ITMOs为标的、以国家为主体的交易机制，允许各国通过双边或者多边协议相互交易减排量和清除量。ITMOs可以用二氧化碳当量或使用其他指标如可再生能源的千瓦时来衡量。第6条第2款为国际合作提供一个会计框架，例如将两个或多个国家的排放交易方案联系起来（比如将欧盟的限额和交易计划与瑞士的减排转让联系起来）。

二是可持续发展机制。《巴黎协定》第6条第4款还约定了一种以碳信用为标的、由非国家主体参与的自愿合作市场交易方法——可持续发展机制（Sustainable Development Mechanism，SDM）。SDM机制是以东道国受益的减缓活动开展，减缓活动产生的减排量经额外性核查与认证后，可用以抵消本国的自主承诺，也可用以向他国转让获利，并可以抵消他国承诺。SDM核证机制鼓励公私实体参与，但应获得缔约方授权。SDM机制受《公约》缔约方大会指定机构的监督[45]。

SDM在基准线、核查、注册与签发等要素上与CDM框架基本一致，是对《京都议定书》CDM的继承与发展，实现了对JI和CDM的整合，有助于推动建立以碳信用作为交易对象的全球碳市场。关键的不同之处在于，《京都议定书》没有为CDM卖方所在的发展中国家设定减排目标，而在《巴黎协定》下，SDM买卖双方都将受到所在国家减排总体目标的约束。在SDM建立之前，CDM可照常运作，使用时间根据项目具体情况而定，但最迟不得晚于2025年12月31日。同时，现有CDM项目纳入新机制的条件，包括2013年后注册、2021 年前获批 CDM 项目产生的 CER 只能用于签署国的首次 NDC 履约等。

（2）非市场方法。

非市场方法主要依据《巴黎协定》第 6 条第 8 款，即缔约方在可持续发展和消除贫困方面，须以协调和有效的方式提供综合、整体和平衡的非市场方法，包括减缓、适应、融资、技术转让和能力建设，以协助执行他们的国家自主贡献。其目的是提高减缓和适应力度；加强公私部门参与执行国家自主贡献；创造各种手段和有关体制安排之间协调的机会。

3）全球碳交易市场主要类型

根据碳市场是否具有（合规履约）强制性，可将公约外全球碳交易市场分为合规（强制性）碳市场和自愿碳市场。合规碳市场主要是指国家区域性强制配额交易市场，政府机构作为市场的管理机构，政府分配给强制控排企业的排放量额度，允许企业把碳排放权当作商品在市场上买卖，其类型既有欧盟排放交易计划等多国区域合作市场，也有中国、加拿大、日本、印度等国家级的排放交易体系，以及美国、澳大利亚也正在积极发展的州级排放交易体系。自愿碳市场是市场参与者不受排放监管义务约束，但出于其自身的目标、使命和企业社会责任计划，依据相关方法学自愿开发温室气体减排项目，经过第三方的审定和核查获得相应碳减排量，并通过市场机制进行减排量买卖的市场类型。其交易的产品是代表其实施脱碳项目而减少或消除的碳排放量，也即碳信用或碳减排量，例如中国核证自愿减排量（CCER）等。

强制性减排机制是通过经济手段引导企业减少碳排放，为全球减排目标的实现提供了有效的支持和推动力。在自愿碳市场上进行交易或抵消可以为各类减排项目提供经济激励，促进低碳技术的推广和应用。自愿减排机制赋予企业更强的灵活性和更大的自主权，使其能够根据自身需求制定减排目标和计划。

2. 全球合规强制碳市场发展历程

经济学家们期望用市场机制这只"看不见的手"自动合理配置资源，来解决污染问题，从而排放权交易市场设计逐步发展。

1）碳排放交易市场的前身（1970—1996 年）

碳排放交易市场的前身是针对污染问题的排放权交易实践。1970 年美国通过《清洁空气法案》，规定了各地区污染物的排放上限，并允许各地区排放量低于法定标准的企业出售其超额减排量；1986 年，美国环保局发布《排污权交易政策报告书》，正式明确各州可以建立排污权交易系统；1990 年，美国启动了"酸雨计划"，为电力部门设定二氧化硫和氮氧化物排放上限的同时，并允许其就二氧化硫排放量进行交易，"酸雨计划"建立了美国第一个国家级的排放总量"上限与交易"（Cap & Trade）体系。美国二氧化硫总量交易制度是排放权交易的首次大规模实践，取得了积极的环境治理效果[46]。但在 20 世纪 90 年代早期，欧洲更倾向于税收手段，芬兰在 1990 年设立了碳税；瑞典和挪威紧跟着在 1991 年也制定了碳税；丹麦在 1992 年落实了碳税[47]。90 年代后期，伴随着美国二氧化硫减排交易的成功，以及《京都议定书》谈判经验的积累，欧盟对"基于市场的方法"的支持逐渐增加。随后，"谁污染谁付费原则"和"基于市场的方法"在欧盟官方文件中得到体现和确认，如《环境税—执行和环境效益》和《环境效益》（欧盟环保署，1996年）、《环境税与单个市场的变化：来自欧盟委员会的信息》等。

2）碳排放交易市场的兴起（1997—2012年）

碳排放交易市场兴起于全球碳减排共识的形成与区域协同发展。1997年《京都议定书》签署，为缔约方确立了量化的减排目标，并提出了联合履约机制（JI）、清洁发展机制（CDM）和国际贸易机制（IET）三种碳减排量交易机制。全球减排目标与共识正式形成，各国开始尝试采用市场化手段助力减排目标的达成。2000年，欧洲委员会《温室气体绿皮书》正式考虑将二氧化碳排放交易作为欧洲气候政策主要部分。

2004年，全球首个CDM项目注册成功，各国使用CDM项目产生的核证减排量（CERs）抵消碳配额上缴义务，初步形成了碳排放权的跨境交易。2005年开始，欧盟为实现其承诺的减排目标，建立了迄今为止覆盖国家最多、横跨行业最多的温室气体排放交易体系（EU-ETS）；同年，美国东北各州州长之间的谅解备忘录（MOU）促成了区域温室气体倡议书（RGGI），成为美国历史上第一个强制的以市场为基础减少温室气体排放的倡议书[48]。

3）碳排放交易市场的割裂与独立发展（2012年至今）

随着碳市场的发展与各国减排进程的不断推进，碳市场跨区域连接的矛盾凸显，呈现区域市场各自发展并协商联合特点。2012年之后，发达国家与发展中国家的减排量交易逐步减少，各国转而发展本国的合规强制碳市场，碳市场逐渐走向各自独立发展。2023年全球有28个碳市场正在运行。有政策连贯性支撑的碳市场价格表现出长周期上涨趋势。其中，欧盟EU-ETS价格增长最为显著，碳价首次于2023年3月飙升至100欧元/t（图1-2-2）。

图1-2-2　2017—2024年4月部分ETS的价格波动情况
数据来源：世界银行（2024）

3. 强制性碳交易市场机制设计

强制性碳排放权交易市场主要机制可以概括为基本覆盖设置、总量设定、配额分配、交易机制及违约惩罚五个方面：

（1）基本覆盖设置主要包括碳市场覆盖的温室气体种类、纳入行业及参与主体等。其中，二氧化碳、二氧化氮、甲烷等是最常见的温室气体覆盖标的。不同区域强制碳市场覆盖的行业也不相同，火电、工业、交运、建筑等高耗能行业是最常见的目标行业（图1-2-3）。参与主体则包括履约机构（控排企业）和非履约机构（非控排企业、金融机构、个人等）两类。

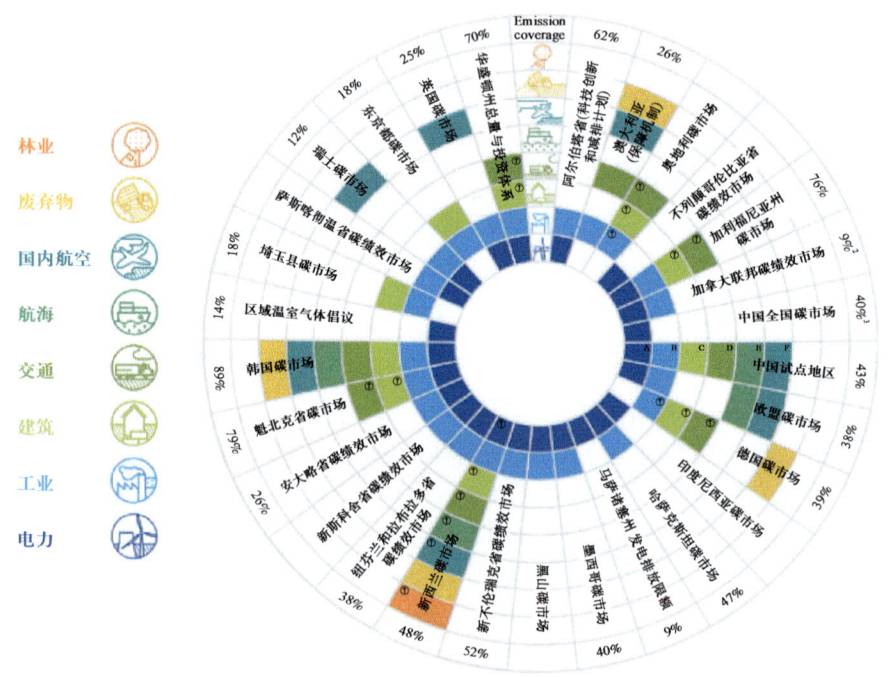

图1-2-3 各国碳市场覆盖的行业

资料来源：国际碳行动伙伴组织（International Carbon Action Partnership，ICAP）

注：各国碳市场按字母顺序排列（顺时针方向），其中最外层环中的数字表示碳市场覆盖的排放总量比例。其中，A代表北京碳市场覆盖一家电力公司，上海碳市场涵盖燃油发电机；B代表北京市、重庆市、福建省、广东省、湖北省、上海市、深圳市、天津市；C代表北京市、上海市、深圳市；D代表北京市、深圳市；E代表上海市；F代表福建省、广东省、上海市；①表示该行业代表上游覆盖范围

（2）总量设定是指确定纳入碳市场的履约机构在一定周期内可排放的碳总量。其设定方式有两种：一是基于总量数量（mass-based）的方式，指一定周期内的碳排放总量由减排目标直接决定，优势在于减排确定性高，但是劣势在于总量弹性较差，无法根据实际状况进行调整；二是基于排放强度（intensity-based）的方式，指以单位产出排放量表示的碳强度为基准，进而根据周期内实际产出量确定配额总量，优势在于能够灵活适应经济环境的变化，但劣势在于减排效果不确定性较大且对数据要求较高。

（3）配额分配是指将碳排放总量划分为单位碳配额并将其分配给履约企业。其有两种设计机制：一是无偿分配，指企业获得碳配额不需要付出成本，易于推行，但对减排的激励作用较弱，无偿分配方式主要有历史法（以历史排放为基础的分配方法）和基准线法（参考行业整体排放水平设定行业基准线，以此为基础发放配额）两种。二是有偿分配，指履约企业需要为碳配额支付一定金额（常见方式是拍卖），可以更好地激励企业减排，但成本高推行过程的阻力较大。

（4）交易机制是指对碳市场的交易品类进行市场调节的机制。碳市场的交易品种以碳配额的现货和碳金融衍生品为主，部分市场还认可核证减排量的交易。市场调节机制是维持碳市场稳定运行的重要工具，通常包括设定价格区间、储备机制、公开市场操作等一系列调节市场流动性及碳价的手段。碳排放权交易即政府通过引入总量控制与交易机制（Cap and Trade），以设定、分配碳排放配额的方式，对企业碳排放进行约束。当企业碳排放量超出政府为其设定的配额时，则需通过碳交易市场购买相应配额，也可通过建立或支持低碳项目获得核证减排量，以抵消部分配额（图1-2-4）。

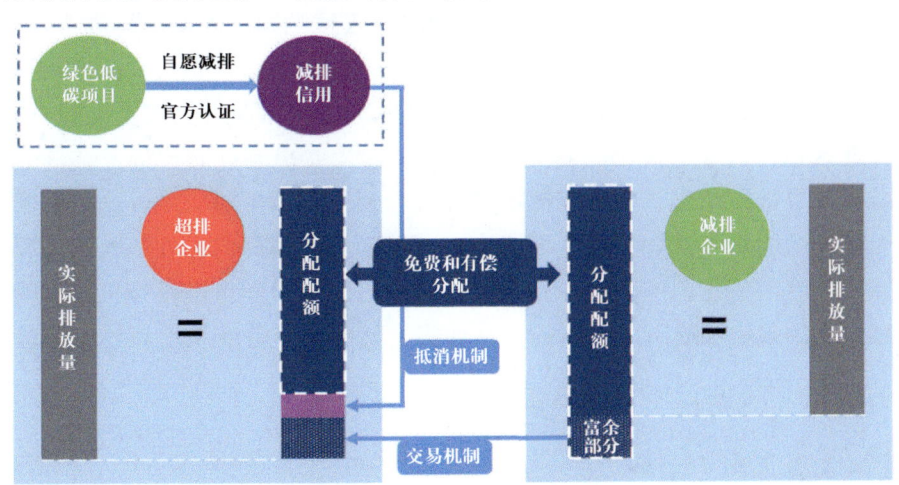

图1-2-4　碳交易机制体系

（5）惩罚机制是指履约企业需要在每个履约期末上缴与自身排放等量的碳配额，否则将面临惩罚。

三、国际自愿碳市场

随着越来越多的公司加入实现净零目标的行列，企业对碳抵消的需求越来越旺盛，强制性碳市场已无法满足成千上万的公司需求。建立高效、透明的自愿碳市场成为达成净零排放目标的关键一步。自愿碳市场的特点之一就是"自愿"，不是出于强制合规目的，是强制碳市场的重要补充，可以在强制性碳市场之外发挥作用，使企业、机构或个人能够在自愿的基础上购买他人减排量抵消自己排放。

1. 自愿碳市场种类

自愿碳市场根据管理主体划分为两类：各国政府自行管理的自愿碳交易机制、第三方独立自愿减排机制。通过以上两类机制核证并签发的碳减排量可在市场流通。

（1）各国国内自愿碳交易机制由政府管理，如中国核证自愿减排量（CCER）、澳大利亚减排基金（ERF）和美国加州配额抵消计划等。

（2）第三方独立自愿碳减排机制不受国家法规或国际条约约束，由独立第三方组织管理。一些著名的独立性碳抵消机制包括：美国碳登记处（American Carbon Registry，ACR）、气候行动储备（CAR）、黄金标准（GS）、核证碳标准（VCS）等。

2. 自愿减排机制的主要应用场景

（1）自愿减排机制可以为强制碳市场提供抵消手段，为非强制碳市场提供激励机制，为企业和个人提供碳中和途径。一些强制碳市场允许管控企业使用国际自愿减排机制下的碳信用来抵消部分或全部的排放，以降低履约成本或增加灵活性。例如，国际航空碳抵消及减排机制（CORSIA）试验阶段允许使用核证碳标准（VCS）、黄金标准（GS）、中国核证自愿减排量（CCER）等自愿减排量来抵消超过基准线的国际航空碳排放。

（2）未参与强制碳市场的国家或地区，可以通过建立国内自愿机制或参与第三方独立自愿机制，来鼓励和支持自愿性的温室气体减排项目，从而促进低碳发展和可持续发展。其他国家或地区也可以参与 VCS、GS 等第三方独立自愿机制，通过第三方核证机构对项目产生的减排效果进行量化、核证和注册，并发行相应的减排量额度。这些额度可以在自愿碳市场上出售给需求方，如绿色企业或个人，从而为项目提供额外的收入来源。一些有社会责任感或品牌形象意识的企业和个人，可以通过购买国际自愿减排机制下的他人减排量来实现其自设的碳中和或碳中立目标，从而提升其环境声誉或满足其环保理念。

3. 全球六大主流碳减排量交易机制

1）清洁发展机制（CDM）

CDM 是经济和技术发达的国家运用自身的资金和技术优势同发展中国家合作开发项目，以此来降低温室气体的排放量。发达国家以该类项目的实施来履行其在《京都议定书》中的承诺。CDM 一方面有利于发展中国家可以从发达国家获得本国所缺乏的雄厚资金、先进技术和设备来促进发展中国家可持续发展战略的实现；另一方面，发达国家在本国开发项目需要购买碳减排核证额，而碳减排核证额的价格成本高，若同发展中国家合作开发 CDM 项目则能降低其成本。CDM 也是其他主流自愿减排机制的基础。CDM 的方法学涵盖了能源、制造、化工、交通等 15 个行业内的不同减排项目，并为其项目的基线设置提供了方法和要求。

2）黄金标准（GS）

黄金标准由黄金标准基金会管理，世界自然基金会（WWF）和其他非营利性组织共同设立。GS 的愿景是"所有人的气候安全和可持续发展"，旨在确保在联合国清洁发展机制（CDM）下减少碳排放的项目，也同时履行促进可持续发展的双重任务。GS 接受 CDM 的方法学，并在 CDM 方法学的基础上，补充了一些 GS 特有的要素，例如可持续发展指标、社区咨询、环境影响评估等，另外 GS 提供了 30 余个额外的方法学，涵盖土地利用、林业和农业、能源效率、燃料转换、可再生能源、航运能源效率、废弃物处理和处置、用水效益、二氧化碳移除和可持续交通解决方案九个领域。GS 作为一个独立的标准和认证机构，对 CDM 项目的注册和认证提供服务。CDM 项目可以申请通过 GS 黄金标准的认证，以增加项目的可信度和附加值。

3）核证碳标准（VCS）

核证碳标准（Verified Carbon Standard，VCS）是世界上使用最广泛的温室气体信用计划，由国际排放权交易协会（IETA）、世界经济论坛（WEF）、气候组织（TCG）联合发起。它推动资金流向减少和消除排放、改善生计和保护自然的活动。VCS 接受 CDM 中的方法学，并额外提供了 45 个方法学，涵盖能源、制造、建筑、交通、采矿等行业。通过 VCS 的项目获得的减碳认证称为 VCUs（Verified Carbon Units）。VCUs 的特点是有一些质量保证原则。这些原则通过项目验证和核查过程以及国际自愿碳减排标准（Verified Carbon Standard，VERRA）的审查和批准得到确认。VERRA 是 VCS 及 VCUs 的管理机构，VCUs 的所有权只能在 VERRA 账户之间转移，VCUs 不能转移到其他数据库或作为纸质证书进行交易。VERRA 通过严格的用户审查机制，保证 VCUs 的质量和信用。

4）美国碳登记处（ACR）

ACR 是由环境资源信托基金（Environmental Resources Trust）于 1996 年成立的温室气体登记机构（GHG Registry），并于 2007 年成为非营利性组织温洛克国际（Winrock International）的全资子公司。2012 年，ACR 获加州空气资源委员会批准，作为加州限额交易市场的抵消项目登记处（OPR）。ACR 备案的 14 个方法学覆盖五个领域：减少温室气体项目（燃料燃烧），减少温室气体项目（工业生产），土地利用、土地利用变化和林业，碳封存和储存，废弃物处理和处置。ACR 签发的碳抵消信用分为 ERTs 和 ROCs 两种。ERTs 和 ROCs 可以通过场外交易签订协议并在 ACR 注登系统划转，也可以将其账户与 CBL 账户关联进行场内交易，经授权 ERTs 和 ROCs 也在 CTX 上市。CBL 的投资者既可以购买指定项目的碳抵消信用（project-specific credits），也可以购买 CBL 的标准化全球碳抵消合约（GEO）现货。以 GEO 现货合约为基础的期货合约在芝加哥商品交易所 CME 上市。

5）REDD+ 交易架构（ART）

REDD+（Reducing Emissions from Deforestation and Forest Degradation）是一个国际性的计划，旨在通过减少热带森林的砍伐和退化，以及增加森林碳储量。ART 是由 Winrock International 管理的自愿减排信用机制。ART 开发目的是为国家和司法管辖层面的 REDD+ 减排和移除活动提供长期资金支持。ART 制定了 REDD+ 环境卓越标准（TREES），并且只对国家和下一级政府的 REDD+ 减排活动签发碳信用，不对项目级活动签发碳信用。

ART 签发的碳抵消信用为树信用（TREES Credits，TREES），可以通过场外交易签订协议并在 ART 登记系统中进行划转。TREES 可以在非营利性机构 Emergent 森林金融加速器进行场内交易，也是该平台交易的唯一产品。Emergent 是 ART 信用额度的稳定买家，提供购买的确定性，以底价购买的碳抵消信用并共享溢出价格收益。Emergent 为 TREES 买家提供购买 ART 信用有效机制，使其不必直接与各国政府谈判和签约。

6）美国气候行动储备方案（CAR）

CAR（Climate Action Reserve）是一家于 2008 年正式成立的环保非营利组织，总部位于加利福尼亚州洛杉矶。加州气候行动登记处（California Climate Action Registry）为 CAR 的前身，由加州立法机构于 2001 年为鼓励企业与其他组织参与减缓温室效应早期行动（Early Action）时期成立。CAR 作为碳减排登记组织除承担自身机制所覆盖的自愿减排登记职能之外，还被 CARB（California Air Resources Board，加州空气资源委员会）列为加州强制抵消项目以及早期减排行动登记处之一（其他的登记处还包括 ACR、VERRA 登记簿）。除此以外，CAR 已通过华盛顿州生态部批准，将作为华盛顿州官方碳抵消登记组织负责抵消项目的登记。根据 CAR 登记簿数据显示，截至 2023 年 6 月 CAR 已签发超 1.9×10^8 t 减排量，累计 613 个项目获签，减排项目类型涵盖自然气候方案、废物处理与甲烷销毁以及工业过程与气体三大类。除美国本土外，CAR 机制覆盖区域还囊括加拿大、墨西哥，未来还计划向中国、多米尼加共和国、巴拿马、危地马拉延伸。

4. 全球自愿碳市场面临的问题

（1）自愿碳抵消机制缺乏统一的标准和监管，各自愿减排市场也是分割的。不同的项目可能采用不同的方法学、基线、监测和验证方式，导致碳信用额的质量和可靠性存在差异和不确定性。

（2）由于地方政策不确定性存在减排机制开发方法学易被冻结现象。

（3）碳信用额存在重复计算和使用问题。由于自愿碳抵消机制涉及多个国家和地区，可能存在碳信用额被同时计入两个或多个国家或地区的减排目标或贡献的风险，导致重复计算。另外，也可能存在碳信用额被同一个或不同的市场参与者多次使用或出售的风险，导致重复使用。这些问题可能会导致实际减排量被高估，影响环境完整性和市场公平性。

5. 自愿碳市场的主流国际组织与协会

1）主管类

主管类，包含《联合国气候变化框架公约》（UNFCCC）秘书处、国际排放贸易协会（IETA）等。UNFCCC 秘书处成立于 1996 年 1 月，负责支持全球应对气候变化的威胁，支持年度缔约方会议及其附属机构，汇编和审查各方提供的数据和信息，并与有关国际组织和其他政府间条约秘书处的官僚机构进行协调。IETA 是成立于 1999 年 6 月的非营利性商业组织，旨在为温室气体减排交易建立有效的国际框架，其成员包括国际知名的金融机构、交易所、排放实体和贸易企业，以及会计、审核和数据信息公司。

2）金融行业监管协助类

金融行业监管协助类，例如国际掉期与衍生工具协会（ISDA）等，主要从管理衍生品为切入协助监管落入衍生品范畴的碳金融产品。ISDA 也关注自愿碳交易市场，先后发布了自愿碳交易的法律影响白皮书、自愿碳交易定义文件以及现货、远期、期权交易确认书模板等文件。

3）国际主要的三家自愿碳减排机制独立认证机构

（1）自愿碳市场诚信委员会（The Integrity Council for the Voluntary Carbon Market，ICVCM）。ICVCM 成立于 2021 年，宣称为非营利组织，由红彬气候基金、谷歌、儿童投资基金基金会、贝索斯地球基金、格兰瑟姆基金会（伦敦政治经济学院设立）、满潮基金（High Tide Foundation）资助。其目的为规范碳减排项目注册体系的管理、项目注册和减排量核发，对注册体系如 GS、VCS 等进行干预，以保证注册体系下产生的减排量的完整性。

（2）自愿碳市场诚信倡议组织（Voluntary Carbon Market Integrity Initiative，VCMI）。VCMI 成立于 2021 年 3 月 31 日，是一个独立的非营利组织，隶属于洛克菲勒慈善顾问公司。资助人有儿童投资基金会、鲍尔默集团、贝索斯地球基金、谷歌、帕卡德基金会和英国商业、能源和工业战略部（BEIS）。VCMI 制订了一套对自愿使用碳信用进行声明的规则——"完整性实践守则"，供用户采用对其使用"可靠的"碳信用进行声明，并提供报告发布平台，其目的是维持和保护自愿碳市场的"完整"，属于对碳信用的用户端进行干预的倡议。VCMI 的完整性实践守则的目标针对碳信用用户，规制"碳信用的使用"。

（3）科学碳目标倡议组织（Science-Based Targets initiative，SBTi）。SBTi 成立于 2023 年，在英国注册为慈善机构，是由 CDP、联合国全球契约组织、世界资源研究所（WRI）和世界自然基金会（WWF）合作成立的。SBTi 制订了企业净零（碳）标准，提倡和引导企业按它的标准制定实现净零目标计划，包括减排数量和时间期限。提供平台供企业设置目标、分步实施、报告和披露；并由 SBTi 提供收费的目标验证服务。SBTi 企业净零目标的目标针对企业，鼓励和督促企业采取气候应对行动。

四、国际强制碳市场

全球碳市场覆盖碳排放量体量增长明显。根据 ICAP 数据，2023 年全球碳市场覆盖碳排放量占全球温室气体排放量的比例增加到 17%。全球主要碳市场中，从交易量和交易额看，欧盟碳市场均占据绝对主导地位。

1. 欧盟碳市场

1）产生背景

1998 年 7 月，欧盟委员会在《气候变化——走向欧盟的后京都战略》中第一次提出了建立欧盟减排交易体系的想法。

2000 年，欧盟委员会《温室气体绿皮书》认为建立一个协同一致的框架将为碳市场内部的有效运作提供最好的保障，第一次正式考虑将二氧化碳排放权交易作为欧盟气候政策主要部分。

2001年10月，欧盟委员会向欧盟议会及欧盟理事会提交了关于建立温室气体排放权交易市场的草案，并在随后的两年中，对草案进行了多次的讨论和修订。

2003年7月，欧盟议会投票通过了欧盟碳市场指令，即2003/87/EC指令。该指令规定了温室气体排放权交易的适用范围、配额分配的条件和内容，排放权批准、分配、转让、放弃和注销的相关方法和程序，为欧盟碳市场提供了坚实详尽的法律准则。2005年1月1日，欧盟碳市场正式运行，成为欧盟应对气候变化的重要手段[49]。

2）欧盟碳市场运行体系

（1）参与主体。欧盟碳市场纳入30个国家超1万个排放主体，主要涵盖电力能源、高耗能制造和航空企业。

（2）交易产品。欧盟碳市场现货产品以欧盟碳排放配额为主，并拥有完整的碳金融衍生品体系。欧盟碳现货市场中有四种产品，包括欧盟碳排放配额、欧盟航空业碳排放配额、核证减排量和排放减量单位。在衍生品市场中，碳市场的金融衍生品体系已趋于完善，碳排放配额期货的交易最为活跃。

（3）运行机制。欧盟碳市场的运行原则是总量控制和交易制度。欧盟委员会设定欧盟碳配额总量上限，并通过成员国政府以无偿发放或有偿拍卖的方式向碳排放主体分配配额。在不超过排放总量上限的前提下，参与碳市场的主体可通过市场交易相互调剂排放量。排放主体需保证在次年9月履约截止前持有足量配额以完成履约。

3）发展历程

欧盟碳市场的发展经历四个阶段。

（1）第一阶段（2005—2007年）：试验阶段。

第一阶段的主要目的是对碳市场进行试运行和调试，碳市场覆盖欧盟27个成员国，纳入电力、石化、钢铁、建材、造纸等10个行业，管控温室气体种类为二氧化碳。受限于数据体系不完善，欧盟采用数据要求较低的历史法，根据排放主体的历史排放数据发放配额。为避免购买碳配额大幅拉升企业生产成本，该阶段配额供给充足，且几乎全额免费发放。

欧盟碳市场第一阶段制度设计的不足体现在三个方面。首先，未建立碳排放核查体系，致使排放数据质量较差。其次，历史法变相奖励历史排放量高的企业，产生"鞭打快牛"的不公平现象。再者，由于未用完的配额无法顺延至下一阶段，碳价在第一阶段临近结束时一度跌至接近零的水平，价格机制几近失效。

（2）第二阶段（2008—2012年）：覆盖范围扩大，政策更为严格。

欧盟碳市场第二阶段时间跨度与《京都议定书》第一承诺周期（2008—2012年）一致，2008年欧盟正式履行《京都议定书》承诺，到2012年温室气体排放比1990年减少8%。该阶段参与国新增了挪威、冰岛和列支敦士登，行业覆盖范围在2012年开始新增航空业，管控温室气体种类仍为二氧化碳。第二阶段欧盟碳市场覆盖的国家、行业和气体类型均有增加。相较第一阶段，配额总量和免费配额比例均有一定下降，对未履约企业的罚款金额从 40 欧元/t 升至 100 欧元/t。电力公司的免费配额减少至 90%，分配方法中历史总量法仍占较大比例，但德国、英国等国部分采用了基准法。

在 EU-ETS 从第二阶段过渡至第三阶段初期，欧盟碳市场出现严重的配额过剩问题，严重削弱了价格对企业排碳的指导作用。其原因主要有两方面：一是第二阶段采用历史法发放配额所导致，当规划的配额发放给企业后，由于 2008 年经济危机导致企业实际用工排放减少，产生大量欧盟碳配额 EUAs 剩余；另一个是 CERs 抵减导致的配额过剩问题。当时欧盟委员会允许参与国企业通过 CDM 清洁能源合作机制与他国合作减排项目或者通过购买获得核证减排额 CERs，并使用 CERs 代替 EUAs，抵减的上限为 15%。由于 CERs 的成本远低于 EUAs，企业大量收集 CERs，用 CERs 抵减碳排放，而配发 EUAs 则储备起来，导致 EUAs 剩余。

（3）第三阶段（2013—2020 年）：覆盖行业大幅增加，配额政策收紧，碳排放数据管理机制、配额分配方法和碳价调控体系得以完善。

欧盟碳市场第三阶段时间跨度与《京都议定书》第二承诺期（2013—2020 年）保持一致。欧盟碳市场在该阶段覆盖行业数目较第二阶段增加。不同行业碳配额分配不均的问题在该阶段逐渐凸显。为实现 2020 年温室气体排放比 1990 年至少低 20% 的减排目标，欧盟碳市场设定欧盟统一的配额总量，同时配额总量按每年 1.74% 的线性递减系数（Linear Reduction Factor，LRF）下降，免费配额比例从 90% 下调至 43%。由于电力行业碳泄漏风险小，贸易保护因素的制约弱，因此欧盟在第三阶段对电力行业实施较严苛的配额政策，全面取消免费配额，出于降低碳泄漏风险和维持贸易竞争力的考虑，欧盟给予以钢铁和水泥为代表的高耗能制造企业宽裕的配额供给。配额分配方法由历史法和国家基准法改为统一的欧盟基准法，对减排效率高的企业形成奖励。欧盟完善了以可监测、可报告、可核查（MRV）为核心的碳排放数据管理机制，显著提升了碳排放数据质量。第三阶段的关键制度革新是以市场稳定储备机制为核心的碳价调控体系。为解决配额过剩问题，欧盟委员会提出"折量拍卖"方案，即在 2016 年底前冻结近 9×10^8 t 配额到 2019—2020 年再拍卖。但此方案没能从根本上解决配额过剩问题，EUA 期货价格在该方案启动的 2014 年并未出现明显上涨。欧盟碳市场为保证碳配额供需平衡于 2018 年正式通过市场稳定储备机制（Market Stability Reserve，MSR），2019 年开始实施，其核心在于针对市场配额流通总量（TNAC）的变动作出相应措施，TNAC 的计算方法为配额供应量减去（配额需求量加 MSR 中储存的配额），根据欧盟发布的《2018/410 决议》文件，当碳市场中流通的配额量超过 8.33×10^8 t 时，则在拍卖时将相当于当时配额量的 12% 放进储备；当配额量低于 4×10^8 t 时，则从储备中调出 1×10^8 t 投放市场，该机制将 2014—2016 年间过剩的大约 9×10^8 t 碳盈余转入储备市场，并降低初始碳配额的拍卖数量，此举使欧洲碳市场出现前所未有的供应短缺，成功促使碳价大幅上涨。

（4）第四阶段（2021—2030 年）：配额收紧更为激进，纳入交通运输行业。

欧盟碳排放交易体系通过收紧覆盖行业碳排放配额上限为碳定价。2021 年 7 月，欧盟委员会公布了名为"Fit for 55"的一揽子气候计划，广泛包含能源、工业、交通、建筑等部门在内的 13 项改革提案。首先，欧盟大幅提升了碳排放交易体系减排目标。原定目标是到 2030 年，与 2005 年相比欧盟碳排放交易体系部门和海运实现减排 43%，新目标则提高至 62%，为此欧盟调整了每年配额总量递减比例，由原来每年 1.74% 调整为 2.2%。其次，进一步扩大碳市场覆盖行业范围。欧盟提议将碳市场扩展至航运、建筑供暖及公路运输部门，从 2026 年起将航运纳入欧盟碳市场，并设立单独市场完成建筑供暖及公路运输这两个部门的企业履约。再有，调整现有市场分配方式。欧盟长期以来为钢铁、水泥、铝和化肥等能源密集型工业行业免费配发大量碳配额，降低"碳泄漏"风险。但从 2026 年起，欧盟计划将逐年减少上述行业的免费配额，直至 2035 年前完全取消免费配额[50]。欧洲碳排放交易体系发展的四个阶段主要情况对比见表 1-2-2。

表 1-2-2 欧盟碳排放交易体系发展的四个阶段

项目	第一阶段 （2005—2007 年）	第二阶段 （2008—2012 年）	第三阶段 （2013—2020 年）	第四阶段 （2021—2030 年）
参与成员	欧盟 27 个成员	新增冰岛、挪威、列支敦士登	新增克罗地亚	所有欧盟成员，挪威，冰岛和列支敦士登；英国于 2021 年 1 月 1 日退出欧盟碳排放交易体系
拍卖比例	以免费分配（按历史排放法）为主，拍卖比例最多 5%	以免费分配（按历史排放法）为主，拍卖比例最多 10%	以拍卖为主，拍卖占比 57%，取消电力的免费配额（按行业基准线法）	和第三阶段一样维持不变，以拍卖为主要形式、逐步取消免费配额
减排目标	属于实验阶段。检验碳排放交易体系的精度设计，建立基础设施和碳交易市场	在 1990 年的基础上减少 8%	在 1990 年的基础上减少 20%	在 1990 年的基础上减少不低于 55%
配额分配方式	欧盟成员国自下而上制定各自排放限额，提交欧盟汇总评估是否满足气候目标（即国家分配方案 NAP），不可跨期存储	采用 NAP 方式，可跨期存储，但不可借贷	取消 NAP，采取总量控制形式统一分配，可跨期存储，但不可借贷	仍采取总量控制的分配方式，可跨期存储，但不可借贷
覆盖行业	涵盖 20MW 以上的电厂、炼油、炼焦、钢铁、水泥、玻璃、石灰、制砖、造纸等行业	新增航空业	新增制铝、制氨、有色金属和黑色金属、碳捕获和储存装置、石化和其他化学行业	向道路运输、建筑、内部海运扩展
覆盖气体	CO_2	CO_2、N_2O	CO_2、N_2O、PFC_5	CO_2、N_2O、PFC_5
总量限制	$22.99×10^8$ t/a	$20.81×10^8$ t/a	2013 年为 $20.84×10^8$ t，此后每年以 1.74% 的比例下降	2021 年为 $15.72×10^8$ t，此后每年以 2.2% 的比例下降

续表

项目	第一阶段 （2005—2007年）	第二阶段 （2008—2012年）	第三阶段 （2013—2020年）	第四阶段 （2021—2030年）
抵消机制	无限制使用核证减排量（CER）和减排单位（ERU）	CER和ERU的使用会限制行业，限制土地利用、土地利用变化与林业、核电项目及超过20MW的大型水电项目的使用	自2013年产生的国际信用需来自最不发达国家	暂停原抵消政策，拟加入碳汇
惩罚机制	罚款40欧元/t	罚款100欧元/t	罚款100欧元/t，依据欧洲物价指数（CPI）调整	罚款100欧元/t，依据欧洲物价指数（CPI）调整
交易品种	EUA	EUAs、EUAAs、CERs、ERUs	EUAs、EUAAs、不再接受非贫困国家新签发的CER和ERUs	EUAs、EUAAs、取消国际碳抵消
价格稳定机制			2019年，开始实施市场稳定储备机制（MSR），通过调整拍卖配额量以应对配额过剩和需求侧冲击，防范碳价格大幅波动	前期采取更严格的市场稳定储备机制（MSR），从2023年起MSR中超出前一年拍卖量的配额将失效

第四阶段欧盟免费配额分配制度和MSR机制出现调整。在第四阶段，欧盟碳市场体系设定了两个配额分配期，第一个分配期为2021—2025年，第二个分配期为2026—2030年。第一个分配期这五年的免费配额数量由排放装置在基准值（2014—2018年）的平均生产水平（产品产量的算术平均值）和欧盟设定的基准值确定。

第一个分配期的基准值是根据装置运营商在2016—2017年的NIMs中所报告的经核实的碳排放强度数据来确定的，且2021—2025年期间基准值保持不变。存在碳泄漏风险的工业部门可以获得基于基准值和历史活动水平计算的全部免费配额；对于不存在碳泄漏风险的工业部门，可以获得计算值30%的配额，但这一比例到2030年会下降为零。如果2021—2025年的实际活动水平与基准期活动水平存在较大差异，这五年就会出现免费配额与实际排放量的偏差，这种偏差需要通过MSR消解，或在下一个分配期（2026—2030年）逐渐消化。

MSR机制在2023年5月进行了一次修改，修改后的机制将从2024年1月1日开始生效（表1-2-3）。从抵御冲击的预期效果来看，与此前的机制相比，修改后的机制通过设置缓冲区（$8.33 \times 10^8 \sim 10.96 \times 10^8$t）平滑了摄入机制的效果。按照此前的机制，如果欧盟碳市场配额流通总量（TNAC）十分接近8.33×10^8t，会给市场带来很大的不确定性，因为如果TNAC刚好略低于或略高于8.33×10^8t，MSR的作用会出现明显的差异，即阈值效应十分显著。缓冲区的设置将避免这种不确定性可能在市场上造成的价格波动。之所以选择 $10.96×10^8$t，是因为在这一数量下，24% 的摄入量与 TNAC 和 $8.33×10^8$t 之间的差值接近，这就解决了阈值效应，同时在 TNAC 较高的情况下保持了有效的摄入量。此外，修改后的机制也降低了释放机制的门槛，加强了解决碳价飙升问题的能力。摄入机制的触发仅参考 TNAC。释放机制除了参考 TNAC，也会参考价格波动情况，价格长期偏高时也会触发配额的释放。修改前的释放机制是基于一定时间段内"价格连续"高于一定水平，修改后则是一定时间段内的"均价"高于一定水平，是触发释放机制门槛的降低，且这种情况下将在短时间内释放的大量配额，也是对释放机制的一种"加速"，将使碳价从高位迅速回落。

不可忽视的一点是 MSR 机制的作用存在较明显的滞后性，尤其是摄入机制的滞后性。当年的 TNAC 数据在次年 5 月公布，对拍卖数量的调整在 9 月至次年 8 月底之间进行，即初始调整在发生市场冲击的日历年结束后需要 20 个月才完成，且初始调整只能吸收冲击对 TNAC 增量影响的一部分。这将导致碳价一旦进入下行通道，MSR 对这种冲击的消解过程会十分漫长。从市场有效运作的角度出发，TNAC 需要足够高，以允许对冲以及配额结转，从而分摊跨期减排成本。因此，MSR 的阈值在确保 TNAC 保持在合理范围内起着重要作用。$8.33×10^8$t 可能对于 2021—2025 年尚且适用，但是随着减排总量和排放上限的不断下降，上阈值也需要随之下降，否则可能出现市场流动性过剩。

表 1-2-3　MSR 机制调整对比

	2019—2023 年	2024—2030 年
覆盖范围	固定设施	固定设施和航空设施
摄入机制	TNAC 高于 $8.33×10^8$t 时，将 TNAC 的 24% 提取到储备中	TNAC 高于 $10.96×10^8$t 时，将 TNAC 的 24% 提取到储备中；TNAC 介于 $8.33\sim10.96×10^8$t 之间时，将超过 $8.33×10^8$t 的部分提取到储备中
释放机制	TNAC 低于 $4×10^8$t 时，从储备中释放 $1×10^8$t 配额；如果价格连续 6 个月以上高于前 2 年均价的 3 倍，则在 12 个月内释放 $1×10^8$t 配额，储备少于 $1×10^8$t 时全部释放	TNAC 低于 $4×10^8$t 时，从储备中释放 $1×10^8$t 配额；如果前 6 个日历月的均价高于此前 2 年均价的 2.4 倍，则在 3 个月内释放 $0.75×10^8$t 配额，储备少于 $0.75×10^8$t 时全部释放
失效机制	2023 年起，储备中持有的超过上一年拍卖配额总数的部分将失效	2023 年起，储备中持有的超过 $4×10^8$t 的部分将失效

4）欧盟碳市场监管体系

欧盟及成员国通过不断完善法律监管体系建立了 EU-ETS 风险防控机制。在一级市场上，欧盟主要负责制定拍卖规则及年度拍卖计划。成员国则负责安排拍卖活动并监督其运行，同时使用拍卖收入。在二级市场上，欧盟将二级市场的现货交易与衍生品交易纳入欧盟的金融监管体系。严格的准入制度和信息透明制度约束着期货及现货交易，确保了市场的健康运行。欧盟碳市场监管体系见表 1-2-4。

表 1-2-4　欧盟碳市场监管体系

市场		监管主体	监管政策
一级市场	欧盟层面	欧盟委员会（EC）	《欧洲排放交易指令》（Directive2003/87EC）《拍卖规定》（Auctioning Regulation）
	成员国层面	德国联邦环境署（UBA）德国排放交易管理局（DEHSt）	德国《联邦气候保护法》（Bundes-Klimaschutzgesetz）
二级市场	欧盟层面	欧洲证券与市场监管局（ESMA）	金融工具市场指令（MiFIDII） 市场滥用指令（MAD） 反洗钱指令（Anti-MLD） 透明度指令（TD） 资本金要求指令（CRD） 投资者补偿计划指令（ICSR）
	成员国层面	德意志联邦银行（DB）德国联邦金融监管局（BaFin）	《银行法》（KWG） 《统一金融服务监管法》（FinDAG）

5）欧盟碳市场运行成效

（1）社会碳排放总量降低。

碳市场机制下，欧洲电力部门将成为欧洲最早实现碳中和的行业。2005年欧盟市场建立初期欧盟碳排放总量近 40×10^8 t，到 2022 年降至 30×10^8 t，在行业减碳上，电力、钢铁等高能耗部门的碳排放量累计降幅达 30.6%，整个工业部门碳排放总量也下降了 11%。

（2）加快欧洲产业结构转型发展。

产业发展上，受温室气体减排目标的压力影响，欧洲制造业逐步向传统能源依赖度低的制造服务业转型。与 2005 年相比，2021 年欧盟煤炭、石油、天然气生产量分别下降了 36.4%、30.2%、46.7%，清洁能源发电量增长超六倍。2021 年制造业 GDP 占比降至 13.6%，服务业增至 65.8%。

（3）提供长期稳定的绿色领域投资资金。

自欧盟碳市场第三阶段运行以来，欧盟在碳配额拍卖额上的收入累计超过了 600 亿欧元，这些资金将投入到欧盟资助的应对气候变化项目当中。

2. 美国碳市场

美国碳定价机制中以覆盖 11 个州的区域温室气体倡议（RGGI）和加州总量控制与交易计划（CCTP）规模和影响较大。

1）区域温室气体倡议（RGGI）

RGGI 于 2009 年启动，以电力行业为控制排放部门，目标排放源为该区域所有装机容量大于或等于 25MW 且化石燃料占 50% 以上的发电企业，是美国首个以碳交易市场为基础的强制性减排体系。

RGGI 也是全球首个通过拍卖形式分配配额的碳交易体系，可确保所有参与方都能按照统一的条件获得配额，碳配额拍卖所得将返还给 RGGI 协议的各州，并主要投资于能源效率、可再生能源和其他温室气体减排计划等消费者福利计划。RGGI 通过连续排放监测系统（CEMS）、配额跟踪系统（COATS）、交易市场监控三项监控系统，保障监测和报告的准确性。

2）加州总量控制与交易计划（CCTP）

CCTP 于 2012 年启动（履约期从 2013 年 1 月 1 日开始计算），覆盖了加州 75% 的温室气体排放，是美国覆盖范围广、影响大、减排强度高的地区碳交易市场。CCTP 的建立是基于 2006 年通过的《全球气候变暖解决方案法案》，该法案提出 2020 年的温室气体排放要恢复到 1990 年水平，2050 年排放比 1990 年减少 80%。

加州碳市场设置了"拍卖底价 + 配额价格"控制储备机制（Allowance Price Containment Reserve，APCR）来稳定市场价格。2023 年加州碳市场拍卖底价为每吨二氧化碳 22.21 美元。设置配额价格控制储备库，当市场价格触发上限，储备库将放出一定量配额到市场，促使价格回落。允许控排企业使用碳信用抵消排放。产生碳信用的项目必须位于美国领土内且必须从森林、城市森林、牧场沼气、减少破坏臭氧层物质、采矿甲烷气捕获和水稻种植这 6 个领域产生。2021 至 2025 年可抵消 4% 的排放，2026 至 2030 年，增至每年 6%，并且要求加州本土的抵消项目必须超过一半。

西部气候倡议（WCI）是美国与加拿大部分地区于 2007 年签订的联合气候协议，试图建立一个跨行业、跨区域的综合性碳市场。目前，CCTP 在 WCI 框架下，已与加拿大魁北克碳交易市场、安大略碳交易市场连接。CCTP 体系采取免费分配与配额拍卖相结合的配额方式来促进市场的流动性，拍卖收入被列入专门的温室气体减排基金，用于建设加州低碳交通轨道、社区节能节水设施、湿地和森林恢复等低碳项目。美国区域温室气体倡议和加州总量控制与交易计划对比见表 1-2-5。

表 1-2-5 美国区域温室气体倡议（RGGI）和加州总量控制与交易计划（CCTP）的比较

项目	RGGI	CCTP
成员范围	美国东北部和大西洋中部 11 个州	加利福尼亚州
减排目标	到 2030 年电力行业二氧化碳排放量较 2020 年减少 30%	参照当地立法机构的减排目标，根据《加州扩大限额与交易计划》（AB398），到 2030 年排放量较 1990 年减少 40%
覆盖行业	电力行业	电力行业、二氧化碳年排放量超 25000t 的大型固定装置，以及运输燃料、天然气、其他燃料供应商、所有电力进口商
分配方式	主要为拍卖，2021 年拍卖底价为 2.38 美元/配额	包括四类：成本控制、公共事业分配、工业分配、拍卖，主要以拍卖为主。在对成本控制储备、工业设施和公共事业分配后，大部分的配额（包括国有配额和电力、天然气公共事业的大部分配额）进入季度拍卖

续表

项目	RGGI	CCTP
配额储存与借入	允许配额储存，且无限制条件，但不允许预借	允许配额储存，但需遵守限额要求，不允许预借
关联机制	—	与加拿大魁北克和安大略碳市场体系相连接
履约机制	如未能履约，需上缴3倍超额排放量的配额，并受到所在州的具体处罚	如未能履约，需上缴缺口配额，并额外上缴3倍缺口配额
价格调整机制	（1）价格上限：成本控制储备（CCR）在市场价格超过临界值（2022年CCR触发价格为13.91美元，此后每年增长7%）时，向市场投放配额。（2）价格下限：排放控制储备（ECR）在市场价格低于触发价格（2022年ECR触发价格为6.42美元，此后每年增长7%）时，将减少流通中的配额	最高价销售：当实体没有足够的配额时，加州空气资源委员会（CARB）可以向其提供年度最高价的配额，以确保其完成即将到期的合规要求，2021年、2022年最高价分别为65美元、72.29美元，每年增长5%。每年拨出一定配额纳入APCR，当配额拍卖价格超过拍卖底价60%时，主管部门可以通过组织额外拍卖向市场上发放更多的配额

3. 日本碳市场

日本政府一直在研究通往低碳化社会的发展路径，以实现其国家自主贡献承诺，即在2030年将温室气体排放量减少46%（与2013年的水平相比），并在2050年实现碳中和。日本碳定价机制采取"碳交易+碳税""国家+地方"复合机制激励市场主体减少碳排放量，日本的碳定价制度主要是日本环境省推动实施的试验制度（Japan's Voluntary Emissions Trading Scheme，JVETS），以及东京和埼玉等地方政府实施的区域排放交易试点，但由于这些制度的实验性质，以及排放区域范围限制，在日本碳定价方面发挥的作用有限。在2022年，日本政府宣布了未来10年"实现GX（Green Transformation）的基本方针"，包括使用"GX经济转型债券"等先进投资支持措施、通过碳定价激励GX投资以及利用新金融手段的"以增长为导向的碳定价倡议"，为实现各行业向碳中和转型进行探索。

1）碳排放权交易体系

日本碳交易体系按交易标的可分为碳信用交易和碳排放权交易，按行政划分则可分为国家层级和区域层级。其中，国家层级主要是由环境省、经济产业省构建的自愿性交易机制，如环境省最初于2005年试行全国自愿排放交易机制（JVETS），基于总量控制交易原则，该机制对参与者购买能源效率高的设备进行补贴，要求参与者承担碳减排责任。2008年，环境省、经济产业省分别启动了核证减排计划（J-VER）、国内碳信用交易机制（DCS），前者通过项目方式进行碳信用额度的发行、认证和交易，经过核查后的碳信用可以在交易市场上交易；后者主要支持中小企业的碳信用交易。2013年起，核证减排计划（J-VER）和国内碳信用交易机制（DCS）合并成为碳排放信用体系（J-Credit），允许政府向使用节能设备、可再生能源以及通过植树造林等方式减排的企业提供碳信用认证，企业根据获得的碳信用额度，履行相关法律的减排义务或到市场上进行交易。区域层级的碳交易体系主要以东京都和埼玉县的区域碳排放权交易机制为代表，具有地方强制性，二者均采用总量交易体系的模式，即设定排放的总限量，再分配给参与的企业，企业以获得的配额作为标的按进行交易。东京都于2010年4月在全球首创总量管制与交易机制，提出了碳减排目标、覆盖范围、配额分配、灵活性机制、履约机制等框架。埼玉县碳排放权交易机制（埼玉ETS）以东京都碳排放权交易机制（东京ETS）为模板，并通过签订合作协议实现互联：一是两地实现信息共享并在系统设计和运行方面进行合作，如实现两地的互信交易；二是积极向其他地区宣传合作成果，共同努力将总量管制与交易机制推广到其他地区；三是两地共同推进旨在早日实现有效的总量交易体系的举措[51]。

2）碳税

2012年10月1日，日本正式开始对石油、煤炭和液化气等能源征税，碳税名为"全球气候变暖对策税"，此项碳税收入定向用于补贴可再生能源项目并加强节能减排措施。2012—2016年，日本先后分三阶段对碳税税率进行上调，以减缓突然上调税率对产业造成的冲击。

3）日本碳定价政策GX-ETS

在2022年12月22日，第五届绿色转型（Green Transformation）执行会议上，日本政府宣布未来10年"实现GX（Green Transformation）的基本方针"。"绿色转型"政策是财政和政策措施的组合，勾勒出一个为期10年、投资150万亿日元（超过1.1万亿美元）的路线图，用于各工业部门的转型，以实现碳中和并促进亚洲的能源转型。绿色转型排放交易计划是"绿色转型"政策的一部分。2023年，日本在GX绿色框架体系下推出了碳排放交易体系GX-ETS第一阶段工作。第一阶段涉及企业自愿参与，该阶段将持续三年至2026年3月结束，2026年后将过渡为强制性排放交易计划。该机制下日本碳市场"GX联盟"由566家企业所组成，占日本二氧化碳排放量40%以上，覆盖每年约6×10^8t的排放量。该计划还基于"承诺和审查"的概念，即参与者承诺自己雄心勃勃的减排目标，并向资本市场披露，随着时间的推移，这些目标有望提高。这些目标将接受审查，如果参与者未能达到目标，他们需要解释原因。披露其状况可激励公司尽最大努力实现其目标。排放交易计划接受由国家政府运作的两个受监管的碳信用体系：联合信用机制（JCM）和J-Credit计划。GX-ETS的第一阶段，由J-Credit在ETS交易中作为碳抵消主要来源。日本碳信用机制由日本经济产业省、环境省、农林水产省共同管理，该项目设立目的是为了核证日本境内温室气体减排量和清除量。J-Credit Scheme备案的方法学包括六个领域：节能、可再生能源、制造过程、废弃物、农业、森林碳沉降。J-Credits可以通过双边协议、官网提供的中介机构和官方拍卖交易，并在J-Credit注册登记系统内划转。

另外，GX-ETS也将接受其他国家"其他符合条件的碳信用"的项目注册申请，包括碳捕集、利用和封存（CCUS）、沿海蓝碳、生物能源碳捕集和封存（BECCS）以及直接空气捕集和碳封存（DACCS），以上四类碳清除信用（CDR）将被 GX-ETS 直接用作碳抵消，并被允许进入日本碳市场，抵消使用的上限为 5%。日本碳排放权交易机制运行方式[52]见表 1-2-6。

表 1-2-6　日本碳排放权交易机制运行方式

体系	市场类型	主管	交易体系	参与	特点	评价
三大交易体系	环境省碳交易体系	日本环境省	JVET 体系（自愿排放交易计划）	自愿性	日本实施的第一个碳排放权交易体系	市场参与度不高，交易数量和频次低，交易价格逐年降低，从第一阶段的 1212 日元/t 二氧化碳下滑至第七阶段的 216 日元/t 二氧化碳；已于 2012 年结束运行
			JVER 体系（核证减排计划）	自愿性	基于碳信用抵消模式	2013 年 3 月结束运行
	经济产业省碳交易体系	日本经济产业省	JEETS（日本试验碳交易系统）	自愿性	基于排放绝对量或排放强度设定减排目标	JEETS 系统虽然设计碳市场连接方案，但并无实质交易
			DCS（国内信用系统）	自愿性	帮助企业完成减排任务，为其提供碳信用	仅限未加入日本经团联自愿行动计划（VAP）的企业参加，覆盖气体为 6 种温室气体
	地方性碳交易体系	中央政府	东京都、埼玉县和京都市	强制性	控制都市（县城）内温室气体排放，达到节能减排效果	缺乏交易，且没有设置专门从事交易的机构，排放额度基本上通过协商进行
碳抵消信用体系	面向国内的碳减排信用抵消体系	中央政府	J-Credit（日本碳信用机制）	自愿性	较完善的温室气体减排信用抵消体系	具有确保系统稳定运行、保持执行程序简洁实用、避免其他温室气体减排重复计算等优势
	面向国际的碳减排信用抵消体系	中央政府	JCM（联合信用机制）	自愿性	降低企业减排成本，并开拓低碳技术和低碳产品的国际市场	日本与发展中国家达成协议，共同实施减排项目，开展联合减排，实现的减排量由日本和东道国分享；JCM 体系降低了国家减排成本，并促进低碳产品与服务出口市场的发展
日本全国碳市场	GX-ETS	中央政府	碳排放交易	自愿转强制	全国性碳市场促进实现减排目标	致力于为高质量的自愿信用额度创造空间，促进碳中和能源转型

五、全球碳交易所

1.欧洲碳排放交易所概况

1）参与主体

碳排放交易体系的参与主体按照职能可以划分为管理机构、核查机构、服务机构、交易主体。

第一类欧盟碳排放交易体系的管理机构，主要有欧盟委员会、各成员国政府、洲际交易所、欧洲能源交易所。欧盟委员会负责制定碳交易相关的法律法规，为碳交易体系提供底层法规支持，系统设计碳交易流程。各成员国政府负责对成员国内的碳排放进行核算、制定控排企业名单、参与配额分配等。洲际交易所（ICE）和欧洲能源交易所（EEX）负责碳交易市场的交易，包括一级市场和二级市场的搭建、为交易主体提供交易服务等。

第二类欧盟碳交易体系中的核查机构。例如 SG 集团、法国国际检验集团、德国莱茵 TUV 集团，这些公司在碳交易体系中主要负责对温室气体排放、温室气体减排项目提供审核查证服务。

第三类欧盟碳交易体系中的服务机构主要包括清算服务机构、技术服务机构、金融服务机构。清算机构主要包括洲际交易所、欧洲能源交易所，主要负责对现货交易和期货交易进行清算，交割买卖双方的 EUA。技术服务机构主要是为参与碳交易的企业提供减碳技术咨询、交易咨询、战略咨询、管理咨询等服务。金融服务机构主要是提供碳金融服务，包括绿色贷款、碳交易咨询等服务。在 EUA 及其金融衍生品表现出金融属性的背景下，成熟金融机构的参与使 EUA 及衍生品的定价更加合理，碳交易市场的有效性得到提升。

第四类在欧盟碳排放交易体系的运行过程里，企业作为交易者主要参与配额分配（配额拍卖形成的一级市场）和配额交易（EUA、CER 及相关金融衍生品形成的二级市场）两个环节，欧盟委员会对不同环节参与者的要求有所区别。对于一级市场，参与者有控排企业、经授权的投资公司与信贷机构、成员国内控制控排企业的公共机构或国有企业；对于二级市场，欧盟委员会规定有两类可以参与交易，其一为欧盟内人员；其二为符合规定的其他国家人员，意味着欧盟碳交易体系的二级市场允许控排企业、金融机构、非控排企业以及个人参加碳排放交易。欧盟相对宽松的市场参与条件极大地丰富了市场交易主体，使碳排放交易的活跃程度不断提高。

2）欧洲两大碳交易所产品类型

欧盟碳交易体系的交易场所主要是洲际交易所和欧洲能源交易所，两个交易所的功能基本一致。早期欧洲碳交易场所主要有欧洲能源交易所、欧洲气候交易所（ECX）、欧洲环境交易所（Blue Next）、北欧电力交易所（Nord Pool），经历多年发展后，欧洲气候交易所、欧洲环境交易所已经不再进行 EUA 等碳配额的交易，最后形成了洲际交易所和欧洲能源交易所并行的格局。

ICE 在 2010 年将 ECX 的业务并入自身，形成了欧洲最大的能源期货交易所。其服务范围包括衍生品交易、场外交易、清算服务、数据服务，在碳交易方面的产品包括一级市场主要对英国碳配额进行拍卖；二级市场主要是欧盟碳排放配额（EUA）、欧盟航空业碳排放配额（EUAA）期货等相关金融衍生品。此外，ICE 还提供北美洲地区的碳交易服务，如加州碳配额、美国区域减排计划碳配额以及碳配额相关的金融衍生品。

EEX 成立于 2002 年，由莱比锡能源交易所和法兰克福欧洲能源交易所合并而成，是欧洲核心能源交易所之一。其服务范围与 ICE 类似，但是比 ICE 多了二级市场配额现货交易，EEX 的交易产品包括一级市场对欧盟碳排放配额、德国碳排放配额、波兰碳排放配额进行拍卖；二级市场的 EUA 和 EUAA 现货、EUA 和 EUAA 期货等金融衍生品，主要以现货交易为主。

3）交易系统

在交易流程方面，两个交易所均可开立账户、产品交易、交易清算。在开立账户中，洲际交易所（ICE）和欧洲能源交易所（EEX）两个交易所均实行会员制，要求参与碳交易的主体开立账户，并每年提交会员费。同时，一些体量相对较小、企业内部碳管理制度不完善的企业为了降低成本，通过银行和经纪人以"订单传递"的方式参与到碳交易中，自己不作为会员来参与交易，避免了提交会员费。在交易清算中，ICE 和 ECC（EEX 的清算机构）作为中央清算机构进行服务，一方面将卖方的配额划转至自身账户，另一方面将等量配额划转至买方账户，降低了交易主体面临的风险。

4）风险管理

碳排放权交易中心风险控制机制的建设，是维护整个碳交易市场稳定的核心。这一机制体现为瀑布式的风险防范屏障，主要包括以下方面：

一是会员标准。碳排放权交易中心根据交易主体的资质进行分级管理，确保会员拥有充足的财务资源、运营能力和风控经验，从而提升交易、清算体系的稳定性和安全性。欧洲能源交易所的会员体系见表 1-2-7。

二是保证金。保证金分为初始保证金和变动保证金两个部分。初始保证金用于支付购买碳配额，目的是降低信用风险和违约风险；变动保证金则主要用于防止风险随着时间的推移而累积。交易所的清算机构每日进行回溯测试（Backtesting）来审查保证金计算模型所依据的参数和假设的合理性。

三是违约基金。根据《欧洲市场基础设施法规》（EMIR），交易所清算机构的清算会员需要按照其保证金要求的比例缴纳违约基金应对某个会员违约的极端情况，以偿还其无法弥补的违约损失。保证金与违约基金一同确保了交易所的清算机构可以承受合并风险最大的两个清算会员的违约。

四是其他机制。EEX 旗下的 ECC 开发了业务连续管理框架（Business Continuity Management，BCM），用于减少紧急情况或相关资源中断时关键业务流程中断的影响和持续时间。

表 1-2-7　欧洲能源交易所的会员体系

交易所	会员类别		权利
欧洲能源交易所（EEX）	全面会员（Full Membership）	清算全面会员	在能源市场、天然气市场、环境和农产品等市场进行交易，清算，并代理非清算会员企业交易和清算
		非清算全面会员	在能源市场、天然气市场、环境和农产品等市场进行交易，并基于与清算会员、欧洲商品清算中心（ECC）之间的三方协议，由清算会员代理进行清算
	市场会员（Market Member）	清算全面会员	能源市场会员、天然气市场会员、新兴及能源市场会员，可在单独的能源市场交易、天然气市场、环境和农产品等市场进行交易，清算（不可跨市场），并代理非清算会员企业交易和清算
		非清算全面会员	在单独的能源市场、天然气市场、环境和农产品等市场进行交易，并基于与清算会员、欧洲商品清算中心（ECC）之间的三方协议，由清算会员代理进行清算
	拍卖会员（Auction Member-Only）		只参与碳排放配额一级市场拍卖
	非交易经纪商会员（Non-Trading Broker Member）		代表参与者并以参与者名义进行交易，不是直接交易所会员，不能在交易所建立头寸

2. 新加坡气候交易所

新加坡气候交易所（Climate Impact X，CIX）是由星展银行、新加坡交易所、渣打银行和淡马锡公司共同成立的全球碳交易市场。CIX 的目标是扩展自愿碳市场并提供气候解决方案。它利用卫星监测、机器学习和区块链技术来增强碳信用额度的透明度、完整性和质量。CIX 主要提供三种碳交易服务：在线交易商城（Market Place）、拍卖服务（Auction）和互换交易（Exchange）。

1）在线交易商城（Market Place）

在线交易商城（Market Place）类似于中国的淘宝平台，CIX 从 VCS 或 GS 交易所批发项目然后放到 Market Place 进行销售，最低的交易单位为 1t CO_2。Market Place 中的项目主要是林业碳汇相关的项目。

Market Place 的交易门槛相对较低，不需要进行卖家资质审核（Know Your Customer，KYC），只需要简单的公司信息和信用卡就可以注册账户和进行交易，主要服务于对自身减排有一定需求的机构。需要注意的是，机构在购买碳信用需要了解自身所在的碳减排组织是否对碳信用的年限有要求。

2）拍卖服务（Auction）

拍卖服务（Auction）非常适合拥有稀有、大规模或新上市碳信用的项目供应商。2021年 11 月，CIX 完成了试点拍卖，从 8 个基于自然的项目中获得了 17 万个碳信用额。2022年 11 月 15 日，CIX 和总部位于英国的气候融资公司共同完成了优质自然蓝色碳信用额的拍卖，此次拍卖以每吨 27.8 美元的价格成功成交了世界上最大的红树林恢复项目—巴基斯坦三角洲蓝碳项目的全部 $25×10^4$ t 2021 年份碳信用额。

3）互换交易（Exchange）

互换交易（Exchange）支持标准化合约和单独列出的碳信用项目的双向现货交易，并为市场提供报价和风险管理解决方案。

4）交易服务产品的市场前景

一是对于大型的跨国企业，如苹果、壳牌等公司，为了企业形象和宣传，需要用碳中和和碳抵消来承担自身的社会责任，这部分企业是自愿减排碳市场的需求大户。

二是纳入供应链管理的中小企业。对于这部分企业，未来满足下游客户对碳减排的要求，需要对自身的碳排放进行管理，会有一定的碳抵消需求。

三是长期来看，碳中和是大势所趋，对于企业来说，需要结合自身的碳中和规划和需求，可以提前介入优质碳资产开发项目。

第三节　碳市场的经验借鉴

欧盟碳市场经过 18 年的发展完善已形成全球交易规模最大、市场活跃度最高的碳市场。欧盟进行了一系列市场改革，积累了较为丰富的经验。

一、碳市场成功发展经验

欧盟碳市场的探索发展形成了一系列先进经验。

1. 路线图清晰，阶段性目标明确，制度体系完善

从欧盟碳市场发展经验看，碳市场体系采用了分阶段建设的整体规划。在 2005 年欧盟 ETS 体系启动初期，便提出分四个阶段（2005—2030 年），并在每个阶段启动前，提前发布阶段性总量配额目标等，为市场运行提供了较为稳定的制度基础。欧盟碳市场体系建设已进入第四个阶段，市场规则较为完善、交易机制日益健全，有效推动了欧盟碳减排工作。

2. 交易主体多元，金融产品丰富

在欧盟政府机构的积极引导下，商业银行、投资银行及各种国际金融组织进入市场渐渐成为碳市场的主体，之后政府机构不再直接参与市场，而是通过碳基金等形式间接参与。欧盟碳市场从运行之初便允许交易碳金融衍生品。随着金融机构和其他投资者的参与和推动，逐渐形成多级、多产品的碳金融市场，提高了交易的灵活性。商业银行不仅自身与碳交易，还利用自己的客户基础开展中间服务；投资银行及其他金融机构创新了一系列碳金融产品，如环保期货、巨灾债券、天气衍生品、碳交易保险等。

3. 灵活交易机制激活碳价

欧盟通过加强配额总量管控、施行灵活机制等方式激活碳价。为缓解长期碳价低迷、市场萎缩等状况，欧盟碳市场通过实施市场稳定储备机制解决历史过剩配额问题，减轻配额过剩对碳市场信心的冲击。同时，加强总量控制，实行配额总量逐年折减。另外，分行业逐步引入拍卖等有偿分配方式，再由政府将拍卖收入用于补贴由于承担减排任务而出现损失的企业或者开发减排技术等，以减少碳市场产生的不公平问题。

4. 充分发挥碳市场与碳税配套协同，促进更大范围的脱碳

从碳定价机制的实施看，碳排放权交易价格易受市场影响、波动较大。相比之下，尽管碳税对排放量的控制存在不确定性，且灵活较差，但可以弥补碳市场价格不确定性的缺点。欧盟部分国家采取了碳市场与碳税协同的方式，以促进碳市场未覆盖的行业减排、弥补碳市场价格未达预期的差价等。

5. 开展跨区域碳市场连接探索

欧盟碳市场和瑞士碳市场于 2017 年达成碳市场连接协定，并于 2020 年启动。按照规定，任何一方的配额可用于另一方碳市场，允许配额的互相转移。

6. 建立了良好的碳市场信息公开透明机制

欧盟碳交易机构会披露实时、年度碳交易数据。欧盟委员会还会发布年度碳市场运行报告，披露碳市场建设情况、欧盟碳交易注册登记簿运行情况，以及碳配额总量、需求量与余量等，碳市场信息透明为制度实施、市场参与、公众监督提供了坚实的数据基础。

7. 建立了系统的碳核查制度体系

碳核查是支撑碳交易市场可持续发展的重要基石。欧盟为保证不同企业温室气体排放数据的真实性，建立了完善的碳核查体系。一是制定完善的碳核查法律体系。2012 年欧盟颁布了《温室气体排放认证与核查条例》，覆盖了化石燃料燃烧、炼油、钢铁等 9 大类行业，并形成了严格的技术标准和规范，规定了成员国和相关部门在监测和报告过程中应采用的方法和程序。二是碳核查认证必须开展第三方验证。欧盟碳核查制度要求采用第三方验证机制，通过独立的审核来验证成员国和相关部门的报告，以此提高数据的可靠性和透明度，防止误报和操纵数据的风险。

8. 交易所碳交易推动绿色发展

欧洲能源交易所（EEX）通过汇聚交易主体、创新交易工具和提供延伸服务等方式，为减排企业提供了最小化交易成本的减排路径。此外，EEX 对欧盟的绿色发展也产生了积极影响。根据世界银行的《2023 碳定价国别与趋势》报告，2022 年全球碳定价财政收入总额达到 950 亿美元，其中欧盟占比达到 44%，较 2021 年的 41% 有所提升。碳交易所产

生的一级配额拍卖收入及二级配额交易收入，通过设立基金形式，用于资助创新低碳技术和欠发达地区的能源现代化项目，极大地推动了欧盟的绿色低碳发展。在成员国层面，欧盟碳市场的基础性法律《欧盟排放交易体系指令》规定，参加欧盟碳市场的成员国应将至少一半的配额拍卖收入用于应对气候变化和能源项目[53]。据欧盟委员会的统计，2013—2017年实际上有高达80%左右的收入已用于或计划用于气候与能源项目。在二级市场上，欧盟碳价持续上涨预期吸引了众多资本的加入，为欧盟的绿色能源项目提供了持续的资本供给。

二、碳交易体系面临的问题和挑战

1. 超额免费碳配额分配方式会导致低迷的碳价格和低效的环境效益

碳市场是一个成本管理工具，本身无法直接起到减排的作用，只有控制配额总量才能限制减排量和落实减排目标。碳配额初始分配方式分为免费分配和拍卖。根据欧盟成熟的分配制度，免费配额数量通常是基于排放装置的历史活动水平和欧盟设定的基准值来确定的，因此，如果当年实际产量与历史平均产量存在较大差异，那么免费配额的数量就会与实际排放量形成较大偏差，易引起碳市场配额供需失衡。另外，如果企业拥有充足的免费配额或超额供给配额，将会导致企业减排效力降低。例如欧盟碳市场和美国区域温室气体倡议市场起步早期，各区域为保护自身产业发展或是对历史经验预估值把握不够准确，最大限度上报了所需免费配额，导致配额超额供应，扰乱了市场供求平衡，出现价格暴跌[54]。

2. 覆盖领域不足会引起碳泄漏问题

覆盖领域的缺失，可能引起碳市场的有效性不足问题。若覆盖领域范围太小，则会导致减排量有限。碳定价机制尚未覆盖全球，因此容易导致碳泄漏到还未建立碳交易体系的地区。另外，企业将其生产或投资转移到有着更低排放成本的行政区划，或是转移到其他行业也会导致碳泄漏。例如，北美西部倡议碳市场（WCI-ETS）有限的地理覆盖范围导致容易出现碳泄漏问题，尤其是加利福尼亚州已经遭遇了多起严重的碳泄漏[55]。

3. 廉价碳信用会威胁碳市场价格稳定

部分碳市场允许工业部门购买核证减排项目所产生的碳信用及减排量抵消自身产生的排放，并帮助其达成减排目标。允许使用一定份额的碳信用抵消减排量，为碳市场提供一定的灵活性，但是当市场上充斥的大量廉价碳信用，则会威胁到碳价格的稳定。同时，市场监管规则不足与数据基础薄弱的碳抵消体系，也可能会间接破坏碳市场体系[56]。例如，芝加哥气候交易所（CCX）自2003年开始运行，到2010年底停止运行，停止运行的原因是交易所碳金融工具的价格下跌接近到零[57]。这主要是因市场充斥大量碳排放抵消项目无法消化，引起人们对排放抵消报告和系统合法性产生了诸多质疑，导致碳抵消市场需求极其低迷。

4. 缺乏透明性的 MRV 制度易出现报告的排放量偏低

有效实施的碳市场需要强有力的排放监察和减排量核准报告机制。MRV 制度缺乏透明性，可能会导致报告的排放量低于实际或碳抵消虚高，这为特定的关联方谋得了经济利益，但却影响了碳市场的有效性[58]。例如，太平洋碳信托（Pacific Carbon Trust，PCT）宗旨是发展低碳经济和确保公共领域的碳中和，但基金于 2013 年 11 月停止运行，致使 PCT 失败的主要原因是缺乏透明的监测、报告和核查（MRV）制度，使用了颇受质疑的减排抵消机制和不完善的购买报告[59]。

5. 政策不连贯、薄弱的政府执行力会导致市场体系的脆弱性

澳大利亚的气候政策进行过多次调整，部分原因归咎于政府换届。2012 年 7 月实施的碳税覆盖了澳大利亚温室气体排放的 60%，包括发电、工业、燃油分销、工业生产、采矿和废弃物行业，但碳税被新上任政府于 2014 年 6 月驳回，使得澳大利亚成为当时在气候政策方面开倒车的国家，影响了其国际声誉。

6. 融资基金的运行可能会使大量配额被提前拍卖引起市场供需错配

在欧盟碳市场体系中，有四大基金涉及配额拍卖，即创新基金（Innovation Fund）、现代化基金（Modernisation Fund）、社会气候基金（Social Climate Fund）以及复苏和恢复基金（Recovery and Resilience Facility，RRF）。2023 年 2 月，欧盟将"欧盟可再生赋能"项目纳入 RRF 基金，以更好地支持欧盟摆脱对俄罗斯化石燃料的依赖，由 RRF 提供关键投资和改革所需资金。RRF 资金主要来源于创新基金的拍卖收入和基础的拍卖收入，甚至包括了拍卖 MSR 当中的配额来进行补充。RRF 需从拍卖市场筹集 200 亿欧元，其中 120 亿欧元来自创新基金拍卖收入，80 亿欧元来自配额的提前拍卖，需要提前出售原定于 2027 年至 2030 年期间竞价的配额，即本应在 2027—2030 年期间拍卖的配额将提前到 2026 年 8 月 31 日之前被拍卖，直到拍卖收入达到 200 亿欧元。配额提前拍卖将导致短期碳价低迷，将抑制早期减排的积极性，并在 2026 年后配额供应减少时将加剧市场紧张[60]。

三、中欧碳市场阶段不同形势各异

中欧碳价走势联动性不高，主要原因在于中欧碳市场发展阶段不同。欧盟碳交易机制经历了开创期（2005—2007 年），发展期（2008—2016 年）与成熟期（2017 年至今）三个时期，随着欧洲碳配额总量线性递减、有偿拍卖以及碳市场稳定储备（MSR）等碳市场机制的不断完善和实施，碳价从 2017 年的低点 3 欧元 /t，上涨到 2023 年接近 30 倍。中国碳市场处于开创期，2021 年 7 月建立仅覆盖电力行业的全国统一碳市场，大型电力企业在全国碳市场交易初期多采用内部不同电厂之间配额盈缺配对交易，整体对外配额采购量需求较低，并且配额分配采取全部免费的形式，配额供应机制略宽松。另外，欧洲高碳

价可以推动电力市场燃料转换实现减排，但中国电力市场电价市场化不足，碳价传导不畅，碳价上涨更大部分是压低电厂利润。中国碳价推动电力行业对煤电替代转换力量较弱，碳价优势更多地表现为推动工业企业提升能效和低碳技术减排。欧盟与中国碳市场发展阶段对比见表 1-3-1。

表 1-3-1　欧盟与中国碳市场发展阶段对比

发展时期		欧盟	中国
开创期	时间	第一阶段（2005—2007 年）	2021 年至今
	特点	历史排放法，配额免费分配，碳交易覆盖大部分行业涵盖欧洲 50% 的总碳排放量，排放限制为二氧化碳，采取总量设置机制，MRV 管理机制，强制履约机制，减排项目抵消机制，统一登记簿机制，成员国自行确定分配的碳排放权总量（NAP）机制	基准线法，配额免费分配，碳交易覆盖电力行业涵盖中国 40% 的碳排放量，控排为二氧化碳，采取总量设置机制，MRV 管理机制，强制履约机制，CCER 机制，统一登记簿机制
	价格波动	0～30 欧元 /t	42～100 元 /t
发展期	时间	第二、三阶段（2008—2016 年）	
	特点	历史排放法变为基准线法，配额拍卖比例 10% 变为 57%，碳交易覆盖大部分行业，2018 年开始配额总量每年线性递减 1.74%，排放限制为二氧化碳扩大到二氧化硫，氟氯烷等，基础机制中部分取消减排项目抵消机制，采用国家履行措施（NIM）取代国家分配方案（NAP）机制	未进入发展成熟期
	价格波动	3～30 欧元 /t	
成熟期	时间	第三、四阶段（2017 年至今）	
	特点	基准线法，57% 配额拍卖，碳交易覆盖大部分行业，2021 年开始配额总量每年线性递减比例增加到 2.2%，采用基础机制，国家履行措施（NIM），增加市场稳定储备（MSR）运行机制	
	价格波动	30～100 欧元 /t	

四、经验借鉴与应对

应对全球气候变化是全球的共同挑战需要国际碳交易体系间进行政策协调。中国碳市场处于初创阶段，需要借鉴成熟碳市场发展经验，也需要探索与各国碳市场相关技术、方法、标准等形成接轨，做到数据的互认互通。

1. 科学制定碳市场长期减排目标

根据国家减排目标，及时对所辖碳市场的目标进行更新，制定严格的碳排放总量控制计划。

2. 逐步引入配额有偿分配方式，研究制定市场价格稳定机制

免费配额过多，会引起碳市场价格和交易量双低的情况。增加有偿拍卖配额比例，有利于碳价逐步上升。另外，为了防止配额价格过高造成企业生产成本高涨，或者碳价剧烈波动导致市场过度投机，需要在必要时对碳价进行干预，制定碳市场稳定机制[61]。

3. 促进政策对接，加强技术交流，探索国际合作框架

推动不同国家和地区之间的碳减排政策和法规对接，通过国际谈判建立共同的碳市场运行规则，减少法律和政策的差异。建立国际碳市场技术交流和合作机制，共享碳排放核算、验证和监测的先进技术和方法，提高碳金融产品的准确性和透明度[62]。

4. 碳排放技术创新与标准化

与国际标准化组织（ISO）等机构合作，推广碳排放核算和验证的国际统一标准，提高碳信用的互认度。利用区块链等技术提高碳交易的透明度和安全性，降低交易成本，提高市场效率。

5. 发展多元化碳金融产品

开发多样化的碳市场交易产品，满足不同投资者的需求，增加市场的吸引力。设计可以在不同碳市场之间流通的碳金融产品，促进碳市场的全球一体化。

6. 提高碳市场透明度与信息共享

通过定期发布碳市场报告、碳金融产品的交易数据等信息，提高市场的透明度和公信力，提高市场参与者的信息共享。

参 考 文 献

[1] Yasuyuki Aono. Cherry blossom full bloom dates in Kyoto, Japan [EB] / [OL]. https://ourworldindata.org/grapher/date-of-the-peak-cherry-tree-blossom-in-kyoto.

[2] Scheff, Jacob, Frierson, et al. Terrestrial aridity and its response to greenhouse warming across CMIP5 climate models [J]. Journal of Climate, 2015, 28（14）：5583-5600.

[3] Eckstein D, Künzel V, Schäfer L. Global climate risk index 2021. Who Suffers Most from Extreme Weather Events, pages 2000-2019 [EB] / [OL]. www.germanwatch.org/en/cri.

[4] 沈钦韩. 联合国秘书长严重警告，全球气温升高将给许多低洼海岸线国家判"死刑"；欧盟决定自2035年起禁售燃油 [EB] / [OL]. https://www.sohu.com/a/641334405_120244154.

[5] Park J Y, Schloesser F, Timmermann A, et al. Future sea-level projections with a coupled atmosphere-ocean-ice-sheet model [J]. Nature Communications, 2023, 14（1）. DOI: 10.1038/s41467-023-36051-9.

[6] 金希. 全球升温加剧海平面上升，实现"全球控温1.5℃"目标攸关生死 [EB] / [OL]. https://aoc.

ouc.edu.cn/2018/1016/c13996a213971/page.psp.

[7] Matthew E Kahn, et al. Long-Term macroeconomic effects of climate change: A cross-country analysis [R]. IMF Working Paper, 35(October 11, 2019).

[8] 杨小玄.气候变化、环境治理与经济增长——基于中国的实证分析[J].金融发展评论,2022(6):23-37.

[9] 竺可桢.中国近五千年来气候变迁的初步研究[J].气象科技,1973(S1):2-23.

[10] 葛全胜,刘浩龙,郑景云,等.中国过去2000年气候变化与社会发展[J].自然杂志,2013,35(1):9-21.

[11] 葛全胜,方修琦,郑景云.中国历史时期气候变化影响及其应对的启示[J].地球科学进展,2014,29(1):23-29.

[12] 黄存瑞,刘起勇.IPCC AR6报告解读:气候变化与人类健康[J].气候变化研究进展,2022,18(4):442-451.

[13] Meehl G A, Arblaster J M, Fasullo J T, et al. Model-based evidence of deep-ocean heat uptake during surface-temperature hiatus periods [J]. Nature Climate Change, 2005, 1(7):360-364.

[14] Jian Zhimin, Wang Yue, Dang Haowen, et al. Warm pool ocean heat content regulates ocean-continent moisture transport [J]. Nature(Beijing), 2022(62):92-99.

[15] Luethi D, Floch M L, Bereiter B, et al. High-resolution carbon dioxide concentration record 650000~800000 years before present [J]. Nature, 2008, 453(7193):379-382.

[16] 黄恩清,田军.从地质角度看全球变暖[EB/OL]. https://m.thepaper.cn/newsDetail_forward_6756741.

[17] VELLINGA P, SWART R. The greenhouse marathon: a proposal for a global strategy [J]. Climatic Change, 1991, 18(1):vii-xii.

[18] TSCHAKERT P. 1.5 ℃ or 2 ℃: a conduit's view from the science policy interface at COP20 in Lima, Peru[J]. Climate Change Responses, 2015(2):3.

[19] LENTON T. 2 ℃ or not 2 ℃? That is the climate question[J]. Nature, 2011(473):7.

[20] 解振华,李政,等.全球气候治理导论[M].北京:中国科学技术出版社,2023.

[21] 朱兴珊,沈学思.从巴黎到迪拜:全球气候治理回顾与展望[J].国际石油经济,2024,32(2):22-35.

[22] 董亮.会议外交、谈判管理与巴黎气候大会[J].外交评论(外交学院学报),2017,34(2):135-156. DOI:10.13569/j.cnki.far.2017.02.135.

[23] Falkner, Robert. The Paris Agreement and the New Logic of International Climate Policies [J]. International Affairs, 2016, 92(5):1107-1125.

[24] 潘家华.应对气候变化的后巴黎进程:仍需转型性突破[J].环境保护,2015,43(24):6.DOI:10.14026/j.cnki.0253-9705.2015.24.004.

[25] 王宏岳.全球气候治理的僵局与超越[J].中国政法大学学报,2020(1):13. DOI:CNKI:SUN:PZGZ.0.2020-01-004.

[26] 樊星,秦圆圆,高翔.IPCC第六次评估报告第一工作组报告主要结论解读及建议[J].环境保护,2021(Z2):44-48.

[27] 蔡闻佳,张诗卉,张弛,等.《COP28气候与健康阿联酋宣言》解读[J].科学通报,2024,69(15):2025-2030.

[28] 李慧明,向文洁.大变局下的全球气候治理与中国的战略选择——基于首次全球盘点的分析[J].国际展望,2024,16(2):85-102.

[29] 季华.《巴黎协定》实施机制与2020年后全球气候治理[J].江汉学术,2020,39(2):46-53.

DOI：10.16388/j.cnki.cn42-1843/c.2020.02.005.

[30] 于宏源.论全球气候治理的共同治理转向［J］.国际观察，2019（4）：142-156.

[31] Thomas Hale, et al. Climate change: From gridlock to catalyst［C］. Beyond Gridlock, Cambridge: Policy Press, 2017: 189.

[32] 巢清尘，张永香，高翔，等.巴黎协定——全球气候治理的新起点［J］.气候变化研究进展，2016，12（1）：7. DOI：10.12006/j.issn.1673-1719.2015.243.

[33] LEVIN K, RICH D. Turning point: Which countries' GHG emissions have peaked? Which will in the future?［EB/OL］. World Resources Institute.（2017-11-02）. https://www.wri.org/insights/turning-pointwhich-countries-ghg-emissions-have-peaked-which-willfuture#:~:text=By 1990 or Earlier%3A&text=The economic collapse after the, reached peak emissions by 1990.

[34] THE WHITE HOUSE. Statement by President Trump on the Paris Climate Accord［EB/OL］.（2017-06-01）.https://trumpwhitehouse.archives.gov/briefingsstatements/statement-president-trump-paris-climateaccord/.

[35] Pigou Alfred Cecil. The economics of welfare［M］. New York: Cosimo Classics, 2006.

[36] Sargent F O, Tietenberg T H. Environmental and natural resource economics［J］. American Journal of Agricultural Economics, 1985, 67（2）: 461. DOI: 10.2307/1240733.

[37] 生态环境部.关于政协十三届全国委员会第五次会议第00770号（资源环境类057号）提案答复的函［EB/OL］. https://www.mee.gov.cn/xxgk2018/xxgk/xxgk13/202301/t20230117_1013505.html.

[38] 冯俏彬.碳定价机制：最新国际实践与我国选择［J］.国际税收，2023（4）：3-8.

[39] 国际货币基金组织.关于大型排放国之间的国际碳价格底线的提议［EB/OL］.［2022-11-24］. https://www.imf.org.

[40] 鲁书伶，白彦锋.碳税国际实践及其对我国2030年前实现"碳达峰"目标的启示［J］.国际税收，2021（12）：21-28.

[41] Chang S J, Hsu G Y, Yang J A, et al. Commission of the European Communities Brussels［J］. Journal of Hospice & Palliative Nursing, 2003, 4（4）: 206-207. DOI: doi: 10.1001/jama.284.24.3187.

[42] Steve Zwick. The road from Paris: Green lights, speed bumps, and the future of carbon markets, ecosystem market place［EB/OL］. http://www.ecosystemmarketplace.com/articles/green-lights-and-speed-bumps-on-road-to-markets-under-paris-agreement/.

[43] 季华.《巴黎协定》国际碳市场法律机制的内涵、路径与应对［J］.江汉学术，2023，42（4）：104-112.

[44] 陶玉洁，李梦宇，段茂盛.《巴黎协定》下市场机制建设中的风险与对策［J］.气候变化研究进展，2020，16（1）：117-125.

[45] 党庶枫，曾文革.《巴黎协定》碳交易机制新趋向对中国的挑战与因应［J］.中国科技论坛，2019（1）：181-188.

[46] John Fialka. Carbon markets: The epic journey of a modest proposal, E&E News（May 11, 2016）［EB/OL］. https://www.eenews.net/articles/the-epic-journey-of-a-modest-proposal/.

[47] Kevin Kennedy, Michael Obeiter, Noah Kaufman. Putting a price on carbon: A handbook for U.S. policymakers, World Resources Institute Working Paper 11（Apr. 2015）［EB/OL］. http://www.wri.org/sites/default/files/carbonpricing_april_2015.pdf.

[48] Stephen J Collier, Rebecca Elliott, Turo-Kimmo Lehtonen. Climate change and insurance, economy and society［J］. Economy and Society, 2021, 50（2）: 158-172.

[49] 齐绍洲，程思，杨光星.全球主要碳市场制度研究［M］.北京：人民出版社，2019.

[50] 文亚，张弢.中国与欧盟碳市场建设理念与实践比较研究：历史沿革、差异分析与决策建议［J］.

中国软科学，2023（5）：12-22.
[51] 唐明知，韦斌杰，黄玥，等.碳定价机制发展的国际经验借鉴与启示［J］.金融纵横，2022（12）：72-81.
[52] 周美婷.日本碳排放的交易体系与定价机制对我国的启示［J］.中国能源，2023，45（8）：80-87.
[53] 周怡，张泽栋，马克.碳排放权交易中心建设的国际经验与中国路径［J］.西南金融，2023（10）：3-17.
[54] 荆克迪.中国碳交易市场的机制设计与国际比较研究［D］.天津：南开大学，2014.
[55] Cullenward D. How California's carbon market actually works［J］. Bulletin of the Atomic Scientists, 2014, 70（5）, 35-44.
[56] Cacciatore M, Duval R, Fiori G, et al. Market reforms in the time of imbalance［J］. Working Paper Series, 2016（3）: 1-71.
[57] Gans Will, Beat Hintermann. Market effects of Voluntary Climate Action by firms: Evidence from the Chicago Climate Exchange［J］. Environmental and Resource Economics, 2011（55）: 291-308.
[58] Yamineva Y. Book review: International Climate Finance, Edited by Erik Haites［J］. Climate Law, 2014, 4（3-4）: 353-357.
[59] Jeremy, Hainsworth. B.C. to examine pacific carbon trust's $25 per metric ton carbon offset pricing model［J］. International Environment Reporter: Reference File, 2013, 36（5）: 272-272.
[60] 庄礼佳.欧盟将从欧洲碳市场筹集200亿欧元以摆脱对俄罗斯天然气的依赖［EB］／［OL］. https://www.zhitongcaijing.com/content/detail/847076.html.
[61] 王蕾.国际发展经验对我国碳市场建设的借鉴与启示［J］.华北金融，2022（12）：6.
[62] 杨洁.国际碳交易市场发展现状对我国的启示［J］.中国经贸导刊，2021（16）：3.

第二章 中国碳交易市场

全球已经有 50 多个国家实现碳达峰，130 多个国家和地区提出"零碳"或"碳中和"气候目标。中国是全球第二大经济体，同时也是全球能源消费和碳排放大国，在全球气候治理中发挥着重要的建设性作用。2020 年中国正式宣布二氧化碳排放力争于 2030 年前达到峰值，努力争取 2060 年前实现碳中和。碳市场旨在通过市场机制激励排放实体低成本完成碳减排目标，是引领全球气候治理、破解能源环境约束、实现社会经济提质增效和绿色低碳发展，同时完成碳中和、碳达峰目标的重要举措。中国自 2013 年启动区域碳试点市场，并在 2021 年启动全国统一碳市场，全国进入"排碳有成本，减碳有收益"的时代。

第一节 "双碳"与石油石化行业转型

中国 2030 年前二氧化碳排放实现碳达峰是近期目标，是迈向碳中和的基础和前提；2060 年前温室气体排放实现碳中和是长期目标。碳达峰是保证经济高质量发展同时的达峰，是产业结构优化和技术进步促进碳强度逐步降低的达峰，不是碳排放攀高峰、冲高峰，是能源行业低碳转型的过程。

一、碳达峰碳中和

1. 全球碳中和概况

1）碳中和相关概念

"碳达峰"是指某个地区或行业与化石能源相关的温室气体排放量，在某个年份达到的历史最高值，随后进入平台期持续下降过程，是温室气体排放量由增转降的历史拐点。其中，是否达峰当年难以判断，需要事后确认，同时碳达峰标志着碳排放与经济发展实现脱钩。

"碳中和"是指人类将无法避免的温室气体排放量通过自然过程吸收（比如陆地、海洋）、人为固定（比如通过生态系统建设吸收二氧化碳，或把二氧化碳收集后转为工业品或封存地下），实现排放量和固碳量相等，达到相对"零排放"。

"净零排放"目标即所有温室气体排放量与清除量实现平衡。

"气候中和"一词由"碳中和"衍生而来，并对其意义进行了扩展，首次被使用是联合国环境署在 2007 年发布了一个名为"climate neutral strategy"的文件，其中包括了为实现气候中和需要施行的步骤，并且在其中对于"气候中和"进行了定义，它提到"气候中和"是指一个机构估算其已知温室气体排放量、采取措施减少温室气体排放量、购买碳抵消量以中和剩余的温室气体排放量的整套政策,也考虑区域或局部的地球物理效应,例如辐射效应(来自飞机凝结轨迹的辐射效应),最终希望自身的活动对气候系统没有产生净影响。"气候中和"目标包括了地球物理效应对温室气体的影响,目标强度最高。

2)各国碳中和目标

各国提出的"碳中和"承诺、实现净零排放逐渐成为全球趋势,但各国的碳中和目标类型存在差异。截至2023年3月,在全球197个国家中,已有133个国家提出碳中和目标,覆盖全球88%的排放。从国家类型看,金砖国家、OECD(非欧盟)和欧盟提出碳中和目标的国家占比分别是100%、79%和88%。从目标类型看,目前有100个国家以实现"净零排放"作为其碳中和目标,占提出碳中和目标国家的75%。

各国计划实现碳中和的年份不同,发展中国家碳中和任务更重。提出碳中和目标的国家中,超过90%的国家将实现碳中和目标的年份设定为2050年及2050年以后,发达国家仅有冰岛、德国、芬兰和瑞典四个国家承诺在2050年以前实现碳中和。德国、英国、法国等发达国家早在1990年就实现了碳达峰,从碳达峰到碳中和有55~60年的间隔;美国、加拿大、澳大利亚等发达国家在2000—2006年实现碳达峰,与碳中和目标年份也有着45~50年的间隔。然而,墨西哥、阿根廷、中国等大多数发展中国家虽然尚未实现碳达峰,但是仍然提出了2050或者2060年的碳中和目标和2030年的中期目标,二者仅仅间隔20~30年,意味着发展中国家需要在碳达峰之后,使用发达国家从碳达峰到碳中和一半的时间实现本国的碳中和承诺(图2-1-1)。

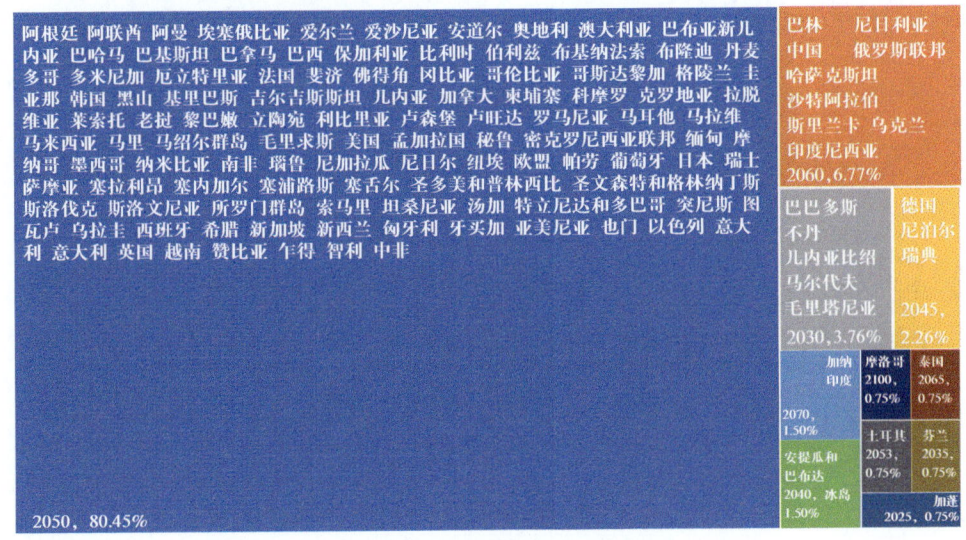

图2-1-1 各国碳中和年份分布

3)各国碳中和目标涉及温室气体种类

从温室气体覆盖度看,全球50%的国家在碳中和目标中不但考虑了二氧化碳,还涵盖了《京都议定书》及《多哈修正案》中提及的其他温室气体。从国家类型看,超70%

的欧盟、OECD 成员国和超 50% 的金砖国家、小岛屿发展中国家和最不发达国家所设定的碳中和目标包含二氧化碳和其他温室气体。然而，很多国家的碳中和承诺范围存在较多模糊地带，可能存在国际责任分担的争议。一方面，大部分国家碳中和目标中仅承认直接排放，仅有不到 5% 的国家明确表示考虑到国际航空、航运所造成的温室气体排放（例如：奥地利、冰岛、西班牙）。另一方面，以生产侧核算为基础仍然是主流的碳排放责任分摊机制，全球仅有 6% 的国家在其碳中和目标明确覆盖消费侧排放（例如：比利时、柬埔寨、塞内加尔）。

2. 中国"1+N"政策体系和目标

"双碳"目标提出以来，中国立足能源资源禀赋，坚持"先立后破"，构建起目标明确、分工合理、措施有力、衔接有序的碳达峰碳中和"1+N"政策体系（图 2-1-1）。"1"是国家层面相继发布的《关于完整准确全面贯彻新发展理念做好碳达峰碳中和工作的意见》和《2030 年前碳达峰行动方案》的政策体系顶层设计；"N"是重点领域和重点行业碳达峰实施方案和一系列支撑保障措施。中国将"双碳"贯穿于经济社会发展全过程和各方面，提出碳达峰碳中和主要目标（表 2-1-1）。

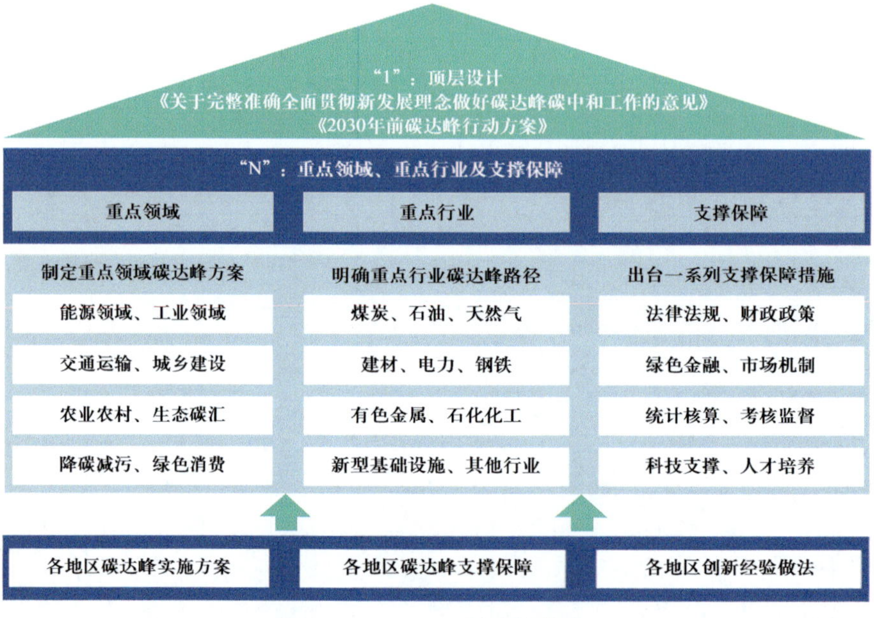

"1"：顶层设计 《关于完整准确全面贯彻新发展理念做好碳达峰碳中和工作的意见》《2030年前碳达峰行动方案》		
"N"：重点领域、重点行业及支撑保障		
重点领域	重点行业	支撑保障
制定重点领域碳达峰方案	明确重点行业碳达峰路径	出台一系列支撑保障措施
能源领域、工业领域	煤炭、石油、天然气	法律法规、财政政策
交通运输、城乡建设	建材、电力、钢铁	绿色金融、市场机制
农业农村、生态碳汇	有色金属、石化化工	统计核算、考核监督
降碳减污、绿色消费	新型基础设施、其他行业	科技支撑、人才培养
各地区碳达峰实施方案	各地区碳达峰支撑保障	各地区创新经验做法

图 2-1-2 "1+N"政策体系

《关于完整准确全面贯彻新发展理念做好碳达峰碳中和工作的意见》就"实现碳达峰、碳中和，着力解决资源环境约束突出问题，以做好碳达峰、碳中和工作，完成对化石能源消费强度和总量双控"工作作出部署。其中，能源领域"双碳"任务和措施，包括大力发展非化石能源，化石能源清洁高效利用，构建新能源占比逐渐提高的新型电力系统，发展氢能产业和储能技术，建设能源转型体制机制以及提升标准化。石化化工行业"双碳"任务措施，包括提高低碳原料比重，合理控制煤制油气产能规模，开发可再生能源，制取高值化学品技术，推广应用绿色低碳技术装备。

表 2-1-1　中国碳达峰碳中和目标

项目＼年份＼主要目标	2025 年	2030 年	2060 年
单位 GDP 能耗下降，%	比 2020 年下降 13.5	比 2020 年大幅下降	—
单位 GDP 二氧化碳排放下降，%	比 2020 年下降 18	比 2005 年下降 65 以上	—
非化石能源消费比重，%	20 左右	25 左右	—
森林覆盖率，%	24.1	25 左右	—
森林蓄积量，$10^8 m^3$	180	190	—
其他	—	风电、太阳能发电总装机容量达到 $12×10^8 kW$ 以上；二氧化碳排放量达到峰值并实现稳中有降	碳中和目标顺利实现

二、中国能源结构与碳排放

石化行业产品涉及燃料和材料两大领域，为社会提供从燃油、"三烯三苯"到合成树脂、合成纤维、合成橡胶等各种能源及化工产品。中国石化产业有部分增碳需求，实现"双碳"目标面临重大挑战，须明确发展思路，积极稳妥推动产业低碳转型和高质量发展。石化产业面临交通领域替代能源快速发展、化工品需求仍将增长、氢能载体作用凸显、"双碳"政策持续发力等形势，需要在推动产业升级、开展节能降碳、推进清洁替代、突出创新引领、加强保障措施等方面持续发力。

1. 能源结构现状

中国能源体系现状是高碳、高煤的系统。根据国家统计局数据，2022 年，中国煤炭、石油、天然气、可再生能源等消费在能源消费中占比分别为 56.2%、17.9%、8.4%、17.5%，煤炭在能源消费中仍然占有较大比重，煤电依然是火电的最主要的来源。中国以煤炭为基础的能源体系决定了能源结构调整是实现二氧化碳减排的理想途径，如果以煤为主的能源结构未能发生根本性改变，中国的碳排放也难以得到有效控制。

2. 能源结构趋势

实现"双碳"目标和建成新型能源体系需要在保障能源电力供应安全的基础上逐步降低煤、石油、天然气等化石能源消费比例，提升核能和可再生能源发电等非化石能源电力应用，包括绿氢以及甲烷、甲醇和氨等燃料替代化石能源发电。

随着中国明确"先立后破"的转型总体思路与碳达峰行动方案的出台与实施，新能源进入快速发展，将带动中国一次能源结构持续优化。一次能源结构持续优化，非化石能源占比快速提升，非化石能源加快对化石能源替代。按电热当量法计算，预计到 2030 年非化石能源占比达到 11.9%，煤炭消费占比降至 48.9%；石油消费占比降至 22.2%；天然气消费占比增至 15.2%。预计到 2060 年非化石能源占比提升至 89.3%（图 2-1-3）。

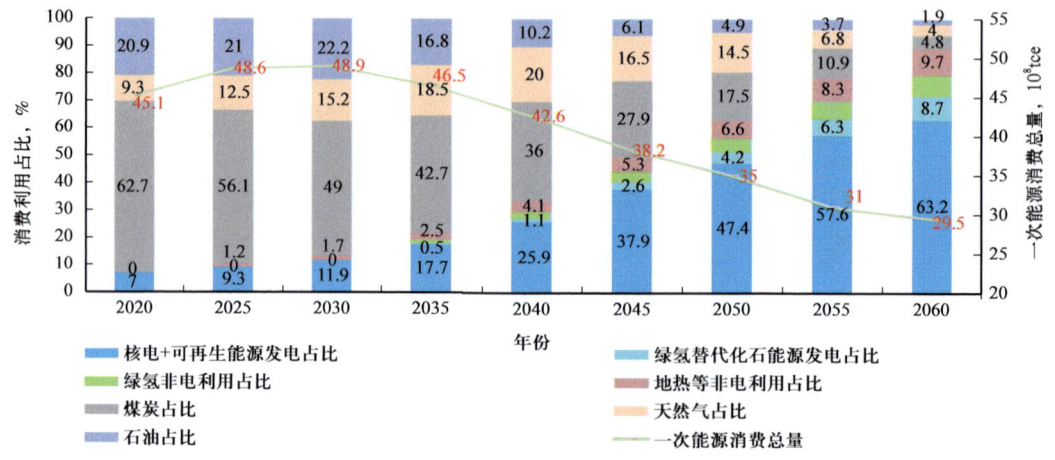

图 2-1-3　2020—2060 年能源消费结构变化
数据来源：国家电网

注：非化石能源消费量采用的是电热当量法计算，即非化石能源发电量按自身热值当量换算，折算系数为 1kW·h=3600kJ=0.1229kgce，与目前国内普遍采用的发电煤耗方法即按照折算系数 1kW·h=3600kJ=0.287kgce 测算的非化石能源消费量不同，电热当量法计算的非化石能源消费量和一次能源消费总量偏小。因为经过对比两种算法，当非化石能源电力占比逐步增高，利用发电煤耗法将会带来虚高的一次能源高消费，所以此处改用电热当量法统计计算。

3. 碳排放历史阶段变化

中国能源消费和碳排放总体呈现三个阶段：（1）缓坡期（1980—2001 年）：能源消费和碳排放缓慢增长，碳排放年均新增 0.98×10^8t。（2）陡坡期（2002—2013 年）：能源消费和碳排放快速上升。碳排放年均新增 4.77×10^8t。（3）趋缓期（2014—2020 年）：能源消费和碳排放进入趋缓期，碳排放年均新增 0.94×10^8t[1]（图 2-1-4）。

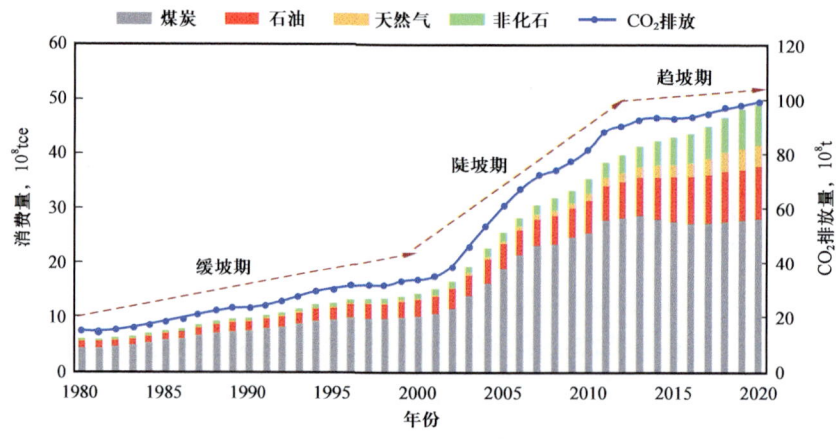

图 2-1-4　中国能源消耗与碳排放量变化

4. 碳流图

如图 2-1-5 所示，2020 年全国能源系统相关二氧化碳排放约为 113×10^8 t，煤炭、石油、天然气对应碳排放占比分别为 66%、16%、6%，电力、钢铁、水泥、交通等是重点排放部门[2]。

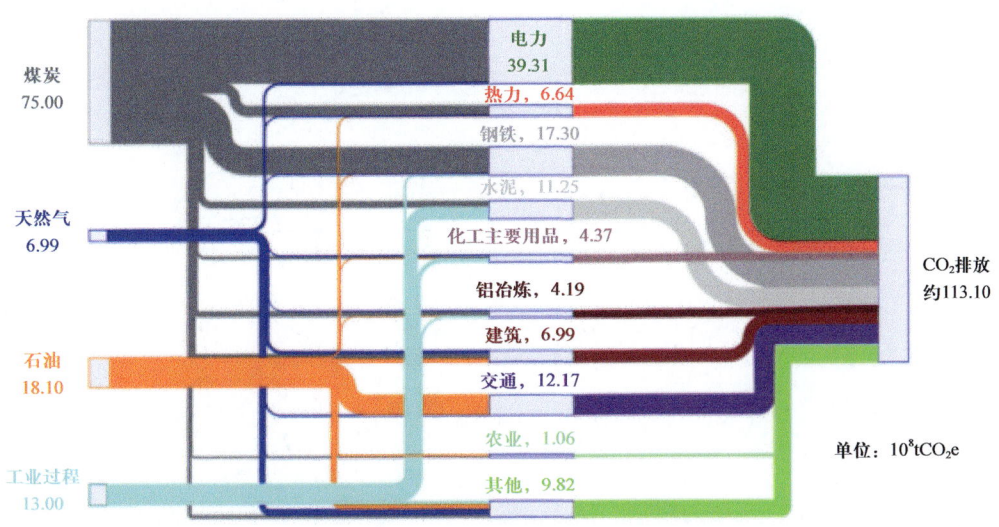

图 2-1-5　2020 年中国碳流图（含工业过程排放）

注：终端用能行业自备电厂消耗化石能源产生的碳排放计入终端行业碳排放，不包含在电力行业排放中

5. 碳中和各行业减碳路径与举措

当社会经济发展速度适中、2060 年自然碳汇可用量为 10×10^8 t 时，为低成本安全实现碳中和目标，2060 年能源系统相关二氧化碳排放（含工业过程排放）需降至 21×10^8 t 左右，电力、钢铁、化工、交通等部门是排放的主要来源，CCS 技术需捕集 CO_2 在 11×10^8 t 以上。

2025—2035 年为潜在平台期；2028—2029 年需实现碳达峰，峰值约为 122×10^8 t 二氧化碳；2035—2050 年进入下降期，年平均减排率需约 4%；2050—2060 年为加速下降期，年均减排率需提高至 15% 及以上。CCS 将成为中国在以煤为主的能源格局中实现大量 CO_2 减排的主要措施之一，2030 年前后开始大规模部署 CCS，至 2060 年累计捕集 CO_2 排放 240×10^8 t 以上。为确保全国按时碳达峰，重点行业部门的碳排放达峰时间有所差异。其中，工业行业整体碳排放（含间接碳排放）需于 2025 年前后达峰，峰值为 $80\times10^8\sim86\times10^8$ t，2060 年下降至 $6\times10^8\sim22\times10^8$ t。其中，水泥行业碳排放基本已经达峰，处于震荡时期；钢铁和铝冶炼行业需在"十四五"规划期间达峰并尽早达峰；建筑行业预期于 2027—2030 年间达峰；电力行业和关键化工品（乙烯、合成氨、电石和甲醇）碳排放需在 2029 年前后达峰；热力、交通、农业以及其他工业行业达峰时间相对较晚，但需不晚于 2035 年[2]（图 2-1-6）。

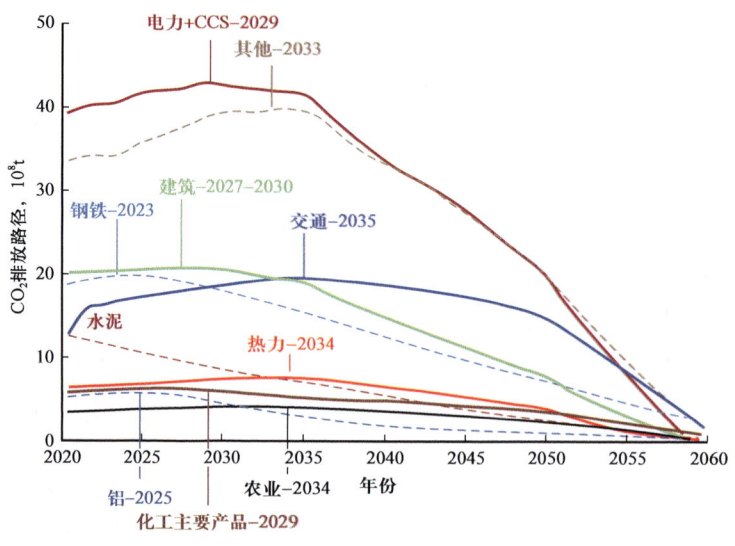

图 2-1-6　分行业碳达峰碳中和路径

各行业可构建电力端、能源消费端和固碳端等三端共同发力的举措，助力碳中和。

1）电力端

电力端从以煤为主转变为以风、光、水、核能、地热等可再生能源和非碳能源为主。一是电力装机容量扩大，以助力能源消费端化石能源的绿电替代和绿氢替代；二是风、光资源要逐步成为主力发电和供能资源；三是"稳定电源"从火电为主逐步转化为以核电、水电以及综合互补的非碳能源为主；四是利用能源的存储、转化、调节等技术，弥补风、光资源波动性大的天然缺陷；五是火电完成清洁低碳化改造；六是扩大输电基础设施建设，增强分布式能源的消纳能力。

2）能源消费端

能源消费端，一是用绿电、绿氢、地热等非碳能源替代传统的煤、油、气；二是重建一系列工艺过程。

（1）建筑领域：一是对建筑本身作节能化改造；二是农村家庭用能采用屋顶光伏＋浅层地热＋生活沼气＋太阳能集热器＋外来绿电的综合互补方式；三是城市建筑用能以绿电和地热为主。

（2）交通领域：一是私家车以纯电动车为主；二是重型卡车、长途客运以氢燃料电池为主；三是铁路运输以电气化改造为主；四是内河航运使用蓄电池，远航使用氢燃料电池或以二氧化碳排放相对较少的液化天然气作为动力；五是航空使用生物航空煤油。

（3）钢铁行业：一是对炼焦炉、高炉等的余热、余能作充分利用；二是研发和完善富氧高炉炼钢工艺，炼钢过程中以绿氢作还原剂取代焦炭；三对废钢重炼采用短流程清洁炼钢技术等。

（4）建材行业：一是用电石渣、粉煤灰、钢渣、硅钙渣等代替石灰石作为煅烧水泥的原料；二是煅烧水泥时，使用绿电、绿氢、生物质替代煤炭；三是用绿电作能源生产陶瓷和玻璃。

（5）有色行业：一是在选矿、冶炼过程中尽可能使用绿电；二是研发绿色材料取代电解槽中的碳素阳极；三是对电解槽作节能化改造；四是对废金属作回收再生利用。

（6）其他工业领域例如食品加工业、造纸业、纤维制造业、纺织行业、医药行业等：一是用绿电替代化石能源；二是做好废弃物的回收再利用。

（7）服务业以"间接排放"为主：大力做好节能工作，使用电能替代化石能源的使用。

（8）农业领域：一是农业机械用绿电、绿氢替代柴油作动力；二是在田间管理上挖掘减少甲烷和氧化亚氮排放，但不影响作物产量的技术；三是研发使用减少畜牧业碳排放的技术；四是增加农业土壤的碳含量。

3）固碳端

固碳端把"不得不排放的二氧化碳"用各种人为措施固定下来。生态固碳方面做好生态系统的保育和修复。技术固碳方面把二氧化碳捕集起来后，或加工成工业产品，或封埋于地下或海底。二氧化碳工业化利用方面：一是利用二氧化碳生产微藻，再用作生产燃料、肥料、饲料和化学品的原料；二是把二氧化碳用于合成人工淀粉；三是把二氧化碳生成有机酸；四是将二氧化碳注入温室中，用以增加温室中作物的光合作用，实现二氧化碳施肥。

三、石油石化行业减碳路径

石油石化是中国国民经济的重要支柱产业，具有技术密集、规模大、产值高、产业链条长、产品种类丰富、与人民生活息息相关等特点。

1. 行业排放特点

从产品结构看，石油石化行业的主要产品分为成品油（汽油、柴油、煤油等作为燃料使用的产品）和石油化工品（基础化工原料"三烯三苯"及下游合成材料等产品）两大类。其中，重要的产业链包括炼油—成品油、乙烯丙烯—合成树脂、芳烃—合成纤维等。炼油—成品油链条的重点子行业是炼油，乙烯丙烯—合成树脂链条的重点子行业是乙烯、聚乙烯、聚丙烯，芳烃—合成纤维链条的重点子行业是对二甲苯、PTA、乙二醇、聚酯等。

石油石化产业链二氧化碳排放主要包括油气开采和输送过程中的甲烷逸散和泄漏，以及化石燃料燃烧和生产加工过程中产生的二氧化碳排放。从生产过程看行业碳排放情况，来自化石燃料燃烧占比33.0%、工业生产过程占比33.6%、外购电力和热力占比33.0%、其他碳排放占比0.4%（图2-1-7）。

从产品结构看石化行业碳排放，石化行业链条涉及从炼油开始到合成材料及有机化工原料，炼油、乙烯、聚乙烯、聚丙烯、对二甲苯、PTA、乙二醇、聚酯等八大重点子行业的碳排放量占全行业碳排放量的比例为76.6%。其中，炼油排放量最大，占总排放量的51.3%，乙烯、聚乙烯、聚丙烯排放量占比分别为9.2%、1.6%和1.4%，对二甲

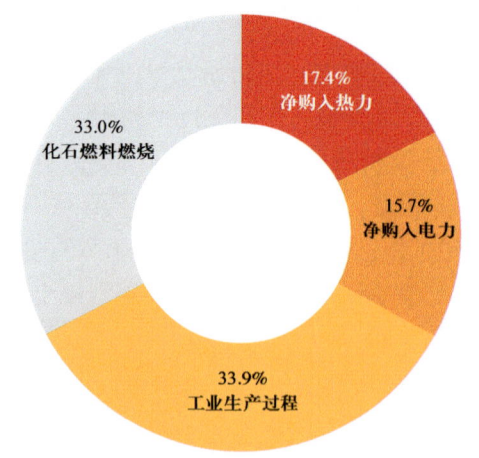

图2-1-7 石化行业各环节排放的主要温室气体占比

数据来源：《"中国加速迈向碳中和"油气篇：油气行业碳减排路径》

苯、PTA、乙二醇、聚酯排放量占比分别为4.4%、2.2%、3%和3.5%。2021年，中国原油加工量约$7×10^8$t；成品油产量（汽油、煤油、柴油合计）$3.57×10^8$t；石油路线乙烯产量$2825.7×10^4$t（图2-1-8）。

2. 石油炼化行业碳达峰碳中和

1）油气开采与炼化碳排放

根据世界资源研究所（WRI）和中国石油大学测算数据显示，2021年中国石化和化工行业碳排放量约占全国总排放的14.7%（包含煤化工），其排放总量约为$15×10^8$t CO_2，石油基石化链条包括上游油气开采和石化产品生产等的碳排放量约为$6.12×10^8$t CO_2。另外，汽油、柴油、煤油和燃料油等油品燃烧产生的CO_2排放量计入交通行业，约为$13×10^8$t CO_2。

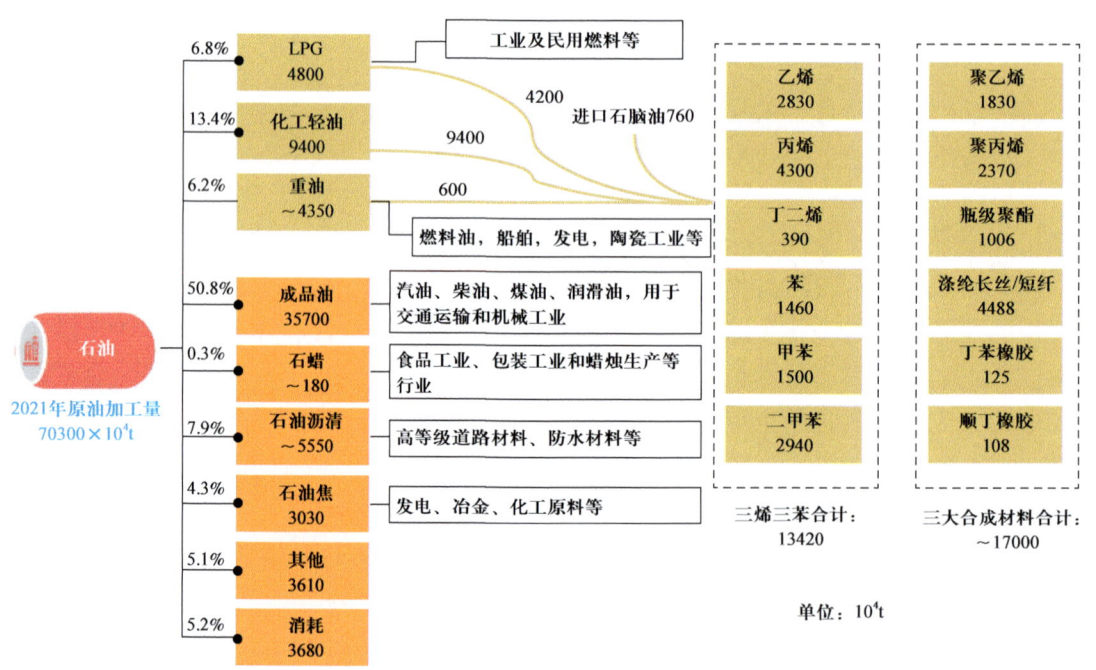

图2-1-8 石化产业链

资料来源：《中国石化行业碳达峰碳减排路径研究报告》

上游油气开采碳排放主要来自勘探、开发、地面集输、加工处理等环节消耗的煤炭、油气等化石能源的直接燃烧产生的排放，以及外购电力的间接排放。因国内油气开采技术等因素不同，对国内上游油气开发碳排放量的估计按照中国石油上游业务标准估算油气开采碳排放量 2021 年约为 8600×10^4t[3]。

与国际先进水相比，中国炼厂的单体装置平均规模小，资源利用及高效运行水平偏低，加工能耗偏高，加工损失偏大，带来了较高的碳排放[4]。根据工信部 2011 年印发的《石油化工生产企业 CO_2 排放量计算方法》、国家发展和改革委员会 2014 年印发的《中国石油化工企业温室气体排放核算方法与报告指南（试行）》、IPCC 国家温室气体清单指南 2006—2019 年等的碳排放核算方法，测算 2021 年中国石化产业二氧化碳排放总量约为 5.26×10^8t[5]。

2）炼化碳中和

石化行业的主要产品可以区分为油品和化工产品两大类，呈现油品过剩、化工品不足的现状。从油品来看，社会对汽油和柴油的需求量已经到达平台期，油品消费增长潜力有限，从化工产品来看，中国基本化工原料的对外依存度仍然较高。随着太阳能、风能等可再生能源发电技术的推广应用，电能、氢能等清洁能源车辆的普及，可再生能源正在逐步替代成品油等传统化石燃料能源在电力及交通领域的消费。

碳中和情景下，炼化消耗的化石燃料将会逐步实现大规模低碳电力替代，预计中国炼化二氧化碳排放量 2030 年达到峰值，约为 6.4×10^8t/a，比 2021 年高约 22%。其中炼油二氧化碳排放量 2027 年左右达峰，约为 2.4×10^8t/a；石油化工产业 2032 年达峰，约为 4.4×10^8t/a。到 2060 年时，炼化产业二氧化碳排放量仍将达到 1.5×10^8t/a，需要通过 CCUS、碳交易和碳汇等措施，最终实现碳中和[6]。

3. 石油石化行业低碳转型举措

石油石化行业的绿色转型发展应对措施，主要包括以下七个方面：

1）大力发展非化石能源

大规模开发和高质量发展风电和太阳能发电，优先就地就近开发利用，在负荷中心及周边地区建设分散式风电和分布式光伏。在风能和太阳能资源禀赋较好、建设条件优越、具备持续整装开发条件、符合区域生态环境保护等要求的地区，有序推进开展风电和光伏发电集中式开发，推进以沙漠、戈壁、荒漠地区为重点的大型风电光伏基地项目建设，积极推进黄河上游、新疆、冀北等多能互补清洁能源基地建设。开发利用工业园区、经济开发区等屋顶光伏，推广光伏发电与建筑一体化应用。开展风电、光伏发电制氢示范。鼓励建设海上风电基地，推进海上风电向深水远岸区域布局。

2）规模化应用新型储能技术

发展电源侧储能，合理配置储能规模，改善新能源场站出力特性。拓宽储能应用场景，多元化应用电化学储能、梯级电站储能、压缩空气储能、飞轮储能等技术。探索储能聚合利用、共享利用等新模式新业态。

3）深入推动节能降碳行动

深入实施节能监察、节能诊断，推广节能低碳工艺技术装备，推动节能改造，推动行业节能与绿色制造标准制修订。在日常流程应用新技术处理甲烷排放，可以通过更换高排放泵、压缩机密封件、压缩机密封杆、仪表空气系统和电动机等控制甲烷高排放环节，通过安装蒸汽回收装置、排污捕获单元、柱塞、火炬燃烧等对甲烷排放环节加以控制。使用红外摄像头等技术定位和修复全价值链泄漏。利用其他新兴技术如数字传感器、预测分析、应用卫星以及无人机检测泄漏、压缩及液化甲烷气副产物的微技术、减少甲烷的催化剂等，加速减排。

4）不断提升终端用能低碳化电气化水平

全面深入拓展电能替代，生产领域扩大电锅炉、电窑炉、电动力等应用，加强与落后产能置换衔接。因地制宜推广空气源热泵、水源热泵、蓄热电锅炉等新型电采暖设备。

5）区域能源协调发展

推进西部清洁能源基地绿色高效开发。推动黄河流域和新疆等资源富集区油气绿色开采和清洁高效利用。根据地区资源禀赋有针对性布局填补碳减排缺口，例如，CCUS 规模潜力区的代表为东北、华北、西北和华东，如黑吉辽、京津冀、长三角、新疆和陕西。这些地区靠近油田及其他高碳排放行业，二氧化碳运输、储存成本较低，易与周边产业协同形成规模效应并降低资本开支，可以优先使用 CCUS。例如，陕西的炼油产业拥有与煤化工产业的碳减排协同效应，可优先试点开展 CCUS 规模化。电气化试点代表地区为华中和西南，如湖北、四川等。这些地区拥有丰富的清洁能源，且电价较低，可降低电气化试点的电力成本。安全有序推动沿海地区核电项目建设，统筹推动海上风电规模化开发。

6）鼓励先行开展试点

依托石化基地，采用先进低碳技术和管理模式，以大型炼化一体化项目为龙头，下游烯烃产业链、芳烃产业链、化工新材料/精细化学品产业链等协同发展，结合 CCUS 项目，打造二氧化碳近零/净零排放示范工程。

7）持续推进二氧化碳捕集技术攻关及示范

促进国家 CCS 技术相关利好政策的出台。从国家层面，进一步推出鼓励 CCS 集成示范的补贴和税收优惠，促进相关产业的发展和成熟，提高中国 CCS 产业的竞争力[7]。

4. 油气行业碳中和

中国实现碳中和时间较为紧张。中国从碳达峰到碳中和只用 30 年时间，时间远短于欧洲的 71 年时间和美国的 45 年时间。挑战大，任务非常艰巨。碳中和将对石油石化行业产生深远影响。

1）碳中和对油气行业影响

推动和碳中和目标实现，采取的低碳和减排政策措施，将对油气行业产生深刻的影响。

（1）油气需求峰值提前到达。

碳中和目标将限制化石能源需求发展空间，使得油气需求峰值提前到达，特别是石油需求峰值。据多家国外知名能源研究机构预测[8]，在可持续发展情景下，2025年前全球石油需求将达到峰值，2030年前全球天然气需求将达到峰值，然后将以较快的速度下降。

（2）油气市场供求不稳定性增加。

在碳中和约束下，温室气体排放约束趋紧，化石能源消费减少，尽管以欧佩克为主的供应方将加强对油气供应的协同调控，但国际油气供过于求的局面将更加显现化。

（3）中短期油气勘探开发保持活跃，长期石油工程市场发展空间受限。

油气消费达峰前，需求还有一定增长空间。2030年前油气勘探开发将保持活跃，石油工程市场规模总体上仍有一定增长空间。一旦油气需求都达峰后，走向下滑态势，油气勘探开发活动将逐渐收缩，而传统石油工程市场也将面临萎缩局面。

（4）油气勘探开发呈现低碳化转型发展趋势，低碳技术快速进步。

在减排政策的刺激下，油气勘探开发将成为油气行业减排的重点领域，勘探开发低碳技术将成为减排的关键，主要包括大规模推广应用电动化和节能装备、钻井液和压裂液循环利用、工厂化作业、钻井提速技术等。另外，油田服务流程持续优化，装备和物资管理进一步提升，利用效率大幅提高，搬迁和物流过程排放将大幅减少；采油气厂站将加大节能技术应用，优化能源投入结构，太阳能、风电等可再生能源的应用将进一步扩大。同时，低碳减排技术攻关将不断增强，石油工程技术将实现低碳化发展[9]。

（5）石化行业碳中和面临能源消耗高度依赖化石能源，碳减排基数大的挑战。

炼油和乙烯能源消耗总量中化石能源的比例均超过90%，消耗的主要能源是为炼化生产过程供热及供电的燃料与电力。油气田企业燃动能耗是二氧化碳的主要排放源，随着油气上产、劣质化储量增加、系统平衡性降低以及新业务新能源规模加大等诸多原因，上游能耗总量将增加。由于城镇工业化发展，碳排放量短期仍将增长。当前中国石化产品仍不能满足经济社会需求，工业化、城镇化尚未完成，炼化产品需求仍将保持一定幅度增长，碳排放仍将呈现缓慢增长态势。

（6）碳中和技术尚不成熟。

全国尚未形成全面支持从"高碳社会"向"碳中和社会"转型的技术体系。风光电在炼化企业应用的比例由大电网中风光电占比而定，风光电的随机性会严重影响企业电网安全及炼化过程的安全。大规模开发绿氢替代化石能源制氢，受企业所处环境制约，很多炼化企业不具备条件。发展二氧化碳合成燃料和石化产品技术不成熟，经济性差，实现技术突破和具有经济性难度很大。二氧化碳地下封存，捕集与封存成本高，还受封存的地质条件的严重制约。

2）国内外大型石油公司碳中和发展举措

国内外大型石油公司为确保碳达峰和碳中和目标的实现，主动采取了一系列转型举措。

（1）设定低碳发展目标，强化绿色低碳发展战略。

欧洲大型油公司纷纷宣布公司碳中和目标。其中，英国石油公司宣布2050年实现碳中和，壳牌公司宣布 2050 年或更早成为净零排放的能源企业。美国大型油公司没有设定碳中和目标，但也在减排方面作出响应，埃克森美孚公司计划 2025 年将全球业务的甲烷排放强度降低 40%～50%、燃除强度（每生产一桶石油所放空燃烧的天然气量）降低 35%～45%，并在 2030 年前消除常规燃除。中国石油、中国石化和中国海油已提出 2050 年左右实现碳中和目标。

（2）加速发展低碳能源业务。

大型油公司向综合能源提供商转型，逐渐加大新能源业务投资，挺进低碳领域，加速能源转型。现阶段国际油气企业主要开展的低碳转型路径包括可再生能源利用、碳捕集利用与封存（CCUS）及直接空气碳捕获和储存（DACS）、可再生能源制氢及耦合 CCUS 的化石燃料制氢、生物质能利用以及电网、储能和电动车充电等（图 2-1-9）。欧洲石油公司低碳化发展趋向更加显著，bp、壳牌和道达尔等公司开展低碳能源业务较多，包括生物质能、太阳能、风能、氢能、储能、碳捕集（利用）与存储（CCS/CCUS）等。美国石油公司在发展低碳能源业务方面较为保守，围绕主营核心业务稳步拓展，埃克森美孚、雪佛龙和斯伦贝谢等公司主要投资生物质能、风能、地热、生物质能和 CCS/CCUS 等低碳能源业务。中国石油和中国石化均在生物质能、太阳能、风能、氢能、地热、储能、CCS/CCUS 等低碳能源业务取得了一定的进展。

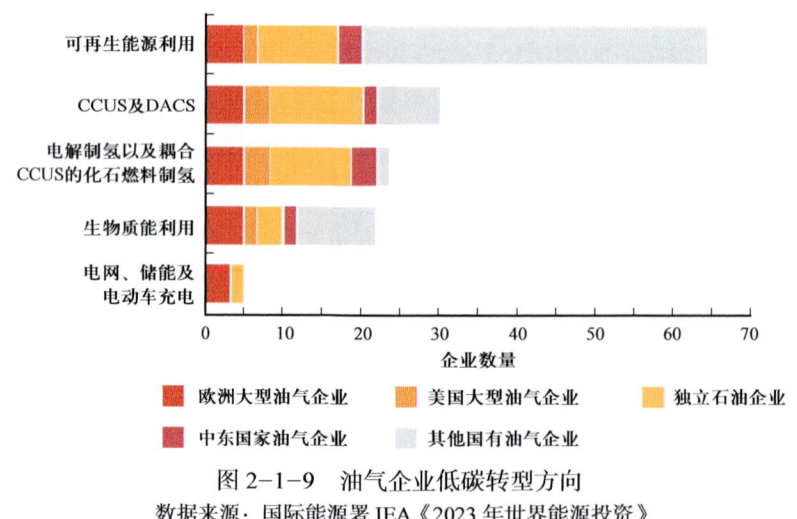

图 2-1-9　油气企业低碳转型方向

数据来源：国际能源署 IEA《2023 年世界能源投资》

第二节　试点碳市场

政府建立碳市场的初衷是通过在企业实施节能减排措施与购买碳排放权之间形成成本差异，进而通过碳市场的高成本调动企业从事节能、低碳技术创新的积极性。碳市场通过"绿色溢价"淘汰落后产能，将碳排放引入资本市场，企业由此必须考虑环境成本，通过"绿色溢价"，高排放产能将因高成本被逐步挤出市场。对纳入碳市场管理的企业而言，通过节能改造或淘汰落后产能实现减排和降耗，不仅可顺利完成履约，还可以降低企业单位产能的能耗成本，增强企业竞争力。中国积极应对全球气候变化，利用市场机制来推动低碳转型，经历十年碳市场试点时期，结合内外部建设经验，进一步建成了全国统一碳市场，使得碳市场逐步成为实现碳达峰碳中和与国家自主贡献的重要政策工具。

一、参与碳市场的背景

低碳时代的来临极大地改变了企业的经营环境，气候立法开始设置越来越严格的减排目标，这些减排目标最终将落实到每个微观企业。国际贸易供应链也会通过碳关税、碳准入、碳审计、购买碳配额以及碳信息披露和其他形式的新贸易规则来影响下游企业。

（1）供应链传导的碳减排压力逐步深入。企业为了符合气候立法的要求，不得不实行严格的排放管理，同时也开始通过碳准入、碳信息披露等手段严格控制其下游供应商的碳排放。

（2）金融机构对高碳产品企业的融资评级受到影响。金融机构和企业在评估投资风险时，开始越来越关注气候变化问题，碳含量高的产品开始逐渐失去前景，而这也将直接影响到金融机构对涉及高碳产品企业的评级和融资。

（3）低碳企业可以获得政府补贴和优惠政策。为了支持低碳经济的发展，政府一方面强制高排放企业参与碳市场，另一方面通常在优惠政策的设置上会偏向于低碳产业和低碳企业。

（4）气候因素和碳资产成为企业经营中要重点考虑的方面。碳排放权作为一种资产，同时也扩大了企业资产范围。一旦碳资产被包含在企业的资产负债表中，企业的收支结构便发生了变化，气候因素和碳资产进而成为另一种影响企业现金流量和利润的因素，当每个企业评估其经营业绩时都需要进行考虑[10]。

二、碳市场发展历程

中国碳市场发展经历了碳市场培育期、试点期、统一碳市场启动运行期等三个发展阶段。

1. 参与国际清洁发展机制 CDM 培育期（2001—2012 年）

最初，中国参与碳市场的主要方式是与《京都议定书》附件 B 中发达国家的缔约方、投资者、国际组织等合作开发清洁发展机制项目，并向附件 B 缔约方出售核证减排量，以帮助其实现《京都议定书》下的减排目标。2001 年 11 月，马拉喀什气候大会（COP7）就《京都议定书》第十二条规定的清洁机制方式和程序达成一致，国际 CDM 机制启动。此后，中国作为东道国积极参与清洁发展机制项目开发，同时，为加强清洁发展机制项目的有效管理，保证清洁发展机制有序进行，中国政府部门开始牵头开展了清洁发展机制项目办法编制、宣传和普及。2004 年 6 月，国家发展和改革委员会、科学技术部和外交部牵头发布《清洁发机制项目运行管理暂行办法》，2004 年 6 月 30 日施行，越来越多的项目进入开发、审批。

2005年2月16日,《京都议定书》生效,地方政府、企业对清洁展机制重视程度空前提高,中国清洁发展机制项目开发进入稳步增长期。2005年10月12日,国家发展和改革委员会、科学技术部、外交部和财政部废止《清洁发展机制项目运行管理暂行办法》,同时发布实施《清洁发展机制项目运行管理办法》,明确了在中国开展清洁发展机制项目的重点领域是提高能源效率、开发利用新能源和可再生能源以及回收利用甲烷和煤层气为主;国家发展和改革委员会是中国开展清洁发展机制的主管机构。2008年,中国清洁发展机制项目开发进入高量发展期,数量扩张与深度拓展,但受当年国际金融危机的冲击,CDM市场逐渐由卖方向买方转变,核证减排量(CERs)价格由2008年的每吨20欧元降至2009年每吨10~15欧元。2012年,由于《京都议定书》第一承诺期即将结束,欧盟表示从2013年起大幅收缩国际碳信用使用,即2013年后产生的减排量需来自最不发达国家,但其他国家2012年年底前注册实施的项目仍可用于抵消,因此中国企业纷纷争取"末班车",仅2012年一年在CDM执行理事会取得注册的中国项目便超过1800个,2012年底全球注册CDM项目达7155个,签发核证减排量$11.5×10^8$t,中国注册CDM项目3682个,签发核证减排量达$8.66×10^8$t,分别占全球总量52%、75%。2013年,由于欧盟CDM需求大幅收缩,且减排量过量签发导致供给严重过剩,核证减排量价格跌至不足1欧元/t。中国清洁发展机制项目开发市场空间急剧萎缩,新增注册项目数量大幅下滑,自2017年6月起无新增项目。同期,中国碳市场也在孕育萌芽。2011年3月16日《中华人民共和国国民经济和社会发展第十二个五年规划纲要》发布,提出要建立完善温室气体排放统计核算制度,逐步建立碳排放交易市场。2011年10月29日,国家发展和改革委员会印发《关于开展碳排放权交易试点工作的通知》(发改办气候〔2011〕2601号),批准北京市、天津市、上海市、重庆市、湖北省、广东省及深圳市七个省市开展碳排放权交易试点工作,正式拉开国内碳市场试点的序幕。2011年9月拥有大量水电减排项目的四川建立了全国非试点地区第一家经国家备案的碳交易机构—四川联合环境交易所。

2. 国内各省开展地方区域碳市场试点期(2013—2020年)

从2011年建立又经过两年的筹备,区域试点碳市场陆续在2013年6月至2014年6月正式开市。2016年8月22日,中共中央办公厅、国务院办公厅印发《国家生态文明试验区(福建)实施方案》,支持福建省深化碳排放权交易试点、开展林业碳汇交易试点;同年12月22日,福建碳市场正式开市。至此,中国建成北京市、天津市、上海市、重庆市、广东省、湖北省、深圳市、福建省等8个试点碳市场。随着《京都议定书》第一承诺期的结束,中国在清洁发展机制的经验基础上,着手建设本国的自愿减排交易机制即国家核证自愿减排机制(CCER机制),以应对2013年后国际市场的收缩,并进一步推动自愿减排项目发展。2013—2017年,国家发展和改革委员会陆续发布12批共200个温室气体自愿减排方法学、9家温室气体自愿减排交易机构(即8个地方碳排放权交易试点的交易机构及四川联合环境交易所)、12家审定与核证机构。2015年1月14日,温室气体自愿减排交易正式上线运行。2017年3月17日，国家发展和改革委员会发布公告（2017年第2号），宣布暂缓受理温室气体自愿减排交易方法学、项目、减排量、审定与核证机构、交易机构备案申请。之后市场仅交易存量CCER，直至2023年10月才重启全国统一的CCER市场开发，形成新的减排量，其审核、注册和交易机构等均较旧有机制出现了变化。

试点期间，中国也着手筹备全国碳市场。2017年12月18日，国家发展和改革委员会印发《全国碳排放权交易市场建设方案（发电行业）》（发改气候规〔2017〕2191号），标志着中国碳排放交易体系完成了总体设计，并正式启动。2018年3月，国务院实施机构改革，应对气候变化工作职能由国家发展和改革委员会气候司转隶至新组建的生态环境部。之后，应对气候变化司持续推动数据报送核查，推进全国碳市场基础设施建设，开展配额方案试算研讨、能力建设等工作。

3. 全国统一碳市场启动运行期（2021年起至今）

2020年年底至2021年年初，生态环境部出台《碳排放权交易管理办法（试行）》《2019—2020年全国碳排放权交易配额总量设定与分配实施方案（发电行业）》《纳入2019—2020年全国碳排放权交易配额管理的重点排放单位名单》等多项全国碳市场关键制度，基本搭建了全国碳市场的制度框架。2021年7月，全国碳市场第一个履约周期正式启动，纳入了2162家电力企业（含自备电厂），覆盖约45×10^8t二氧化碳年排放量。全国统一碳市场正式全面运行。

三、碳市场运行机制

中国确立了以碳排放配额交易为主、自愿减排市场交易为辅的碳交易结构，在碳排放权交易市场中引入了碳排放配额（Chinese Emission Allowance，CEA）与国家核证自愿减排量（Chinese Certified Emission Reduction，CCER）两种基础交易产品。

1. 中国碳市场参与主体

中国碳交易具体交易场所包括8个试点碳市场、1个全国统一碳市场和1个全国自愿减排交易市场。碳市场参与者主体是政府部门、履约企业、减排项目业主、投资机构以及其他参与交易的企业和个人等。此外，碳市场还有第三方中介机构和注册登记交易平台，以及其他相关利益方。碳市场客体主要包括碳排放配额、碳减排信用以及碳金融产品等。碳市场参与者结构见表2-2-1。

2. 碳市场基本框架

碳市场是一种人为创造的市场化减排机制，主要框架包括市场覆盖、配额管理、交易管理、MRV（监测、报告与核查）机制、监管机制和能力建设等。主管机构涉及生态环境部、省级和市级环境主管部门；支撑系统包括注册登记系统、交易系统和数据报送系统（图2-2-1）。

表 2-2-1 碳市场参与者结构

主要参与者		类型	作用
主要参与者	政府等管理机构	政府、碳信用管理机构（政府或独立机构等）	主要负责碳市场设计、管理、监督等
	企业、投资机构等参与交易者	纳入控排管理的企业	承担强制履约目标
		减排项目业主	开发自愿减排项目的企业
		其他参与交易的企业，投资机构或个人	以投资或履行自愿减排目标为主要目的参与碳交易
市场媒介	第三方中介	监测与核证机构	维护市场交易的有效性
		其他（如咨询公司、评估公司、会计师事务所及律师事务所）	提供咨询服务、碳资产评估、碳交易相关审计
	第四方平台	注册登记平台	对碳配额、碳信用进行注册登记，主要为规范市场交易活动并便于监管
		交易平台	市场交易，市场报价信息的汇集与发布平台，主要用于降低交易风险与交易成本，发挥价格发现作用，增强市场流动性
相关方	上下游受到影响但未被直接纳入履约范畴的公司、机构	如供应链上下游企业、行业协会等	碳市场带来的减排压力会传导至供应链上下游，并进而推动其行为方式的变化
	贸易伙伴国	政府监管机构	影响带动其树立相应减排目标，或通过碳市场相关措施对国际贸易产生影响（如碳关税）
	非政府组织、媒体	环保组织	对碳市场进行监督、推动等（如"漂绿"事件报告）

资料来源：《碳排放交易实践手册：碳市场的设计与实施》，中节能碳达峰碳中和研究院。

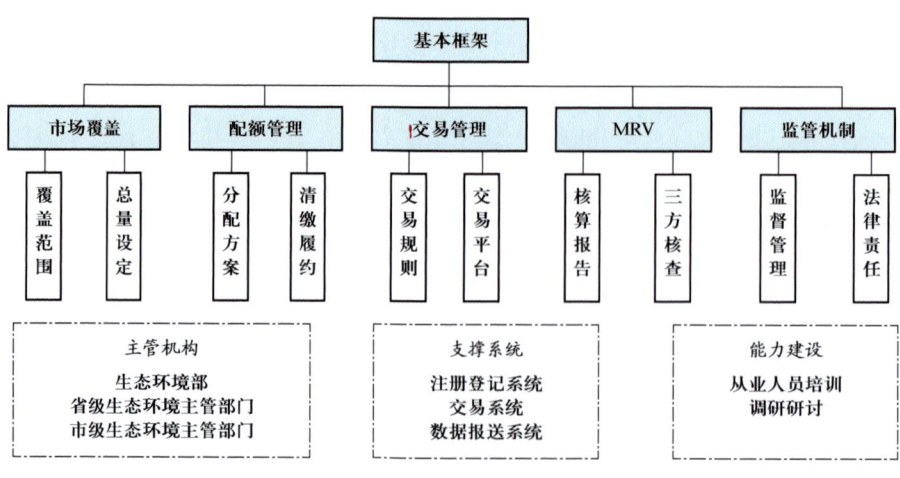

图 2-2-1 碳市场基本框架图

（1）市场覆盖包括覆盖范围和总量设定。覆盖范围包括纳入行业、纳入气体和纳入标准的设定。总量设定即政府根据本地区的总体减排目标和实际排放情况，设定配额总量。

（2）配额管理包括排放配额的分配方式以及各种清缴履约保障机制。配额分配方法根据是否有偿，分为免费分配、有偿分配以及部分有偿分配。履约机制即如果排放源的实际排放超过其持有的碳排放权，需购买配额履约，未履约的将面临处罚或被淘汰出市场。抵消机制，即允许使用非约束性行业的减排效果抵消约束性行业的排放量。保障机制包括干预机制和退出机制。干预机制即当碳交易价格过高或过低时，政府会实施价格干预措施，如设置价格上下限、拍卖底价等，以保证市场信号的合理性。市场退出机制即当某企业破产或不再具备交易主体资格时，政府需要制定其持有的排放配额的清算与退出规则。

（3）交易管理包括交易规则以及交易平台管理。交易规则包括交易品种（现货交易、期货交易、掉期交易等）、交易时间、交易价格限制、交易成本以及其他相关规定。交易平台即政府或民营部门会建立线上线下交易平台，以实现碳排放权的交易与结算，还有注册登记系统、交易系统以及数据报送系统进行支撑。

（4）MRV 机制即碳排放的监测、报告与核查制度。MRV 制度用以监测企业的实际排放情况，确保交易信息的真实性和准确性。排放监测核算方法主要有两种，即连续监测方法和核算方法。连续监测方法通过直接测量烟气流速和烟气中的 CO_2 浓度来计算温室气体的排放量，主要通过连续排放监测系统（Continuous Emission Monitoring System，CEMS）来实现。连续监测方法能够实时、自动地监测固定排放源温室气体排放量，无须对多种燃料类型的排放量进行区分和单独核算，具有数据显示直观、操作简便的特点。该方法在国际上已有较成熟的应用，而在中国的应用尚处于摸索阶段。美国采用安装 CEMS 的设备进行碳排放量监测的方式普及度很高，2015 年 73.9% 的火电机组应用连续监测方法进行碳排放量监测。欧盟 2019 年只有 155 个设施（占总设施数的 1.5%）采用了连续监测方法，主要集中在德国、法国、捷克等，绝大多数设施仍采用核算方法确定温室气体排放量。核算方法是将企业经济活动中消耗的化石燃料、原料数量，通过物理排放转化因子换算成相应的温室气体排放量，再将经过各燃料、原料转化后的排放量进行加总计算。和连续监测方法相比，核算方法具有成本低、适用分散污染源的好处，但是也存在人工处理大量数据、标准难以统一、采样分析成本高等缺点。核算方法需要计算五个方面的排放量：一是化石燃料燃烧排放量；二是工业过程排放量；三是废弃物处理排放量；四是净购入电力与热力排放量；五是二氧化碳回收利用量。

（5）监管机制包括监督管理和法律责任。碳市场以相关法律为基本保障，并通过国家主管机构政策规范指南等文件规范碳市场各项工作。监管对象覆盖各参与方和市场操作环节。

（6）能力建设涉及从业人员的基础资料学习、研讨会、操作模拟和跨市场交流等。

3. 碳市场运行流程

政府部门根据温室气体排放覆盖范围以及纳入控排的企业排放量门槛确定控排企业名

单。地方政府依据中央政府制定的配额分配方法向企业发放碳排放配额。控排企业依据排放报告管理办法及温室气体核算报告指南与技术规范等规定，对自身排放数据进行检测和报告；第三方核查机构依据核查技术规范核查管控企业的碳排放数据，并出具独立核查报告；控排企业根据自查与第三方核查确定的实际排放量清缴足额配额，如果实际排放量大于政府免费发放的配额量，则需外购相应配额，完成履约清缴；地方政府监督清缴，并对未履约企业进行处罚（图 2-2-2）。

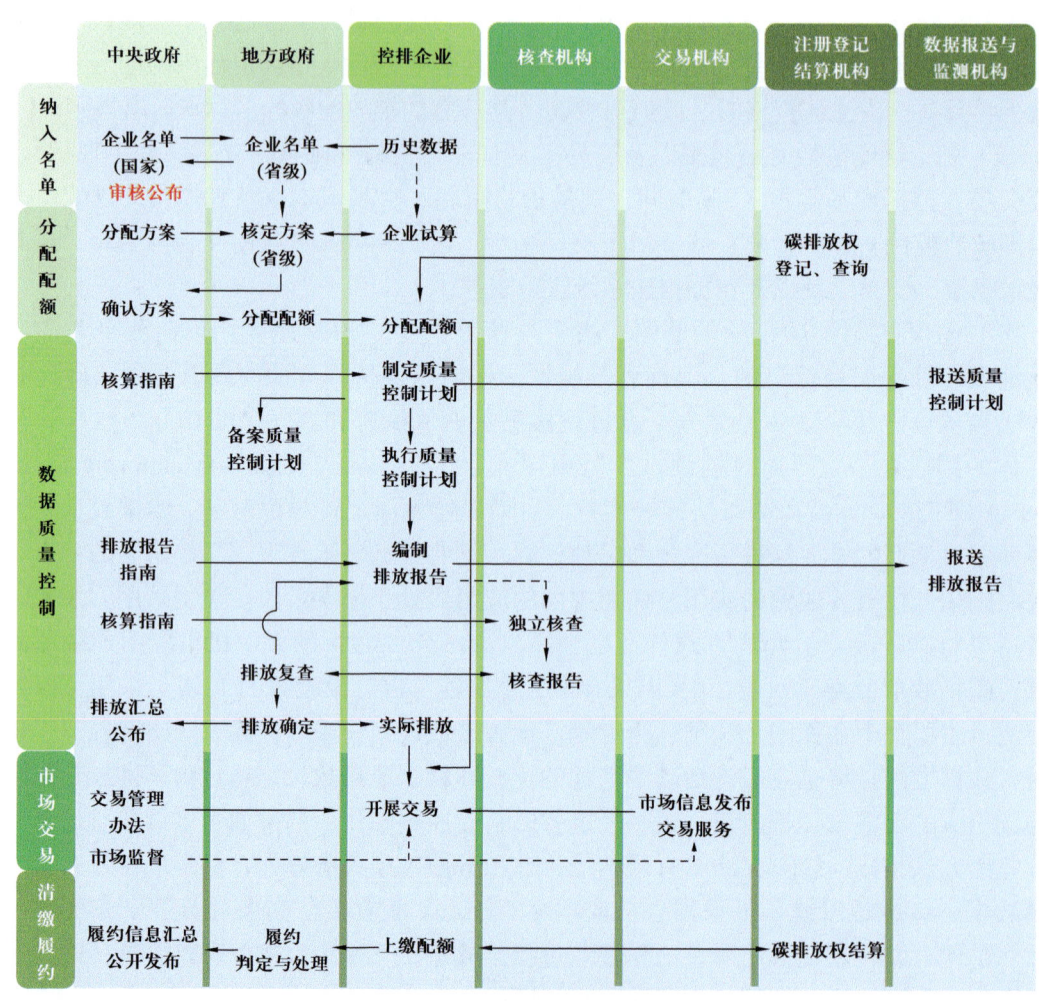

图 2-2-2　碳市场运行流程图

四、试点碳市场发展

中国已建成北京市、天津市、上海市、重庆市、湖北省、广东省、深圳市及福建省八个试点碳市场。各试点碳市场均建立了以人大决定管理办法、实施方案或意见为核心，以总量设定与配额分配方案、监测报告核查制度、注册登记交易制度、清缴履约制度、监管保障制度等配套工作制度为支撑的制度框架。试点碳市场基本情况见表 2-2-2。

表 2-2-2 试点碳市场基本情况

试点	启动时间	配额总量	纳入行业	纳入气体	纳入标准	配额分配
北京	2013年11月28日	未公布，约 $0.6×10^8$ t CO_2/a	电力、热力、水泥、石化、其他工业和服务业	CO_2	CO_2排放量5000t以上	历史法和基准线法，初始配额免费分配
天津	2013年12月26日	2023年 $0.74×10^8$ t CO_2/a	电力、热力、钢铁、化工、石化、油气开采、建筑、造纸、航空	CO_2	CO_2排放量 $1×10^4$ t以上	历史法和基准线法，初始配额免费分配
上海	2013年11月26日	2023年约 $1.05×10^8$ t CO_2/a	工业：电力、钢铁、石化、化工、有色、建材、纺织、造纸、橡胶和化纤等；非工业：航空、机场、港口、建筑、数据中心等	CO_2	工业：CO_2，排放量达到 $2×10^4$ t及以上；非工业：CO_2排放量达到 $1×10^4$ t及以上；水运：CO_2排放量达到 $10×10^4$ t及以上	历史法和基准线法，初始配额免费分配
重庆	2014年6月19日	约 $1.5×10^8$ t CO_2/a	发电、化工、热电联产、水泥、自备电厂、电解铝、平板玻璃、钢铁、冷热联产、民航、造纸、铝冶炼、其他有色金属冶炼及压延加工	6种常见温室气体	温室气体排放量达到 $2.6×10^4$ t CO_2以上（含）	政府总量控制与企业竞争博弈相结合，初始配额免费分配
广东	2013年12月	2023年为 $2.97×10^8$ t CO_2/a（含控排企业配额 $2.83×10^8$，储备配额 $0.14×10^8$）	电力、水泥、钢铁、石化、有色、化工、造纸、陶瓷、纺织、民航、交通（港口）、数据中心	CO_2	年排放 $2×10^4$ t CO_2或年综合能源消费 $1×10^4$ tce	历史法和基准线法，初始配额免费分配+有偿分配。电力企业的免费配额比例为95%，钢铁、水泥、造纸企业的免费配额比例为97%，航空企业的免费配额比例为100%
湖北	2014年4月2日	$1.82×10^8$ t CO_2/a	电力、钢铁、水泥、化工、石化、造纸、热力及热电联产、玻璃及其他建材、纺织、汽车制造、设备制造、食品饮料、陶瓷制造、医药、有色金属和其他金属制品	CO_2	年综合能耗 $1×10^4$ tce及以上的工业企业	历史法、基准线法，初始配额免费分配
深圳	2013年6月18日	2023年 $0.28×10^8$ t CO_2/a	工业（电力、水务、制造业等）和建筑、电力、建材、钢铁、有色、造纸	CO_2	工业：CO_2排放量3000t以上；公共建筑面积：20000m²；机关建筑面积：10000m²	企业竞争博弈（工业）与政府（建筑）相结合，初始配额免费分配
福建	2016年12月22日	2022年，约 $1.16×10^8$ t CO_2/a	电力、建材、钢铁、化工、石化、有色、造纸、民航、陶瓷	CO_2	年综合能源消费总量达5000tce以上的企业	历史法、基准线法，初始配额免费分配

资料来源：各省环境部门、交易所。

1. 试点碳试产覆盖范围

从纳入行业来看，各试点碳市场均将电力、石化业行业纳入履约，并作出特色化安排。其中，北京碳市场纳入电力、热力、水泥、石化、服务业、道路运输业及其他等七个行业；天津纳入了除有色外的八大行业，并增加石油开采业；上海碳市场覆盖范围面广，现已覆盖电力、钢铁、石化、化工、有色、建材、汽车、电子等工业领域，以及航空、机场、港口、水运、建筑、数据中心等非工业领域共28个行业378家企业；重庆碳市场则主要聚焦在工业行业，八个试点市场中仅重庆未纳入航空业；广东、湖北和福建在八大行业的基础上，结合本地区碳排放产业特征情况，创新性地纳入陶瓷行业；上海和广东进一步纳入数据中心。从排放门槛来看，各试点碳排放门槛大约为3000～26000t（除上海水运行业碳排放门槛为10×10^4t、深圳建筑面积$1\times10^4m^2$外），其中深圳门槛最低，为3000t年碳排放量以上；北京次之，为5000t（含）以上年碳排放；而湖北仅对年综合能耗提出门槛，要求在1×10^4tce及以上[11]。

2. 配额总量设定

在配额总量设定方面，各试点地区结合经济发展情况、能源与二氧化碳总量强度目标等实际因素，通过"自上而下"与"自下而上"相结合的方式，确定合理的总量目标，并未采取绝对总量法（深圳提出，碳达峰后碳市场实施绝对目标总量控制）。

"自上而下"法指政府根据其总体减排目标以及各个行业的减排潜力和成本来设定配额总量。"自下而上"法指政府根据对各个行业参与者的排放量、减排潜力和成本确定配额量，然后通过汇总这些行业参与者的配额，形成整个碳市场配额总量。"自上而下"和"自下而上"相结合的方式指政府既考虑碳排放强度总目标和碳排放总量增幅逐年降低的要求，又结合各行业参与者排放量与减排潜力，综合确定配额总量。

3. 配额分配

碳排放权交易体系中，由政府主管部门对纳入体系内的控排企业分配碳排放配额，碳排放权分配类型大体分为免费分配和有偿分配两种，其中免费分配方法包括基准线法、历史强度法和历史排放总量法，有偿分配可以采用有偿竞买（拍卖）或者固定价格出售的方式进行。

（1）免费分配是政府主管部门将碳排放权免费发放给控排对象，可根据基准线、历史强度和历史排放总量划分为三种分配方法。

一是基准线法。基准线即碳排放强度行业基准值，是某行业代表某一生产水平的单位活动碳排放量。基准线法也称标杆法，基于行业碳排放强度基准值分配配额。行业碳排放强度基准值一般是根据纳入行业所有企业的历史碳排放强度水平、技术水平、减排潜力，以及与该行业有关的产业政策、能耗目标等综合确定。一般根据重点排放单位的实物产出量（活动水平）、所属行业基准、年度减排系数和调整系数四个要素计算重点排放单位配额。基准线法有利于激励技术水平高、碳排放强度低的先进企业。凡是在基准线以上的企业，生产得越多，配额的富余就越多，就可以通过碳市场获取更多利益；相反，经营管理不好、技术装备水平低的企业，处于基准线以下若是多生产，就会带来更多的配额购买负担。

二是历史强度法。历史强度法是指根据排放单位的产品产量、历史碳排放强度值、减排系数等分配配额的一种方法。市场主体获得的配额总量以历史数据为基础，根据排放单位的实物产出量（活动水平）、历史碳排放强度值、年度减排系数和调整系数四个要素计算。如中国部分试点碳市场采用的是以该纳管企业前几个年度的CO_2平均排放强度作为基准值为该企业分配配额，该方法介于基准线法和历史总量法之间，是在碳市场建设初期，行业和产品标杆数据缺乏的情况下确定碳排放配额的过渡性方法。

三是历史排放总量法也称"祖父法"，是不考虑排放对象的产品产量，只根据纳入配额管理的对象在过去一定年度的碳排放数据，确定其未来年度的碳排放配额。

（2）有偿分配。

一是有偿竞买（拍卖）。碳排放配额有偿竞买（拍卖）是指政府主管部门通过公开或者密封竞价的方式将碳排放配额分配给出价最高的买方。碳排放配额有偿竞买是一种同质拍卖，竞拍者对同一种商品（配额）在不同的价格水平上提出购买意愿，最终以某种机制确定成交价格。配额有偿竞买（拍卖）的来源主要是除免费配额之外的部分以及储备配额。

二是固定价格出售。固定价格出售是政府主管部门综合考虑温室气体排放活动的外部成本、温室气体减排的平均成本、行业企业的减排潜力、温室气体减排目标、经济和社会发展规划及碳排放权交易的行政成本等因素，制定碳排放配额的价格并公开出售给纳入碳排放权交易体系的控排主体[12]。

4. 各试点配额分配模式

在配额分配方法方面，各试点碳市场普遍采用基准线法、历史强度法、历史排放法等，重庆市则采用政府总量控制与企业申报的特色方法。从有偿分配情况来看，广东省、湖北省自碳市场运行起便引入配额有偿分配，天津市、上海市、重庆市等也逐步部署有偿分配工作，但各试点碳市场配额有偿分配比例均未超过10%。试点碳市场配额分配情况见表2-2-3。

5. 监测、报告、核查（MRV）机制

在纳入监测、报告、核查（MRV）工作的排放门槛方面，除重庆市、福建省外，各试点碳市场地区均特别设置了低于其碳市场履约门槛的碳排放报告上报门槛，从1000～10000t不等，其中深圳碳排放报告门槛最低，为1000t。在监测、报告、核查指南方面，除天津市自2016年全部转为使用国家相关指南外，各试点市场区均发布了地方级指南用于指导MRV工作，福建省还专门设计了钢铁、陶瓷、化工、发电等21个重点行业企业温室气体排放核算表以简化计算，便于验收[13]。试点碳市场MRV机制情况见表2-2-4。

表 2-2-3 试点碳市场配额分配情况

分类	北京	天津	上海	重庆	湖北	广东	深圳	福建
配额核定	基准线法：火力发电行业（热电联产）、水泥制造、热力生产和供应行业、数据中心；历史总量法：石化、其他服务业（数据中心除外）、其他行业（电力供应、水的生产和供应、热力生产和供应及其他电力行业除外）；组合方法：交通运输行业固定设施采用历史总量法，移动设施采用历史强度法	历史强度法：电力行业（含热电联产供热企业除外）、钢铁、建材行业；历史排放法：化工、石化、油气开采、航空行业	行业基准线法：发电、电网和供热等电力热力行业；历史强度量法：产品与碳排放量相关性高且计量完善的工业企业、航空、港口、自来水生产企业；历史排放法：对商场、宾馆、商务办公、机场等建筑，以及几年边界变化大、难以采用基准线法或历史强度法的工业企业	配额管理单位申报量之和低于年度配额总量控制上限的，其年度配额按申报量确定；配额管理单位申报量之和高于年度配额总量控制上限的，则根据最高年度排放量的均值为基数，进行相应核算确定	标杆法：水泥（外购熟料型水泥企业除外）；历史强度法：热力生产和供应、玻璃及其他建材、造纸、水泥（不含自产熟料）、陶瓷行业、设备制造（企业生产两种以上的产品，产量计量不同质，无边界区分产品排放边界等情况除外）；历史法：其他行业	基准线法：电力行业燃煤燃气发电机组（含热电联产机组）、水泥生产的熟料生产和粉磨、石灰烧制、烧结工序、炼钢工序、普通造纸和纸制品生产企业、钢铁行业的炼焦、球团、普通造纸和纸浆制造企业；历史强度下降法：电力行业使用特殊燃料发电机组（如煤矸石、油页岩、煤浆、石油焦等燃料）及供热锅炉、水泥行业其他粉磨产品、有纸浆制造企业、其他航空企业；历史法：钢铁行业的矿山开采、钢铁行业加工序、压延与加工企业、石化行业企业	基准线法：电力、燃气、供水、公交、地铁、港口码头、危险废物处理企业；历史强度法：其他行业	基准线法：水泥、电解铝、平板玻璃、化工行业、二氧化硅（以二氧化硅为主营产品）、航空等；历史强度法：电网（除主营产品为二氧化硅）、乙烯、原油加工、机制纸和纸浆制造、机场、建筑陶瓷及卫生陶瓷等

续表

分类	北京	天津	上海	重庆	湖北	广东	深圳	福建
配额发放	免费	电力热力免费比例（98%~99.8%），其他行业98%	部分有偿，结合高碳能源使用制定免费发放比例（93%~99.5%）	2019年度、2020年度约启动配额免费发放，总量不超过碳市场覆盖约缺口	初始配额免费发放，8%的政府预留配额通过拍卖发放	电力企业的免费配额比例为95%，钢铁、石化、水泥、造纸企业的免费配额比例为97%，航空企业的免费配额比例为100%，有偿发放总量控制在50×10⁴t以内	免费	免费

资料来源：各省环境部门、交易所。

表2-2-4 试点碳市场监测、报告、核查（MRV）机制情况

分类	北京	天津	上海	重庆	湖北	广东	深圳	福建
企业报告门槛	行政区域内年综合能源消费总量2000tce（含）以上的企业、事业单位，国家机关及其他单位，以及民营航空运输业航空器的碳排放	年排放二氧化碳1×10⁴t以上的企业或单位	二氧化碳年排放量1×10⁴t及以上	年度温室气体排放量达到1.3×10⁴tCO₂e及以上的工业企业	年综合能源消费量8000tce及以上的独立核算的工业企业	年排放1×10⁴t二氧化碳（或综合能源消费5000tce）及以上的工业企业	年碳排放达到1000t以上的企业	纳入碳市场重点排放单位以及一般报告单位（但未公开一般报告单位以及纳入标准以及相关工作安排）
监测报告指南	DB11/T 1781—2020等7个地方标准	企业碳排放的监测、报告和核查全部为国家相关部门	1+8个行业温室气体排放核算与报告办法（试行）	简化核算方法《重庆市工业企业碳排放核算和报告指南（试行）》	《湖北省工业企业温室气体排放监测、量化和报告指南（试行）》1个通则+11个行业	《广东省企业（单位）二氧化碳排放信息报告指南（2020年修订）》1个通则+6个行业	《深圳标准化指导性技术文件组织的温室气体排放量化和报告规范及指南》	钢铁、陶瓷、化工、发电等21个重点排放行业的企业温室气体排放核算表

资料来源：各省生态环保部门、交易所以及中节能碳达峰碳中和研究院。

6. 交易机制

在交易机制方面，各试点碳市场均设立了专门的碳排放权交易台，交易产品以地方配额为主；上海市、湖北省、广东省等在现货的基础上开发了远期交易产品；除CCER外，北京市、重庆市、广东省、深圳市、福建省等还上线了地方碳信用交易产品，交易以协议和竞价等方式为主。除履约企业外，各试点碳市场都允许机构投资者参与交易，除上海市、福建省外的六个试点碳市场还允许个人交易。此外，深圳市场允许境外投资者与交易。试点碳市场交易机制情况见表2-2-5。

表 2-2-5 试点碳市场交易机制情况

分类	北京	天津	上海	重庆	湖北	广东	深圳	福建
交易平台	北京绿色交易所（原北京环境交易所）	天津排放交易所	上海环境能源交易所	重庆联合产权交易所	湖北碳排放权交易中心	广东碳排放权交易所	深圳排放权交易所	海峡股权交易中心
交易产品（地名拼音首字母+EA配额产品）	BEA、林业碳汇等	TJEA	SHEA（现货）、SHEAF（碳配额远期）	CQEA、CQCER（"碳惠通"项目自愿减排量）	HBEA 现货及远期	GDEA、PHCER（广东碳普惠核证减排量）	SZEA、PHCER（深圳碳普惠核证减排量）	FJEA、FFCER（福建林业核证减排量）
交易方式	线上公开交易（整体竞价交易、部分竞价交易和定价交易）线下协议转让	拍卖交易、协议交易	挂牌交易、协议转让	协议转让	协议转让、定价转让	挂牌点选、协议转让、竞价转让	电子竞价、定价点选、大宗交易	挂牌点选、协议转让、单向竞价、定价转让
交易主体	履约企业、机构投资者、个人	履约企业、机构投资者、个人	履约企业、机构投资者	履约企业、机构投资者、个人	履约企业、机构投资者、个人	履约企业、机构投资者、个人	履约企业、机构投资者、个人	履约企业、机构投资者

7. 清缴履约机制

履约是指控排企业足额清缴或注销自己的碳排放量的活动。各试点地区的重要排放单位，需在当地主管部门规定的期限内，按实际年度排放指标完成碳配额清缴，通常以一个自然年为周期。企业已有配额量与核证自愿减排量CCER之和低于经审核的实际碳排放量，可以通过购买流通的碳配额或购买不超过政府规定额度的CCER完成上缴给政府部门的履约流程。考虑到购碳成本和违约惩罚，极少企业会选择违约交罚金。

各试点均允许使用 CCER 等碳信用进行抵消,每吨国家核证自愿减排量相当于 1 吨碳排放配额。各试点抵消比例的参考基数包括审定碳排量、初始配额、核发配额等存在差别。广东还对年度抵消总量进行控制。多数地区还明确了对允许用以抵消的 CCER 的要求,包括项目运行、减排量产生时间、项目类型、项目地区等。整体来看,各试点碳市场更倾向于本地区减排项目,且均不支持水电类减排量抵消。各试点碳市场减排量抵消占应清缴碳排放配额的比例有限定,从 3% 到 10% 不等。区域、地方碳抵消机制由各自辖区内立法机构管辖,通常由区域、国家或地方各级政府进行管理。在国内除了 CCER 之外还有各种应用于地方碳市场的地方碳抵消机制,比如福建林业碳汇抵消机制(FFCER)、广东碳普惠抵消信用机制(PHCER)、北京林业碳汇抵消机制(BCER)、重庆碳惠通抵消机制(CQCER)等。福建省作为国内森林覆盖率最高的省份,在 2017 年选择多地的国有林场开展林业碳汇交易试点,项目类型主要包含碳汇造林、森林经营碳汇、竹林经营碳汇项目,核证后的 FFCER 可在福建试点碳市场进行交易。北京市在 2013 年将林业碳汇作为抵消机制纳入其试点碳市场,2014 年北京市发改委和园林绿化局联合印发《北京市碳排放权抵消管理办法试行》,指出需是来自北京市辖区内的碳汇造林项目和森林经营碳汇项目可用于重点排放单位进行抵消的林业碳汇项目。2015 年,广东省发布《广东省碳普惠制试点工作实施方案》,决定在广东省内组织开展碳普惠试点工作,省级 PHCER 作为碳排放权交易市场的有效补充机制,原则上等同于本省产生的 CCER,可用于抵消纳入碳市场范围控排企业的实际碳排放。

在履约时间方面,试点碳市场年度履约截止日各地差别较大,基本集中在每年下半年。各地碳试点也对履约企业未履行报告义务或未配合核查的罚款普遍在 1 万~5 万元,未履约的普遍按未履约部分的 1~3 倍处以罚款,北京市最为严格,超出部分按市场均价 3~5 倍罚款。试点碳市场清缴履约情况见表 2-2-6。

8. 试点向全国统一碳市场过渡

地方试点碳市场与全国统一碳市场并行,但不互通,试点碳市场覆盖行业正在向全国碳市场过渡。纳入全国碳排放权交易市场的重点排放单位不再参与地方碳排放权交易试点市场。从各试点碳市场对纳入全国碳市场的重点排放单位的具体安排来看,天津市、深圳市明确其不再承担地方试点履约责任,湖北省、福建省明确非发电行业扣除企业自备电厂对应的排放量后纳入地方碳市场管理。部分试点碳市场还明确了地方碳市场剩余配额的处理方法,如天津市明确对纳入全国碳市场的企业获得的试点配额予以注销;广东省则仍允许剩余配额的交易,对纳入全国碳市场电力企业(自备电厂除外)持有 5000t 及以上的广东碳市场剩余配额予以冻结,并自 2021 年 12 月 27 日《广东省生态环境厅关于印发广东省 2021 年度碳排放配额分配方案的通知》发布后分 3 年解冻,每年解冻上述配额的 1/3,解冻后的配额可用于市场交易和企业履约。

表 2-2-6 试点碳市场清缴履约情况

分类	北京	天津	上海	重庆	湖北	广东	深圳	福建
碳抵消比例	不高于其当年确认碳排放量的5%	不得超出其当年实际碳排放量的10%	不得超过企业年度审定碳排放量的3%	不得超过企业年度审定碳排放量的8%	不得超过企业年度碳排放初始配额的10%	不得超出企业年度实际碳排放量的10%，抵消总量另行限定（2020年度为150×10⁴t以内）	不高于管控单位年度碳排放量的10%	不得高于其当年经确认排放量的10%
CCER抵消时间要求	2013年1月1日后实际产生的减排量	2013年1月1日后实际产生的减排量	所有核证减排量均应产生于2013年1月1日后	2010年12月31日后投入运行（碳汇项目不受此限）	—	非来自在清洁发展机制执行理事会注册前就已经产生减排量的清洁发展机制项目	—	—
CCER抵消项目要求类型	非氢氟碳化物、全氟化碳、氧化亚氮、六氟化硫项目，非水电项目	仅CO₂减排项目，非水电项目	非水电项目	属于节能和提高能效项目、清洁能源和新能源可再生能源项目、碳汇项目、能源活动、工业生产过程、农业、废弃物处理等领域减排项目	农村沼气、林业类项目	CO₂、CH₄减排项目占全部减排项目50%以上，非使用煤（不含煤层气）、油和天然气等化石能源的发电、供热和余能（含余热、余压、余气）利用项目，非水电项目	可再生能源和新能源（不含水电）、清洁交通、海洋固碳、林业碳汇、农业减排项目	仅CO₂、CH₄减排项目，用以抵消的非林业碳汇项目不得超过确认排放量的5%

续表

分类	北京	天津	上海	重庆	湖北	广东	深圳	福建
CCER可抵消项目地区要求	京外减排量不得超配额量25%，优先京津冀地区，天津等签署合作协议的地区；非本市行政区域内重点排放单位固定设施减排量	至少50%来自京津冀地区；非试点市场纳入企业排放边界范围内项目	非本市纳入配额管理的单位且处排放边界范围内	—	在本省行政区域内国定和省定贫困县；非纳管企业组织边界范围内	碳抵消总量的70%来自省内；非其他试点碳市场和地域项目；非广东碳市场控排企业排放边界内	来自本市以及签署战略合作协议的地区，林业碳汇农业减排项目无地域限制，本市企业在全国开发的项目无类型和地区限制，非管控单位碳核查边界范围内	来自本省行政区；非重点排放单位
其他可供抵消的碳信用要求	节能项目碳减排量：来自本辖区内2013年1月1日后启动的按改造合同的能源管理，且按连续稳定运行1年间实际产生的减排量核算；试点期不考虑相关热力的节能项目；重点排放单位以及未完成节能目标的节能项目除外；林业碳汇减排量：2005年2月16日以来的碳造林、森林经营碳汇项目；本辖区内低碳出行碳减排量	本市林业碳汇：本地林业碳汇项目由天津市地方主管部门备案，视同于京津冀地区温室气体自愿减排项目	—	"碳惠通"项目自愿减排量（CQCER）：项目投入运行于2014年6月19日之后，减排量产生于2016年1月1日之后；全部减排应在重庆市行政区域内，非水电上均应产在重庆市行政区域内，非水可再生能源、绿色建筑、交通领域的二氧化碳减排，农林领域的甲烷减少及利用，森林碳汇、垃圾填埋处理及污水处理等方式的甲烷利用等项目	—	省级碳普惠核证减排量（PHCER）：碳抵消总量的70%来自本省内，非广东碳市场控排边界外的排放应当符合《广东省关于碳普惠核证减排量管理的暂行办法》要求	—	省级林业碳汇减排量（FFCER）：项目应当是2005年2月16日之后开工建设，在本省行政区域内产生，项目业主为本省行政区域内具有独立法人

续表

分类	北京	天津	上海	重庆	湖北	广东	深圳	福建
未履行报告义务的罚则	逾期未改正的，处5万元以上、50万元以下的罚款，拒不改正的责令停产整顿	—	逾期未改正的，视情节处以1万~3万元罚款	逾期未改正的，处以2万~5万元罚款	予以警告，限期履行，处1万~3万元罚款	逾期未改正的，处以1万~3万元罚款	责令限期改正，并处以与实际碳排放量的差额乘以违法行为发生当月之前连续六个月碳市场配额均价3倍的罚款	逾期未改正的，处以1万元以上3万元以下罚款
未配合核查的罚则	逾期未改正的，处2万元以上20万元以下罚款	—	逾期未改正的，视情节处以1万~5万元罚款	逾期未改正的，处以2万~5万元罚款	逾期未改正的，对其下一年度配额按上一年度的配额减半核定	逾期未改正的，处以1万~3万元罚款，情节严重的，处以5万元罚款	—	逾期未改正的，处以1万元以上3万元以下罚款
未履约的罚则	处以清缴时限前1个月市场交易成交价格5倍以上10倍以下的罚款	差额部分在下一年度分配的配额中予以双倍扣除	逾期未改正的，视情节处以5万~10万元罚款	按清缴届满前一个月配额平均价处以3倍处罚，3年内不得享受相关补助或评优，国企纳入领导体系效考核评价体系	按当年配额市场均价，对差额部分处以1~3倍，但最高不超过15万元的罚款，并在下一年度分配中扣除2倍	拒不履行清缴义务的，在下一年度配额中扣除未清缴部分2倍配额并处5万元罚款	逾期未补交的，从其账户中强制扣除，并处超额排放量乘以履约当月之前连续六个月碳市场配额均价3倍的罚款	拒不履行的，在下一年度配额中扣除未足额清缴部分2倍配额并处以清缴截止日前一年配额市场均价1~3倍的罚款，但不超过3万元

第三节　全国统一碳市场发展

2021年7月16日，全国统一碳排放权交易市场正式启动上线交易。截至2023年底，全国碳市场年度覆盖二氧化碳排放 51×10^8 t，纳入发电行业重点排放单位2257家，是全球覆盖温室气体排放量最大的碳市场，全国碳市场前两个履约周期（2021—2023年）累计成交量达到 4.4×10^8 t，碳价整体呈现上涨趋势。全国碳市场运行稳定，市场政策逐步发展成熟。

一、政策支撑

中国积极构建以《碳排放权交易管理暂行条例》为顶层文件，以部门规章、规范性文件、技术指南和交易机构细则为支撑的法律法规体系。

1. 行政法规

2024年5月1日，国务院公布的《碳排放权交易管理暂行条例》（以下简称《暂行条例》）正式施行，弥补了中国碳市场上位法缺失。《暂行条例》出台前，碳市场政策体系主要是一系列规章、规范性文件等，这些规则立法位阶较低，权威性不足，难以满足规范交易活动、保障数据质量、惩处违法行为等实际需要。条例出台后从立法层级上属于行政法规，是目前中国碳市场立法级别最高的法律文件，弥补了碳市场上位法（法律、行政法规）缺位的情形。

《暂行条例》涉及的关键内容包括：

（1）建立了碳排放权交易市场的监管体制。在碳排放权交易体系监管方面的规定中，体现出多部门协作特点。以国务院生态环境主管部门作为主要部门，明确了中央政府对碳排放权交易的统筹管理地位。地方人民政府生态环境主管部门负责本行政区域内的监督管理工作，充分发挥了地方具体落实碳排放权交易管理的灵活性和地区适应性。

（2）明确了碳排放权交易市场的交易机制。交易产品明确，目前的交易产品仅为碳排放配额，增加其他交易产品的审批层级提升至国务院；明确了中国将在一定条件下，启动有偿分配与免费发放的结合，进一步预示了中国逐步探索有偿分配机制的发展趋势。

（3）强化了违法行为的法律责任。条例对于相关违法行为以及处罚措施的规定覆盖全部主体包括重点排放单位、注册登记机构、交易机构、技术服务机构的工作人员，政府部门及其工作人员等；数据造假处罚力度空前加大，细化了重点排放单位数据造假的具体情形（扩大到过失违法行为），并显著提高了罚款数额，增设了多种处罚方式。数据质量控制的规制对象拓展至技术服务机构，罚款方式从区间罚款变为倍数罚款、显著提高罚款数额。增设信用记录制度，将重点排放单位等交易主体、技术服务机构因违反本条例规定受到行政处罚等信息纳入国家有关信用信息系统，并依法向社会公布。

2. 部门规章

2021年1月，生态环境部审议通过并发布《全国碳排放权交易管理办法（试行）》（以下简称《管理办法》）自2021年2月1日起施行，属于部门规章。《管理办法》适用于全国碳排放权交易及相关活动，包括碳排放配额分配和清缴，碳排放权登记、交易、结算，温室气体排放报告与核查等活动，以及对前述活动的监督管理。《管理办法》基于现行法规，围绕全国碳市场建设和运行的基础制度保障需要，为开展碳排放配额分配、碳排放报告与核查、注册登记和交易监督管理、清缴履约等活动提供制度支撑，同时也为后续技术规范制定提供工作依据。

3. 规范性文件

《碳排放权登记管理规则（试行）》该规则规范了全国碳排放权登记活动，适用于全国碳排放权持有、变更、清缴、注销的登记及相关业务的监督管理。

《碳排放权交易管理规则（试行）》是为规范全国碳排放权交易，保护全国碳排放权交易市场各参与方的合法权益，维护全国碳排放权交易市场秩序制定。

《碳排放权结算管理规则（试行）》适用于全国碳排放权交易的结算监督管理。

《碳排放权交易有关会计处理暂行规定》是对重点排放单位购入碳排放配额、使用购入的碳排放配额履约（履行减排义务）、出售碳排放配额等相关方面的财务处理进行规定（图2-3-1）。

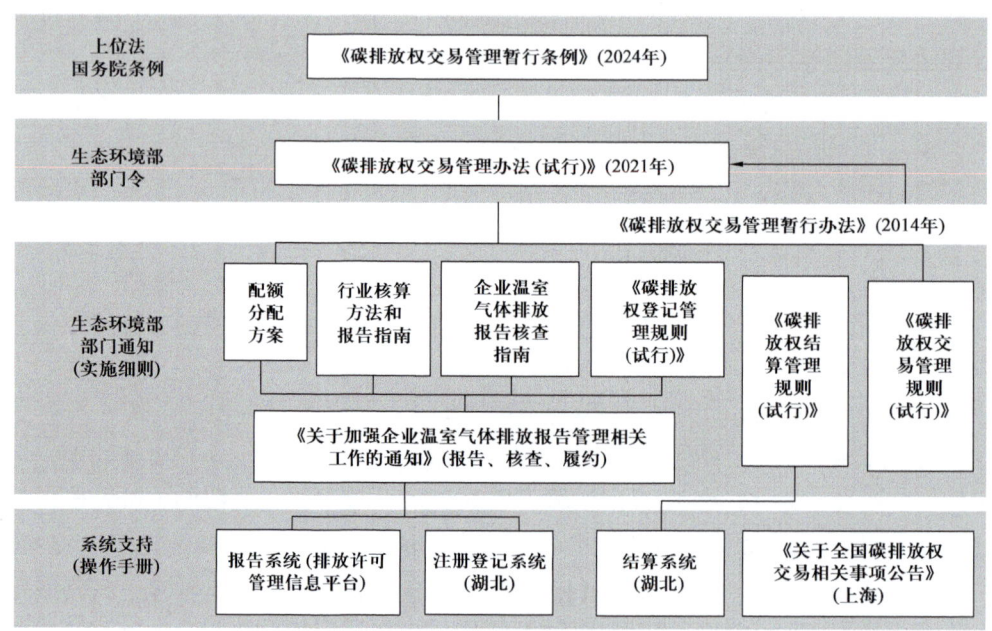

图2-3-1 全国碳市场法律法规框架

《温室气体自愿交易管理办法（试行）》是为鼓励温室气体自愿减排行为、规范全国温室气体自愿减排交易以及相关活动制定的法规（图2-3-2）。

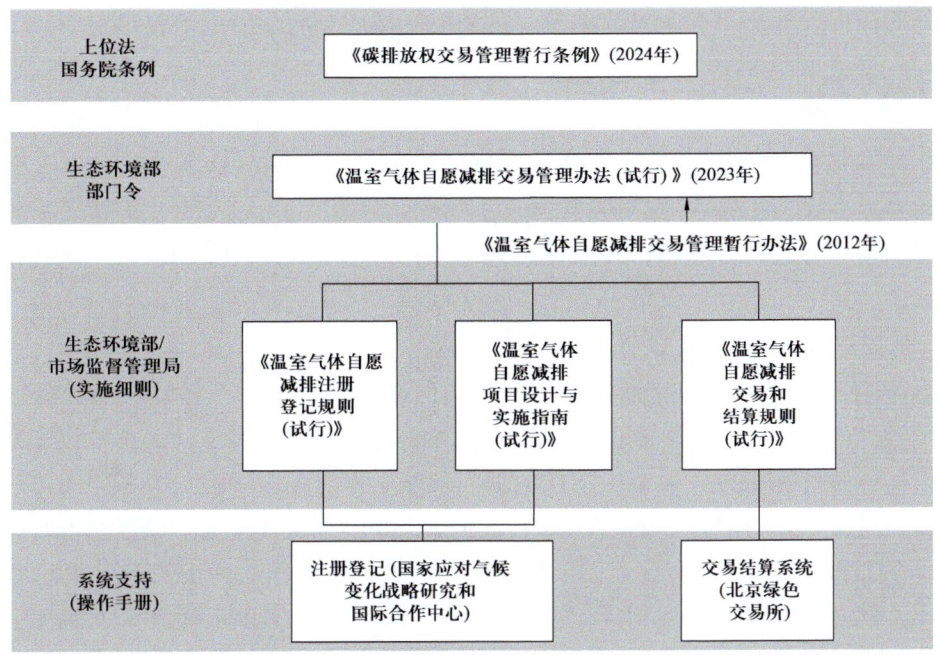

图 2-3-2　全国自愿减排市场法律法规框架

另外，最高人民法院于 2023 年 2 月发布了《关于完整准确全面贯彻新发展理念为积极稳妥推进碳达峰碳中和提供司法服务的意见（法发〔2023〕5 号）》，对"温室气体排放侵权纠纷"以及"推进完善碳市场交易机制"等方面进行了说明。根据该意见，法院依法审理碳排放配额、核证自愿减排量交易纠纷案件、碳排放配额清缴行政处罚案件、涉碳排放配额以及核证自愿减排量金钱债权执行案件、涉温室气体排放报告纠纷案件等。

二、机制框架

1. 运行机制

1）建立健全全国碳市场运行机制框架

全国碳市场运行机制框架主要包括碳排放数据核算、报告与核查，配额分配与清缴，市场交易监管等制度体系。

重点排放单位需对碳排放相关数据进行监测，每年核算并报告上一年度碳排放相关数据并编制温室气体排放报告，接受政府组织开展的数据核查，核查结果作为重点排放单位配额分配和清缴的依据。生态环境部根据国家温室气体排放控制要求，综合考虑经济增长、产业结构调整、能源结构优化、大气污染物排放协同控制等因素，制定碳排放配额总量与分配方案，省级生态环境主管部门根据生态环境部制定的碳排放配额总量确定与分配方案，向本行政区域内的重点排放单位分配规定年度的碳排放配额。重点排放单位在获得配额后，可结合自身实际，通过全国碳排放权交易系统对配额进行买卖，但需在生态环境部规定的时限内，提交不少于核查结果确认的实际排放量的配额用于履约。

2）全国碳市场形成了有力的运行支撑体系

为保障全国碳市场有效运行，生态环境部组织建立了全国碳排放数据报送与监管系统、全国碳排放权注册登记系统、全国碳排放权交易系统等信息系统。数据报送与监管系统记录重点排放单位碳排放相关数据；注册登记系统记录全国碳市场碳排放配额的持有、变更、清缴、注销等信息，并提供结算服务；交易系统保障全国碳市场配额集中统一交易。

3）全国碳市场具备多层级联合监管体系

生态环境部制定全国碳排放权交易及相关活动的管理规则，加强对地方碳排放配额分配、温室气体排放报告与核查的监督管理，并会同有关部门对全国碳排放权交易及相关活动进行监督管理和指导。省级生态环境部门负责在本行政区域内组织开展碳排放配额分配和清缴、温室气体排放报告的核查等相关活动，并进行监督管理。设区的市级生态环境主管部门负责配合省级生态环境主管部门落实相关具体工作，并根据有关规定实施监督管理。重点排放单位报告碳排放数据，清缴碳排放配额，公开交易及相关活动信息，并接受生态环境主管部门的监督管理。全国碳市场通过市场机制形成价格信号，引导碳减排资源的优化配置，从而降低全社会减排成本，推动绿色低碳产业投资，引导资金流动（图2-3-3）。

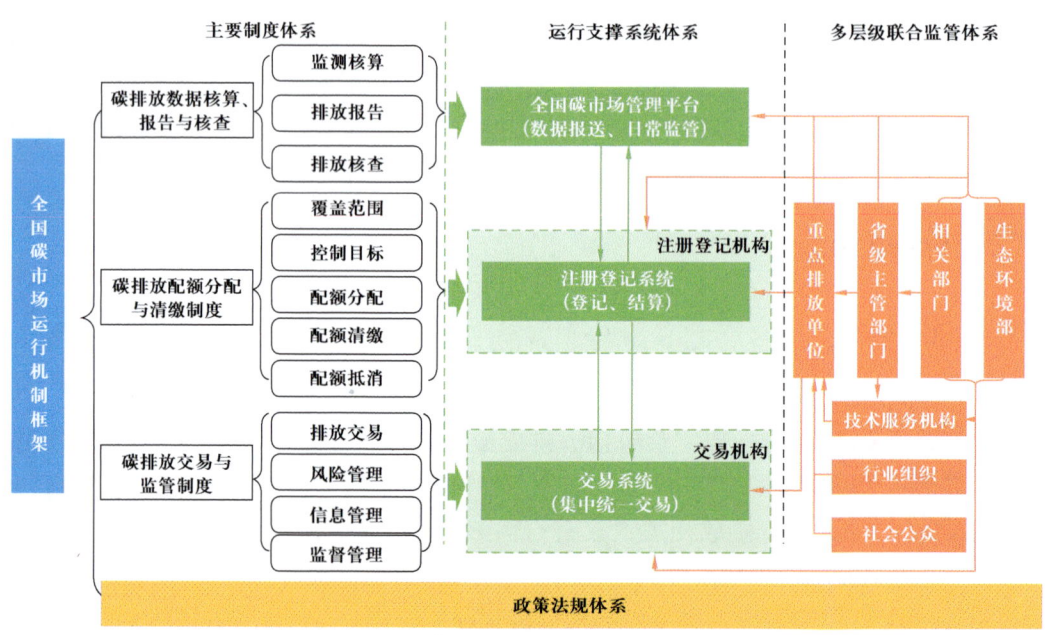

图2-3-3　全国碳市场运行机制框架

2. 覆盖范围

全国碳市场已吸纳电力一个行业，但在规划设计初期提出将钢铁、有色、石化、化工、建材、电力、民航和造纸八大行业全部纳入。全国碳市场将秉持"抓大放小，先易后难"的原则，初期先纳入碳排放量大、数据基础好的行业，并且将其纳入门槛设置稍高，用以充分调动大型企业的积极性，发挥在碳市场建设中的引领作用。由于发电行业产品单一，且能源消费与碳排放数据基础完善可靠、透明度高，同时排放规模占比较大，为碳配额的分配、管理，以及碳排放的核查核算提供了便利，因此，全国碳市场首批选择仅纳入电力行业。

与国际碳排放权交易普遍只管控直接排放不一样，中国各碳排放权交易试点及全国碳市场的第一、二履约周期（2021—2023年）均将间接排放纳入了交易机制中的碳排放核算和管控体系，原因在于中国电力市场价格主要由政府主导，电力市场化改革尚未完成，被纳入碳市场的电力行业无法把成本转移至下游用电企业。因此，将企业用电的间接排放计入其实际排放，有助于从消费端进行减排。全国碳市场第三履约周期（2024年）开始，间接排放不再被纳入配额管控，主要原因是全国发电行业每年间接排放量约为 500×10^4 t，占行业排放量的比例不足 0.1%，将间接排放纳入管控范围发挥的减排作用有限，但增加了核算、报告、核查和监管的工作量，为简化工作程序，聚焦核心问题，并且有利于绿证在降低间接排放方面发挥作用，于是不再将间接排放纳入全国碳市场配额管控。

全国碳市场将发电行业（含其他行业自备电厂）年温室气体排放量达到 $2.6\times10^4 tCO_2e$（综合能源消费量约 $1\times10^4 tce$）及以上的企业纳入履约。中国能源管理习惯以年综合能耗 $1\times10^4 tce$ 作为重点能耗管理企业的门槛，这也成为全国碳市场的纳入门槛，体现了中国能源消费控制和碳排放控制的相承关系。后期随着碳市场发展成熟和碳排放报告数据的积累可以遵循"成熟一个，纳入一个"的原则，分阶段逐步扩大控排行业范围、并适当降低纳入门槛，增加碳市场参与主体数量，助力实现更大范围的低成本减排。

在全国碳市场中，其他未纳入履约交易的行业仅需报告经核查的温室气体排放量。根据生态环境部2021年3月发布的《关于加强企业温室气体排放报告管理相关工作的通知》，发电、石化、化工、建材、钢铁、有色、造纸、航空等重点排放行业2013—2020年任一年度温室气体排放量达 $2.6\times10^4 tCO_2e$（综合能源消费量约 $1\times10^4 tce$）及以上的企业或其他经济组织，均需报告经过核查的温室气体排放量。如果2018年以来连续两年温室气体排放量未达到 $2.6\times10^4 tCO_2e$，或者因停业、关闭或其他原因不再从事生产经营活动，因而不再排放温室气体的，不纳入数据报告核查工作范围。据统计，符合以上标准的企业数量超过7000家，年碳排放量达 $60\times10^8\sim70\times10^8$ t，占中国能源消费碳排放量比例超过60%。全国碳市场第一履约期覆盖范围见表2-3-1。

根据全国碳市场发电企业排放量主要包括化石能源直接排放。直接排放包括煤/燃气、生产用油燃烧产生的排放，其中煤/燃气的排放占到火电机组的绝大部分。例如，燃煤机组化石能源燃烧碳排放 = 入炉煤量 × 低位热值 × 单位热值含碳量 × 氧化率（统一采用99%）× 44/12，因此对碳排放量影响最大的两个因子是入炉煤量和元素含碳量（元素含碳量 = 低位热值 × 单位热值含碳量），均要求电厂实测或送检。其中，燃煤元素含碳量 = 低位热值 × 单位热值含碳量，简单理解就是燃煤里碳元素的含量，根据电厂的计算报告，数据在 0.5~0.6；二是氧化率采用 0.99，可以理解为碳被氧化成二氧化碳的比例；三是公式中的 44/12 指的是二氧化碳和碳的相对原子质量。

表 2-3-1　全国碳市场第一履约期（2021 年）覆盖范围

分类	《碳排放权交易管理办法（试行）》规定	第一个履约周期
纳入行业	由生态环境部拟订，按程序报批后实施，并向社会公开	发电行业
覆盖温室气体种类		二氧化碳
温室气体重点排放单位	（1）属于全国碳排放权交易市场覆盖行业； （2）年度温室气体排放量达到 $2.6 \times 10^4 tCO_2e$	发电行业（含其他行业自备电厂）2013—2019 年任一年排放达到 $2.6 \times 10^4 tCO_2e$（综合能源消费量约 $1 \times 10^4 tce$ 及以上），最终确定 2162 家企业
覆盖时间范围	应当在生态环境部规定的时限内，清缴上年度的碳排放配额	受新冠肺炎疫情与数据掌握情况的影响第一个履约周期的履约年份包括 2019 年和 2020 年两年
不参与的情形	（1）连续两年温室气体排放未达到 $2.6 \times 10^4 tCO_2e$； （2）因停业、关闭或者其他配额分配和清缴原因不再从事生产经营活动，因而不再排放温室气体的	因涉及与地方碳市场的衔接，包括以下两种情况： 已参加地方碳市场 2019 年度和 2020 年度配额分配的重点排放单位：暂不要求其参加全国碳市场 2019 年度和 2020 年度配额分配和清缴； 已参加地方碳市场 2019 年度配额分配但未参加 2020 年度配额分配的重点排放单位：暂不要求参加全国碳市场 2019 年度的配额分配和清缴

3. 总量设定

全国碳市场碳排放配额总量采用"自下而上"加和确定，即对标行业先进碳排放强度水平确定基准线，基于控排企业实际产量（如发电量）确定重点排放单位的配额，然后对核定的各个企业配额进行加和形成配额总量。全国碳市场没有设置碳排放总量的硬上限，优势是经济适应性强，劣势在于减排效果不确定性较大。

生态环境部 2020 年 12 月发布的《2019—2020 年全国碳排放权交易配额总量设定与分配实施方案（发电行业）》具体细化了总量设定方法，省级生态环境主管部门根据本辖区内重点排放单位 2019—2020 年的实际产出量及该方案确定的配额分配方法和碳排放基准值，核定各重点排放单位的配额数量。将核定后的本辖区内各重点排放单位配额数量进行加总，形成省级行政区域配额总量。将各省级行政区域配额总量加总，最终确定全国配额总量。此种配额分配方式与欧盟碳市场采用预先设置排放上限、对覆盖排放量进行总量控制的设计不同。

全国碳市场配额总量设定趋紧。2021 年各类供电机组的碳排放基准值相比 2019 年和

2020 年下降了 6.5%～18.41%，供热机组基准值下降了 5%～12.06% 不等，而 2022 年的基准值相比 2021 年下降 0.5% 左右，虽然与平衡值（各类机组配额盈亏完全平衡时对应的基准值）相比降幅不大，但考虑到单位热值含碳量实测比例大幅提高，总体上配额是由宽松逐渐趋紧。2023 年 3 月 13 日，生态环境部发布了电力行业的第二履约期（2022—2023 年）配额分配方案。为促进碳市场交易的活跃度，解决配额过度盈余和发电行业"配额惜售"问题，第二履约期的配额分配方案引入年度管理配额，给碳配额打上了年份标签，并向下大幅调整了基准值。历年发电行业碳排放基准值变化见表 2-3-2。

表 2-3-2 历年发电行业碳排放基准值变化

机组类别	机组类别范围	供电，tCO$_2$/（MW·h）						供热，tCO$_2$/GJ					
		2021年平衡值	2020年基准值	2021年基准值	较去年下降	2022年基准值	较去年下降	2021年平衡值	2020年基准值	2021年基准值	较去年下降	2022年基准值	较去年下降
燃煤机组	Ⅰ 300MW等级以上常规燃煤机组	0.8210	0.8770	0.8200	6.50%	0.8159	0.50%	0.110	0.126	0.1108	12.06%	0.1104	0.36%
	Ⅱ 300MW等级以下常规燃煤机组	0.8920	0.9790	0.8773	10.39%	0.8729	0.50%	0.1110	0.126	0.01109	11.98%	0.1104	0.45%
	Ⅲ 燃煤矸石、水煤浆等非常规燃煤机组	0.9627	1.1460	0.9350	18.41%	0.9303	0.50%	0.1111	0.126	0.1110	11.90%	0.1104	0.54%
燃气机组		0.3930	0.3920	0.3920	0.00%	0.3901	0.48%	0.0560	0.059	0.0560	5.08%	0.0557	0.54%

2024 年 7 月发布的《2023、2024 年度全国碳排放权交易发电行业配额总量和分配方案（征求意见稿）》，充分考虑发电行业技术进步和企业承受能力，以 2023 年各类机组平衡值为基础，对各类机组的基准值进行了下调。2023 年平衡值是基于 2023 年碳排放数据，综合考虑履约优惠政策、修正系数计算，是各类机组发电、供热碳排放配额量与应清缴配额平衡时对应的数值。在这个盈亏平衡点上，整个市场的总排放量和配额的发放量相等，基准值相较于平衡值的下降幅度通常代表了配额分配的收紧幅度。2023 年 300MW 等级以上常规燃煤机组发电基准值较 2023 年平衡值下降约 0.4%，300MW 等级及以下常规燃煤机组发电基准值较平衡值下降约 0.8%，非常规燃煤机组发电基准值较平衡值下降约 0.8%，燃气机组发电基准值较平衡值上升约 2.0%，燃煤机组供热基准值均较平衡值下降

约 0.3%，燃气机组供热基准值均较平衡值上升约 2.0%。2024 年各类别机组发电、供热基准值均较 2023 年基准值综合估算下降约 0.5%。2023—2024 年发电行业碳排放基准值变化见表 2-3-3。

表 2-3-3　2023—2024 年发电行业碳排放基准值变化

机组类别	发电基准值		供热基准值	
	2023 年相较 2023 年平衡值	2024 年相较 2023 年平衡值	2023 年相较 2023 年平衡值	2024 年相较 2023 年平衡值
300MW 等级以上常规燃煤组	−0.40%	−0.89%	−0.29%	−0.77%
300MW 等级以下常规燃煤组	−0.80%	−1.30%		
非常规燃煤机组	−0.80%	−1.30%		
燃气机组	+2%	+1.5%	+2%	+1.5%

4. 配额分配方法

全国碳市场采用基准线法免费分配配额不设配额绝对总量约束，即先根据对标行业先进碳排放强度水平确定行业基准线，再基于实际产量确定重点排放单位配额。针对具体行业，政府只控制单位产品的碳排放强度，不限制企业的实际产量和总排放量，形成以实物产出量为基础的碳排放强度控制方法。配额分配方法根据燃料种类和装机容量两个指标将发电机组分为四个类别（表 2-3-2），差异化设置不同类别机组的配额基准值。基准线法的计算公式为：配额 = 行业基准 × 实物产出量

行业基准是指每个行业单位实物产出 CO_2 排放的先进值，具体由国家主管部门根据企业历史碳排放盘查数据、结合纳入碳排放权交易的单位碳排放产出水平的变化趋势及产业发展情况等因素统一确定；实物产出量依据企业当年实际数据确定。采用的实物产出量为企业当年的实际产出量，这意味着碳市场并不限制企业的产量，仅针对企业单位产品的排放强度提出减排要求，产量越高，配额总量就越多。只要企业排放强度低于国家基准线要求，产量越高，剩余配额就越多。这和中国尚未实现碳达峰、碳排放主要以强度控制的现状相匹配。

5. 配额预分配

由于中国配额分配基于重点排放单位的实际产出量，因此最终核定配额必须在完成上一年度碳排放核查之后。但这一做法的问题是碳市场管控的是上一年度已经结束的碳排放量，碳市场配额分配未能充分起到引导减排的作用。

中国碳排放权交易试点创造性地形成了"预分配核查—配额调整—配额清缴"流程。每年下半年（当年 8—12 月份）公布当年的配额分配方案，并使用上一年的产量计算配额，乘以一个小于 1 的系数，将配额预分配至重点排放单位账户。重点排放单位可以安排

当年生产的减排并拥有充足的交易时间。在下一年度核查完成后（次年 4—5 月份），政府依据重点排放单位实际产出量计算最终配额数量，并与重点排放单位预分配数量进行对比，多退少补，完成配额调整。由于预分配时乘以小于 1 的系数，如果重点排放单位实际产出量没有大幅降低，大部分情况下都是向重点排放单位补发配额。企业完成最终配额调整后，向政府清缴配额，完成履约（次年 6—7 月份）。虽然预分配数量普遍不足，但由于当前以免费分配为主，因此企业缺口不大，预分配配额足以支持碳市场的运转。对积极参与碳市场的企业来说，可以预测自身排放和免费配额，拥有大半年的交易时间，执行更灵活的交易策略，降低交易成本。全国碳市场配额分配及履约流程借鉴了试点经验，各省级主管部门按本省重点排放单位机组发电量和供热量的 70%，根据机组类型代入对应公式参数，计算得到机组发电预分配的配额量，上报生态环境部。生态环境部确认后，分配至注册登记系统中重点排放单位的账户。重点排放单位则可在全国碳市场交易所交易预分配的配额。

三、配额分配

根据《2023、2024 年度全国碳排放权交易发电行业配额总量和分配方案（征求意见稿）》（以此方案为例介绍全国碳市场配额分配），每个机组根据其发电量和供热量分别计算配额，加总则为该机组配额。重点排放单位如果拥有超过 1 个机组，则将各机组配额加总，即为重点排放单位在注册登记系统中的配额量。

《2023、2024 年度全国碳排放权交易发电行业配额总量和分配方案（征求意见稿）》相较于《2021、2022 年度全国碳排放权交易配额总量设定与分配实施方案（发电行业）》在保持政策延续和稳定的基础上，作了优化完善。

一是优化配额分配的基础参数，将基于供电量核定配额改为基于发电量核定配额。供电量由发电设施的发电量减去与生产有关辅助设备的消耗电量得到，不是通过直接计量获得的数据。由于与生产有关辅助设备的消耗电量难以准确核算核查，导致供电量也难以准确计量，数据质量风险大。为确保配额分配过程中的各项参数真实准确可靠，新方案将"基于供电量核定供电配额"调整为"基于发电量核定发电配额"，即根据机组产生的发电量、发电基准值及相关修正系数计算得到机组发电配额量，不再使用供电量与供电基准值核算配额。

二是取消机组供热量修正系数。2021、2022 年度配额分配方案设置了供热量修正系数，主要目的是鼓励高效燃煤热电联产机组增加供热，以替代燃煤小锅炉和散煤燃烧供热。供热量修正系数基于大量实测样本统计拟合得出，并需要使用供热比作为关键参数进行核算。从第一、二个履约周期（2021—2023 年）实际运行情况来看，供热比计算程序繁琐，难以准确获取，导致供热量修正系数计算结果出现偏差。鉴于此，新方案在配额计算公式中取消供热量修正系数，而是通过调整基准值实现对发电机组供热的合理激励。

三是将机组负荷（出力）系数修正系数调整为机组调峰修正系数，并修改适用范围。为更多消纳风电、光伏等可再生能源，部分火电机组承担电网调峰任务并处于低负荷运行状态。2021、2022年度配额分配方案中设置了"负荷系数修正系数",负荷率在85%以下的机组均可获得补偿配额,以体现对承担调峰任务机组的鼓励和补偿。经统计,2022年,300MW等级以上常规燃煤机组、300MW等级及以下常规燃煤机组、非常规燃煤机组和燃气机组的年平均负荷率分别为67%、65%、63%和69%,全国机组平均负荷率在65%左右,且随着非化石能源发电比重的增加,火电机组负荷率呈现逐年下降趋势,继续保持85%的负荷率补偿上限已脱离实际,无法突出调峰机组负荷率较低的特性,也无法精准支持鼓励调峰机组。新方案将"负荷系数修正系数"更名为"调峰修正系数",并将补偿负荷率上限调整为65%,机组负荷(出力)系数在65%及以上的常规燃煤机组不再引入大于1的修正系数;统计期内机组负荷(出力)系数在65%以下的常规燃煤机组按照原计算公式计算并使用大于1的调峰修正系数,获得补偿配额。

1. 燃煤机组配额分配

(1)燃煤机组配额分配的计算公式为:

$$A=A_e+A_h$$

式中　A——机组CO_2配额总量,tCO_2;

　　　A_e——机组发电CO_2配额量,tCO_2;

　　　A_h——机组供热CO_2配额量,tCO_2。

① 机组发电CO_2配额量A_e的计算公式为:

$$A_e=Q_e \times B_e \times F_1 \times F_f$$

式中　Q_e——机组发电量,$MW \cdot h$;

　　　B_e——机组所属类别的发电基准值,$tCO_2/(MW \cdot h)$;

　　　F_1——机组冷却方式修正系数(如果凝汽器的冷却方式是水冷,则机组冷却方式修正系数为1;如果凝汽器的冷却方式是空冷,则机组冷却方式修正系数为1.05;对于背压机组等特殊发电机组,冷却方式修正系数为1);

　　　F_f——机组调峰修正系数[参考《常规燃煤发电机组单位产品能源消耗限额》(GB 21258—2017)和《热电联产单位产品能源消耗限额》(GB 35574—2017)]。

② 机组供热CO_2配额量A_h的计算公式为:

$$A_h=Q_h \times B_h$$

式中　Q_h——机组供热量,GJ;

　　　B_h——机组所属类别的供热基准值,tCO_2/GJ。

(2)配额预分配步骤。

① 对于纯凝发电机组:

第一步:核实2022年度机组凝汽器的冷却方式(空冷还是水冷)、调峰系数和2022年供电量($MW \cdot h$)数据。

第二步：按机组2022年度发电量的70%，乘以机组所属类别的发电基准值、冷却方式修正系数和调峰修正系数，计算得到机组发电预分配的配额量。

② 对于热电联产机组：

第一步：核实2022年度机组凝汽器的冷期方式（空冷还是水冷）和2022年发电量（MW·h）、供热量（GJ）数据。

第二步：按机组2022年度发电量的70%，乘以机组所属类别的发电基准值、冷却方式修正系数和调峰修正系数，计算得到机组发电预分配的配额量。

第三步：按机组2022年度供热量的70%，乘以机组所属类别供热基准值，计算得到机组供热预分配的配额量。

第四步：将第二步和第三步的计算结果加总，得到机组预分配的配额量

（3）配额核定。

① 对于纯凝发电机组：

第一步：核实2023年机组凝汽器的冷却方式（空冷还是水冷）、调峰系数和2023年实际发电量（MW·h）数据

第二步：按机组2023年的实际发电量，乘以机组所属类别的发电基准值、冷却方式修正系数和调峰修正系数，核定机组配额量。

第三步：最终核定的配额量与预分配的配额量不一致的，以最终核定的配额量为准，多退少补。

② 对于热电联产机组：

第一步：核实机组2023年凝汽器的冷却方式（空冷还是水冷）和2023年实际发电量（MW·h）、供热量（GJ）数据。

第二步：按机组2023年的实际发电量，乘以机组所属类别的发电基准值、冷却方式修正系数，核定机组发电配额量。

第三步：按机组2023年的实际供热量，乘以机组所属类别的供热基准值，核定机组供热配额量。

第四步：将第二步和第三步的核定结果加总，得到核定的机组配额量。

第五步：核定的最终配额量与预分配的配额量不一致的，以最终核定的配额量为准，多退少补。

2. 燃气机组配额分配计算公式

（1）燃气机组配额分配的计算公式为：

$$A = A_e + A_h$$

式中　A——机组CO_2配额总量，tCO_2；

　　　A_e——机组发电CO_2配额量，tCO_2；

　　　A_h——机组供热CO_2配额量，tCO_2。

① 机组发电 CO_2 配额量 A_e 的计算公式为：

$$A_e = Q_e \times B_e$$

式中　Q_e——机组发电量，MW·h；
　　　B_e——机组所属类别的发电基准值，tCO_2/(MW·h)；

② 机组供热 CO_2 配额量 A_h 的计算公式为：

$$A_h = Q_h \times B_h$$

式中　Q_h——机组供热量，GJ；
　　　B_h——机组所属类别的供热基准值，tCO_2/GJ。

（2）配额预分配。

① 对于纯凝发电机组：

第一步，核实机组 2022 年度的发电量（MW·h）数据

第二步，按机组 2022 年度发电量的 70%，乘以燃气机组发电基准值、供热量修正系数，计算得到机组预分配的配额量。

② 对于热电联产机组：

第一步：核实机组 2022 年度的发电量（MW·h）、供热量（GJ）数据。

第二步：按机组 2022 年度发电量的 70%，乘以燃气机组发电基准值、供热量修正系数，计算得到机组发电预分配的配额量。

第三步：按机组 2022 年度供热量的 70%，乘以燃气机组供热基准值，计算出机组供热预分配的配额量。

第四步：将第二步和第三步的计算结果加总，得到机组预分配的配额量。

（3）配额核定。

① 对于纯凝发电机组：

第一步：核实机组 2023 年实际的发电量数据。

第二步：按机组实际发电量，乘以燃气机组发电基准值，核定机组配额量。

第三步：核定的最终配额量与预分配的配额量不一致的，以最终核定的配额量为准，多退少补。

② 对于热电联产机组：

第一步：核实机组 2023 年的发电量（MW·h）、供热量（GJ）数据。

第二步：按机组 2023 年实际的发电量，乘以燃气机组发电基准值，核定机组供电配额量。

第三步：按机组 2023 年的实际供热量，乘以燃气机组供热基准值核定机组供热最终配额量。

第四步：将第二步和第三步的计算结果加总，得到机组最终配额量。

第五步：核定的最终配额量与预分配的配额量不一致的，以最终核定的配额量为准，

多退少补[14]。

3. 配额测算案例：常规燃煤热电联产机组配额测算

某企业有 2 台 600MW 超临界燃煤机组，机组编号为 1 号机组和 2 号机组，冷却方式为空冷，2024 年 3 月进行第三方核查，4 月收到核查结果，履约日期为 12 月 31 日。根据核查情况，该企业 2023 年度 1 号机组发电量为 2745182MW·h，供热量为 603962GJ，1 号机组排放量为 2466823tCO_2；2 号机组发电量为 2971113MW·h，供热量 575933GJ，2 号机组排放量为 2672484tCO_2。为按时完成履约清缴，现需测算该企业 2023 年度配额盈缺情况。

分机组排放量计算：该企业 1 号机组发电排放量为 2395285tCO_2，供热排放量为 71538tCO_2，2 号机组发电排放量为 2604068tCO_2，供热排放量为 68416tCO_2。

分机组配额量计算：根据配额计算公式，机组配额总量 = 供电配额 + 供热配额 = 发电量 × 发电基准值 × 冷却方式修正系数 × 调峰修正系数 + 供热量 × 供热基准值。

计算得出 1 号机组供电配额量 =2745182×0.7861×1.05×1≈2265887（tCO_2）。1 号机组供热配额 =603962×0.1038≈62691（tCO_2），

1 号机组配额总量 =2265887+62691=2328578（tCO_2）。

2 号机组供电配额量 =2971113×0.7861×1.05×1≈2452372（tCO_2）；

2 号机组供热配额 =575933×0.1038≈59782（tCO_2）；

2 号机组配额总量 =2452372+59782=2512154（tCO_2）。

配额盈缺情况：

1 号机组配额盈余 2328578−2466823=−138245tCO_2，盈余比例为 −5.6%；

2 号机组配额盈余 2512154−2672484=−160330tCO_2，盈余比例为 −6%。

四、MRV 流程

中国企业碳排放监测、报告、核查（MRV）工作设计行业范围为包括发电在内的八大行业，排放量门槛则与履约企业门槛一致。MRV 体系大致包括以下三个主要流程（图 2-3-4）。

首先，纳入企业应在每年年底前将下一年度温室气体排放监测计划上报管理机构，并在每年一季度编制上一年度的温室气体排放报告。其次，第三方核查机构对企业的年度温室气体排放情况进行核查，出具核查结论并上报管理机构。最后，管理机构依据核查结论，审批企业的年度温室气体排放量。

五、交易管理

企业应根据自身情况建立碳排放权交易管理体系，明确责任与分工，做好分析决策工作，并按照自身的碳交易管理办法及批准后的交易方案实施交易。

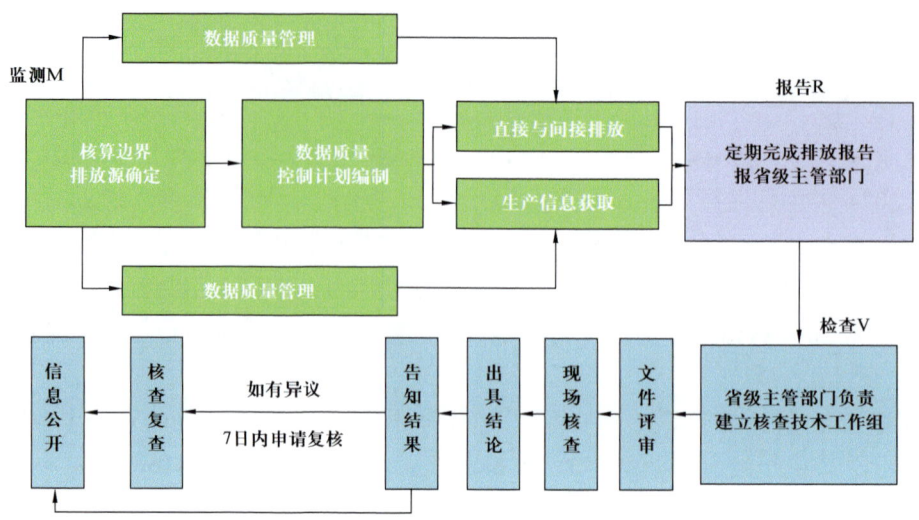

图 2-3-4　重点排放单位监测、报告、核查（MRV）工作流程图

1. 交易原则

遵守市场规则，严格遵守国家相关政策法规和碳市场规定；资产保值增值原则，通过相关操作实现碳资产保值增值；成本可控原则，尽量降低发电企业碳排放权交易成本和履约成本；风险可控原则，避免企业因不当操作引发政策风险和交易风险等情况的发生；诚实信用原则，碳排放权交易过程中应诚实守信，杜绝企业信息或排放数据造假等违反诚实信用原则的情况。

2. 交易决策流程

企业应根据企业自身情况，针对集中管控、委托管理及自行管理不同的交易管理模式，选择审批制、备案制等不同形式的交易决策流程，明确各个机构或部门的工作职责、审批时间节点、审批权限等。企业交易管理决策流程可以参考以下步骤：

（1）设置交易管理的组织机构并颁布管理制度。

（2）实时跟踪自身生产经营情况与碳市场行情，研究市场走势与相关政策，进行市场分析。

（3）制订交易方案（包含自身生产经营情况和年度排放情况、碳市场走势、碳市场政策、具体交易方法等），并上报公司决策层。

（4）决策层确定最终交易方案。

（5）相关部门根据决策层最终交易方案进行交易。

（6）进行年度交易工作的总结分析。

3. 市场分析

企业碳排放权交易的前期主要工作是碳市场分析。

（1）交易相关数据收集：收集企业自身配额、CCER 基本数据，进行相关产业链研究，分析市场内同行业和相关行业的配额情况和 CCER 等抵消机制产品的市场情况，建立并完善相关数据库。

（2）市场行情跟踪：每日追踪市场行情，记录相关交易对象的价格，分析价格走势。

（3）碳市场调研：定期组织开展相关市场调研，及时了解配额与 CCER 具体市场状况，把握行业相关政策和发展趋势。联系外部咨询机构，订阅外部专业机构的碳交易价格分析与预测相关信息，全面了解与价格发展趋势相关的各方面信息。

4. 交易方案

企业碳交易方案包括履约交易方案和增值交易方案。履约交易方案是以企业完成年度履约工作为目标编制的方案；增值交易方案是以企业碳交易保值增值为目标编制的方案。

（1）方案类型：包括履约交易方案或增值交易方案。

（2）交易类型：包括现货交易等多种交易方法。

（3）交易产品：主要交易产品为配额、CCER 等。

（4）交易数量：根据企业配额盈缺情况及碳资产管理目标确定买入数量或卖出数量。

（5）交易价格：综合分析碳市场供需情况，以确定合理的交易价格或价格区间，尽量降低履约成本或提高碳市场收益。

（6）交易时间：为实现自身碳资产保值增值的交易主要集中在非履约期；为完成履约任务的交易主要集中在履约期；二者会有重叠，但计划交易时间应注意与规定的履约时间节点相协调，以免影响履约。

（7）交易方式：分为挂牌协议交易、大宗协议交易和单向竞价，三者的交易过程有所不同，企业可以酌情选择相应的交易方式。挂牌协议交易应每日盯市，每日开市前确定当日交易安排，交易员执行交易。大宗协议交易可通过询价或招投标方式确定交易对手方和交易价格，价格形式可采用固定价或浮动价。单向竞价应向交易机构提出卖出或买入申请，等待交易完成；或留意交易机构的竞价公告，在约定时间内通过交易系统报价，完成竞价。

5. 资金管理

资金管理是企业进行碳排放权交易过程的重要环节，由于交易存在很强的时效性，因此企业需兼顾资金的合法合规使用和资产的保值增值。

1）资金计划

交易资金计划应于每年底根据各企业实际情况纳入生产预算及资金计划，资金预算经审批后，由控排企业于每年年底编制相应交易资金计划。根据企业年度碳排放情况，预计超排的企业可测算出超排预计需要支出的费用，预计减排的企业可测算出减排部分收益。企业可根据自身碳管理策略，制定相应的资金筹措和使用计划。企业可按月编制碳排放权交易资金计划表，记录碳排放权交易资金变化情况。

2）资金审批

企业可根据申请交易资金数额大小的情况，按照各企业财务管理制度执行审批程序。

3）资金出入

企业完成内部资金审批程序，取得碳排放权交易项目资金后，可根据市场资金出入流程进行入金和出金操作。

入金：第一步，企业完成交易资金内部审批，获得交易资金；第二步，由财务操作员登录网上银行进行入金操作，财务审核员负责审核，完成资金从绑定的企业银行实体账户端向结算银行的汇款；第三步，碳排放权交易员登录碳排放权交易系统进行入金操作。

出金：第一步，由碳排放权交易员登录碳排放权交易系统进行出金操作；第二步，在注册登记账户查看资金到账情况；第三步，将交易资金由结算银行转至绑定的企业银行实体账户。出入金操作时间要在交易市场公布的交易时段内进行。在履约期临近结束时，企业应特别关注出入金，避免由于冻结期导致未完成交易，造成未按期履约的情况。

六、清缴履约

清缴履约是履约期内的重要内容之一，企业根据政府要求的履约时间和持有资产的数量合理计划履约方案。

1. 履约数量要求

《碳排放权交易管理办法（试行）》规定，重点排放单位应当在生态环境部规定的时限内，向分配配额的省级生态环境主管部门清缴上一年度碳排放配额。清缴量应当大于等于省级生态环境主管部门核查结果确认的该单位上一年度温室气体实际排放量。生态环境部对配额清缴的数量要求提出了进一步的规定。

对于燃煤机组，在配额清缴相关工作中设定配额履约缺口上限，其值为重点排放单位经核查排放量的20%，即当重点排放单位配额缺口量占其经核查排放量比例超过20%时，其配额清缴义务最高为其获得的免费配额量加20%的经核查排放量，这意味着为燃煤机组设置了20%的亏损上限。

为鼓励燃气机组发展，在燃气机组配额清缴工作中，当燃气机组经核查排放量不低于核定的免费配额量时，其配额清缴义务为已获得的全部免费配额量；当燃气机组经核查排放量低于核定的免费配额量时，其配额清缴义务为与燃气机组经核查排放量等量的配额量。这意味着相对效率较低的燃气机组不会付出额外的碳成本，先进的燃气机组可以出售剩余配额获取额外收益。

以上两项规定是在中国碳市场尚未成熟，发电企业碳价成本无法市场化传导至下游的背景下，为降低发电企业的负担，保证发电企业顺利参与全国碳市场所做的一定程度的政策优惠。

2. 利用抵消机制

全国碳市场重点排放单位每年可以使用 CCER 抵消碳排放配额的清缴，抵消比例不得超过应清缴碳排放配额的 5%。

3. 配额结转与失效

《2019—2020 年全国碳排放权交易配额总量设定与分配实施方案（发电行业）》印发后，地方碳市场不再向纳入全国碳市场的重点排放单位发放配额。试点发电企业参与全国碳市场时，其所拥有的试点剩余配额不能结转至全国碳市场。

全国碳市场前两个履约周期（2021—2023 年）并未明确跨期配额的使用条件及配额有效期，实际操作中配额可以无条件结转至下一年度。结转限制的缺失以及市场普遍"看涨"的预期在一定程度上造成企业"惜售"，降低了市场配额供给与交易活跃度，增加了配额短缺企业购买履约配额的难度，不利于市场稳定运行。

全国碳市场从 2024 年履约开始引入配额结转机制。根据《2023、2024 年度全国碳排放权交易发电行业配额总量和分配方案（征求意见稿）》，配额结转制度参考了国内外实践经验做法，鼓励配额盈余企业出售配额、释放配额供给，将重点排放单位配额最大可结转量与交易行为挂钩，明确了配额结转的相关规则，重点排放单位在 2023、2024 年度履约时，可使用本年度及其之前年度配额履约，持有的 2024 年度及其之前年度配额（2019—2020 年、2021 年、2022 年、2023 年）结转为 2025 年度配额，未结转配额不再用于 2025 年度及后续年度履约。2023、2024 年度不可预支后续年度配额。同时规定了最大结转量的计算公式，最大可结转量 = 净卖出量 × 结转倍率。其中，净卖出量指：2024 年 1 月 1 日至 2025 年 12 月 31 日期间，所有年度市场交易配额的卖出量与买入量的差值，结转倍率为 1.5。

4. 碳资产归集

登录企业交易系统，将符合履约计划的相应碳资产划转至注册登记系统，最终归集至注册登记系统持仓。划转过程需注意是否存在"T+n"制度，避免因冻结导致未能如期履约的情况发生。

5. 清缴履约

全国碳市场 2024 年开始实行配额分年度履约，即从之前的两年一履约改为一年一履约。全国碳市场第一个履约周期配额两年合并发放，且在 2021 年 12 月 31 日前合并履约。第二个履约周期将 2021 年、2022 年的配额量和应清缴配额量分开计算，但仍是在 2023 年 12 月 31 日前合并履约。2023 年、2024 年分年度发放配额且分年度履约，即在 2024 年 12 月 31 日前完成 2023 年配额清缴，在 2025 年 12 月 31 日前完成 2024 年配额清缴。分年度的管理模式有利于提高配额管理的精细度。

企业配额清缴前需在注册登记系统上提前核对企业注册信息、履约排放量和户内配额存量。清缴时，根据履约要求，选择符合履约要求的相应资产一次性提交履约申请（多次提交可能造成审核失败）。

6. 最终确认

注册登记系统管理员在确认企业履约申请数量及资产无误后，回复并确认企业完成履约。企业应在注册登记系统中及时关注履约进度，确认履约状态为"完成履约"后，年度履约工作完结。

7. 未履约处罚

2024年5月1日实施的《碳排放权交易管理暂行条例》对重点排放单位的数据管理和配额清缴提出了处罚措施。一是关于数据管理违规。重点排放单位若未执行数据质量控制方案、未按规定报送数据、公示排放报告信息、保存原始记录和管理台账等情形，将面临5万～20万元罚款；若存在算错（未按照规定统计核算温室气体排放量）、漏项（存在重大缺陷或者遗漏）、制样送样问题（未按照规定制作和送检样品）、篡改、伪造数据资料等情形，将面临50万～200万元罚款，相关责任人面临5万～20万元罚款。若未按要求改正，将面临50%～100%核减下一年度配额进行处罚，最高将受到责令停产整治处罚。二是关于配额清缴违规。若重点排放单位未按要求清缴，将面临未清缴的配额清缴时限前1个月市场交易平均成交价格的5～10倍罚款；若未按要求改正，将按照未清缴配额等量核减下一年度配额，最高将受到责令停产整治处罚。三是将建立信用记录制度。若重点排放单位受到相关行政处罚，处罚信息将纳入国家有关信用信息系统，将影响重点排放单位融资贷款、税收优惠、项目审批、参与政府采购和招投标等行为。

七、特殊情况处理

纳入全国碳市场配额管理的重点排放单位发生合并、分立、关停或出其生产经营场所所在省级行政区域的，应在作出决议之日起30日内报其生产经营场所所在地省级生态环境主管部门核定。省级生态环境主管部门应根据实际情况，对其已获得的免费配额进行调整，向生态环境部报告并向社会公布相关情况。配额变更的申请条件和核定方法如下。

1. 重点排放单位合并

重点排放单位之间合并的，由合并后存续或新设的重点排放单位承继配额，并履行清缴义务。合并后的碳排放边界为重点排放单位在合并前各自碳排放边界之和。重点排放单位和未纳入配额管理的经济组织合并的，由合并后存续或新设的重点排放单位承继配额，并履行清缴义务。

2. 重点排放单位分立

重点排放单位分立的，应当明确分立后各重点排放单位的碳排放边界及配额量，并报其生产经营场所所在地省级生态环境主管部门确定。分立后的重点排放单位按照本方案获得相应配额，并履行各自的清缴义务。

3. 重点排放单位关停或搬迁

重点排放单位关停或迁出原所在省级行政区域的，应在作出决议之日起 30 日内报告迁出地及迁入地省级生态环境主管部门。关停或迁出前一年度产生的 CO_2 排放，由关停单位所在地或迁出地省级生态环境主管部门开展核查、配额分配、交易及履约管理工作。如重点排放单位关停或迁出后不再存续，剩余配额由其生产经营场所所在地省级生态环境主管部门收回，之后不再对其发放配额。

4. 不予发放及收回免费配额的情形

重点排放单位的机组有以下情形之一的，不予发放配额；已经发放配额的重点排放单位经核查后有以下情形之一的，按规定收回相关配额：违反国家和所在省（区、市）有关规定建设的；根据国家和所在省（区、市）有关文件要求应关未关的；未依法申领排污许可证，或者未如期提交排污许可证执行报告的。这体现了配额分配政策和其他环保政策的协调。

> **案例：首个全国碳配额交易纠纷案**
>
> 2023 年 8 月 14 日，北京市朝阳区人民法院公开宣判四川某发电公司诉北京某环保公司合同纠纷一案，是首个全国碳配额交易纠纷案。案情如下：2021 年 12 月 14 日，四川某发电公司就采购碳排放配额发布比选公告，当日北京某环保公司向其发送《报价表》并载明了交易配额数量、单价、交割时间及违约责任等，提供碳排放配额 $46×10^4$ t，含税单价 44.7 元 /t，并在《报价表》后附"拥有全国碳排放权交易市场配额持有证明"，同时承诺"若我司无法完成上述承诺，贵司可在市场上按商业合理的方式购买与合同交易标的等量的全国碳排放权交易市场配额，如有差价，应由我司补足"。次日，四川某发电公司向北京某环保公司发送《中标通知书》确定北京某环保公司为中标人。之后几天，北京某环保公司以市场原因为由申请将签订合同、交割标的物时间延后至同年 12 月 28 日或之前，四川某发电公司仅同意延后至同年 12 月 22 日或之前。2021 年 12 月 22 日，北京某环保公司致函四川某发电公司称因存在市场交易实际困难，提出补充协议或解除中标合约等。
>
> 四川某发电公司表示，获知北京某环保公司拒绝履约后，为保证自身生产经营的正常开展，其立即与某石化公司联系，因时间紧迫，四川某发电公司基本没有进一步议价的余地，最终按含税单价 51 元 /t 另行购买相应配额，双方于 2021 年 12 月 23 日交易完毕。

> 四川某发电公司认为，北京某环保公司行为违约，其应按承诺支付碳排放配额采购差价款 2891844.9 元及利息，利息以差价款为基数，按全国银行间同业拆借中心公布的贷款市场报价利率，自 2021 年 12 月 24 日起算至差价款付清时止。
>
> 北京某环保公司辩称，其不具有四川某发电公司所要求的碳排放交易主体资格，仅是提供碳排放交易行业咨询，实为中介服务公司，四川某发电公司发出的通知虽名为比选公告，实为碳排放配额采购的招标，但此次招标不符合招标投标法及实施条例的相关规定，此次招投标因程序违法而不成立。
>
> 法院经审理认为，四川某发电公司发布比选公告，载明了采购标的物名称、数量、交割时间、报价方式等，属于要约邀请。北京某环保公司向四川某发电公司交割碳排放配额的合同关系系双方真实意思表示，且不违反法律、行政法规的强制性规定，不违背公序良俗，应属合法有效。由于北京某环保公司违约，导致四川某发电公司在采购碳排放配额过程中较为被动，四川某发电公司就后续采购配额过程及价格的陈述无明显不合理的情形下，北京某环保公司未举证证明采购过程有违商业合理方式、采购价格明显过高，法院对四川某发电公司要求支付碳排放配额采购差价款 2891844.9 元予以支持。

第四节 石油化工行业碳排放核算

石油化工行业加强企业级别的碳排放核算，建立企业碳排放数据与统计系统，建立完善的碳排放盘查监测及能效评估体系，有利于企业摸清自身"碳"家底，制定明确的整体减排战略及内部控制目标，形成碳排放风险管理能力，也为石油化工行业纳入全国碳市场交易做准备。

一、欧盟碳市场石化行业碳配额核算

欧盟采用标杆法核算配额。标杆法（也即基准法）免费配额分配方式由行业标杆值、历史活动水平、碳泄漏暴露因子和调整系数四项相乘获得。

免费配额 = 行业标杆值 × 历史活动水平 × 碳泄漏暴露因子 × 调整系数。

（1）标杆值是在生产该产品或同等水平的装置中，将单吨产品排放强度由低到高顺序排列，取前 10% 的分位值作为该水平装置的标杆值。

（2）采用装置过去一个五年期产量的算数平均值作为历史活动水平（Historical Activity Level，HAL）参数。例如，根据最新发布的方法学，历史活动水平采用的是 2014—2018 年或者是 2019—2023 年五年产量的算数平均。

（3）碳泄漏暴露因子取值 0~1 之间，是对标杆值和活动水平确定的配额总量再进行减量修正，通过削减理论上应当"足额"发放的免费配额而再次加大企业减排力度。

（4）石油化工相关产品的标杆方法学。

欧盟碳市场总共开发了52个产品标杆方法学，标杆中与石油化工相关的产品主要包括炼油、乙烯、芳香烃、氢气、环氧乙烷/乙二醇、苯酚丙酮、苯乙烯、氯乙烯、聚氯乙烯、合成氨、合成气等。

单一产品环节例如环氧乙烷/乙二醇、聚氯乙烯、合成氨、合成气等的标杆设置，一般只需对单吨产品排放量设定一定的标杆值，然后利用产品产能与对应标杆值乘积得到该产品免费碳排放配额。

由于大型石化装置生产环节复杂，单一进料的终端产品较多，例如炼油、芳烃、烯烃等很难由单一产品产量设置标杆值，即对历史活动水平（HAL）设定的难度大。欧盟提出了"CWT（CO_2-Weighted-Tone）"方法，通过特定方法学计算各子工序产品以CO_2排放为基准的调整系数——CWT因子，将各工序的产能与其CWT因子加权后求和，整个流程的产量就由不同子产品的吨位转为单一的指标，流程的排放强度就可简化为t CO_2/t CWT。基于CWT指标设置行业的标杆值，计算免费配额。欧盟从产品生产链出发，设定标准化的指标来指代单吨产品，实现标杆法的配额分配。

二、中国试点碳市场对于石油化工行业碳排放核算

1. 化工行业碳排放核算方法

中国试点碳市场化工行业主要采用历史排放总量法和历史强度法为企业核算碳排放。其中湖北和北京采用历史排放总量法，上海和福建采用历史强度法分配配额，天津市采用历史强度和历史总量相结合的方法。其中，湖北碳排放分配方案根据上一年度配额市场存量与当年初始配额总量引入了市场调节因子，旨在消化过去行业的配额留存。从试点地区运行情况看，历史法存在"鼓励落后、鞭打快牛"的问题，减排较差的企业由于其历史排放高而得到了更多的配额。采用历史总量法的试点地区，为规避历史总量法分配配额带来的缺陷，配额按生产天数或基准年排放量加权平均来发放，但因为生产负荷等计算问题带来的误差，导致实际配额发放仍有失公允；历史强度法虽然可随着产品产量的变化而调整，督促企业进行自身的节能减排，但仍是企业和自己历史排放水平进行比较，对先进企业有失公平[15]。各试点碳市场化工行业配额分配方案及政策文件见表2-4-1。

表2-4-1　各试点碳市场化工行业配额分配方案及政策文件

试点地区	化工行业配额分配方法	配额分配方案
湖北	历史总量法	年度基础配额=历史排放基数×行业控排系数×市场调节因子/365×正常生产天数；历史排放基数为基准年间配额量的算术平均值
北京	历史总量法	既有设施基础配额=历史排放基数×行业控排系数；历史排放基数为2016—2018年二氧化碳排放总量平均值
上海	历史强度法	年度基础配额=∑（历史强度基数n×年度产品产量n），n为产品类别；历史强度基数采用企业各产品近3年排放强度加权平均

续表

试点地区	化工行业配额分配方法	配额分配方案
福建	历史强度法	年度基础配额 = 历史强度值 × 减排系数 × 产量；历史强度值为最近3年排放强度的加权平均值
天津	历史排放法、历史强度法相结合	年度基础配额 = 排放基数 × 控排系数，排放基数为上年度排放量，若基准年生产不足6个月，履约年正常生产，可以申请采用历史强度法分配配额。控排系数为0.98
深圳	基准法	配额 = 上一年度实际工业增加值 × 上一年度目标碳强度
重庆	企业申报 + 调整	配额分配分为三步：申报、分配和调整
四川	基准法	配额 = 国家行业基准 × 地方行业调整系数 × 企业当年产品实际产量

2. 广东试点碳市场石化行业碳排放核算与配额分配经验

广东省试点市场纳入了广州石化、茂名石化、中海惠州炼化、建滔石化、湛江东兴石化、珠海宝塔石化等广东主要炼化、化工企业，积累了一定的石化行业碳市场经验。

1）碳排放核算方法

根据《广东省企业（单位）二氧化碳排放信息报告指南（2022年修订）》，石化企业的核算范围包括二氧化碳直接排放、间接排放和特殊排放。直接排放主要包括化石燃料燃烧产生的碳排放、生产工艺过程中产生的工业过程排放以及各种设备部件泄漏导致的逃逸排放。因逃逸排放具有不确定性、排放数量很小，所以暂不予以考虑。间接排放主要包括外购电力、热力的消耗导致的排放。特殊排放包括二氧化碳作为纯物质、产品的一部分或作为原料输出企业之外，如供给其他企业制作碳酸饮料、干冰、灭火剂、制冷剂、实验气体、食品溶剂、化工溶剂、化工原料、造纸工业原料等二氧化碳转移活动。特殊排放仅报告不参与计算。

石化企业二氧化碳排放总量 = 直接二氧化碳排放总量 + 间接二氧化碳排放总量，其中，直接二氧化碳排放总量 = 固定源燃料燃烧直接排放量 + 生产工艺过程直接排放量，间接二氧化碳排放总量 = 净外购电力排放量 + 净外购热力排放量（图2-4-1）。石化企业二氧化碳排放核算项目见表2-4-2。

2）配额分配方法

广东碳市场建立初期就纳入了石化企业，其碳排放配额分配方法一直采用历史排放法。从2021年度开始，石化行业煤制氢装置采用历史强度法，其他石化装置依旧采用历史排放法。

（1）广东省石化企业配额为纳入全国碳市场自备电厂配额、煤制氢装置配额与其他装置工序及配套工程配额之和。其中，纳入全国碳市场自备电厂配额等于其排放量，煤制氢装置采用历史强度下降法分配配额，其他装置工序及配套工程采用历史排放法分配配额。

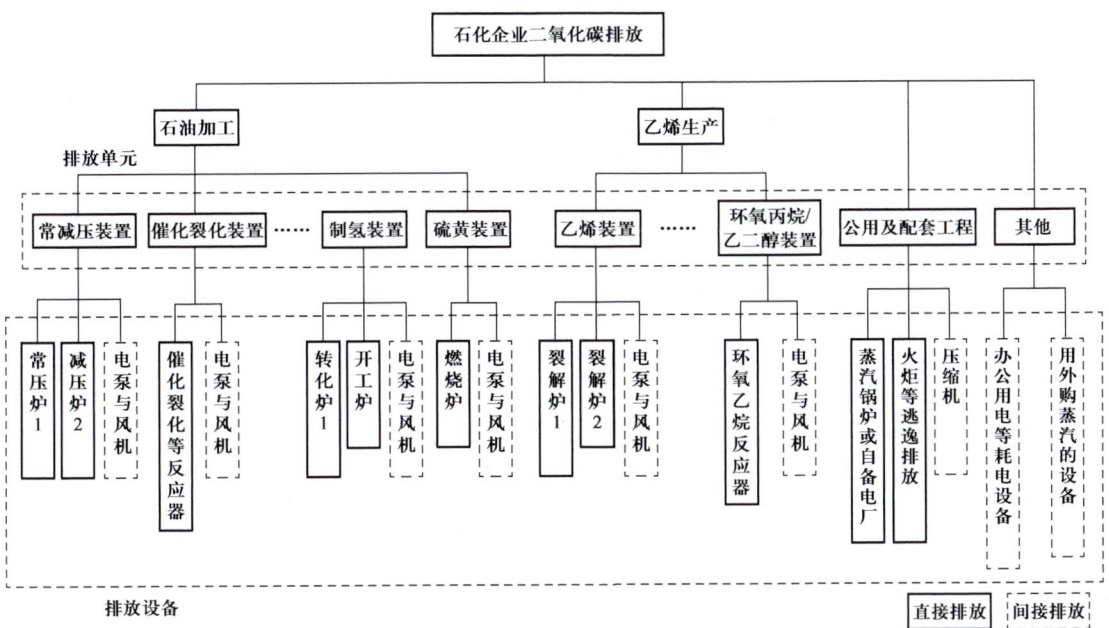

图 2-4-1　石化企业二氧化碳排放单元和排放设备
注：实线框架表示直接排放，虚线框架表示间接排放

表 2-4-2　典型石化企业二氧化碳排放核算项目分类

排放类型	核算项目		核算方法
直接排放	化石燃料燃烧	各单元中常压炉、减压炉、火炬、裂解炉、蒸汽锅炉、其他工业窑炉等燃料燃烧排放	热值法、实测碳含量法
	工业生产过程	催化重整过程烧焦排放	称量催化剂方法、烟气排量倒推法、装置碳平衡法
		催化裂化、裂解汽油加氢、乙烯裂解炉过程、催化剂烧焦排放	称量催化剂方法、烟气排量倒推法、装置碳平衡法
		环氧乙烷过程排放	装置碳平衡法
		硫黄回收过程排放	碳含量法
		制氢过程排放	脱附气测量法、装置碳平衡法
		生物质循环流化床锅炉（CFB）石灰石排放	碳含量法
间接排放	外购电力		排放因子法
	外购热力		排放因子法

计算公式如下：

$$企业配额 = 纳入全国碳市场自备电厂配额 + 煤制氢装置配额 + 其他装置工序及配套工程配额$$

纳入全国碳市场自备电厂配额 = 纳入全国碳市场自备电厂排放量

纳入全国碳市场自备电厂碳排放量对应的免费配额比例为100%；纳入全国碳市场自备电厂排放量按照核算指南要求进行计算。

（2）煤制氢装置采用历史强度下降法分配配额：

煤制氢装置配额 = 装置产出氢气历史平均碳排放强度 × 氢气产量 × 年度下降系数。

其中，历史平均碳排放强度取企业前3年正常年份的单位氢气产量的平均碳排放量，其碳排放量包括煤制氢装置产生的燃料燃烧直接排放、工艺过程直接排放及净外购电力和热力所导致的间接排放，年度下降系数为1。

（3）石化企业的其他装置工序及配套工程，采用历史排放法分配配额。

其他装置工序及配套工程配额 = 历史平均碳排放量 × 年度下降系数

其中，历史平均碳排放量取企业前3年正常年份的平均碳排放量，包括燃料燃烧直接排放、工艺过程直接排放及净外购电力和热力所导致的间接排放，不包括煤制氢装置和纳入全国碳市场自备电厂涉及的排放，年度下降系数为1。

三、石油化工行业碳配额分配存在问题及优化思路

1. 主要问题

石油化工行业拟纳入管控的产品繁多，给行业配额分配带来很大难度。

1）石油化工行业纳入碳市场存在核算与排放结构等问题

石油化工行业存在基于产品的碳配额分配与核算边界匹配性、排放设备和装置的规范性界定、排放量核算范围、关键参数实测要求及缺省值合理性等问题，是纳入碳市场亟待破解的关键难题。另外，与发电等行业相比，虽然石油化工行业的碳排放总量不多，但单位GDP的碳排放强度却更高，碳排放结构也更加复杂。石油化工行业作为流程型工业，在生产过程中，涉及的工艺流程、装置又不尽相同，工艺流程复杂，排放源多且分散。这意味着石油化工行业的碳核算要难于发电等行业，开展有序的碳交易还需要统一、完善的行业标准体系。

目前企业仍存在碳排放数据基础不牢、碳资产管理薄弱、相关标准体系不完善、人才队伍缺乏等问题，且化工行业正处于高质量转型的攻关期，过早纳入碳市场，或将对中国炼化行业实现高质量发展、建设炼化强国带来部分不利影响。

2）同种化工产品生产工艺不同，基准线制定复杂

甲醇生产包含煤制甲醇、天然气制甲醇、焦炉煤气制甲醇等生产工艺。不同原料和生产过程、装置、工艺，能源消费有很大区别，碳排放强度也有所不同，复杂的生产工艺增加了基准线制定的难度。

3）新型煤化工技术不断发展，产品种类不断更新

具有国家战略意义的新型煤化工行业，虽然产品为柴油、液化石油气等油品，但生

产工艺与石油化工行业有较大区别，不能按照石化行业核算指南核算其温室气体排放，目前国家要求按照化工行业指南核算排放量。但煤制油生产的油品及副产品种类众多，且产品种类通常根据市场调节而变化，产品含碳量的准确、定期检测难度相对较大，给碳排放核算结果带来较大不准确性，导致采用"碳平衡"计算思路的化工核算指南存在较大局限性；煤制油生产虽采用化工指南核算排放量，但由于化工覆盖产品中无对应代码，无法填报作为配额分配依据的"补充数据表"，政府部门需进一步完善纳入碳市场覆盖行业及产品类型，以尽快实现基准线法分配配额。

2. 配额分配方法优化思路

未来的配额分配，可以从两个方向优化：一是根据不同的工序分别制定配额分配方法，由历史法向历史强度法和基准法逐步过渡。在石化工序里，炼油、乙烯等工序或装置是基础条件相对较为成熟的，可以向历史强度法或是向基准法靠拢。针对工艺差别较大的情况如甲醇生产，可区分煤制甲醇和气制甲醇两大类研究其排放基准线，由于天然气制甲醇和焦炉煤气制甲醇两类生产工艺和排放强度相近，可统一为气制甲醇排放基准线。二是对于以炼油为主的企业，可考虑以原油加工量以及能量因素等去衡量企业碳排放水平，从而制定配额分配方法。相对应的，如果更多工序采用历史强度法或基准法，在核算方法层面也需要更加完善，以对应核算该工序的排放量[16]。

四、石化企业碳核算流程与核算难点问题

1. 石化企业进行碳排放核算主要流程

1）确定企业核算边界

石化企业的碳核算边界应该定义为在运营上受企业控制的所有生产设施产生的二氧化碳排放。设施范围应该包括基本生产系统、辅助生产系统和直接为生产服务的附属生产系统。其中辅助生产系统包括厂区内的动力、供电、供水、采暖、制冷、机修、化验、仪表、仓库（原料场）、运输等，附属生产系统包括生产指挥管理系统（厂部）以及厂区内为生产服务的部门和单位（如职工食堂、车间浴室等）。企业厂界内生活能耗导致的排放原则上不在核算范围内。石化企业应根据各自的组织结构图、厂区平面布置图、碳源流图等资料，明确碳核算边界。

2）识别企业核算边界内的所有排放源

排放源主要包括：燃料燃烧CO_2排放；火炬燃烧CO_2排放；工业生产过程CO_2排放；CO_2回收利用量；净购入电力和热力隐含的CO_2排放。

3）核算方法，活动水平数据的收集和排放因子的确定

温室气体排放计算可以概括为三种方法：直接测量法是通过企业安装在各类设备上的在线监测和测量仪器，直接对各类排放源进行监测，并直接通过仪器读取碳排放数据；质

量平衡法是基于物料平衡的原则,对工艺过程前后的碳源流进行分析比较,得出碳排放数据的方法;排放因子法即用活动水平数据和相对应的碳排放因子的乘积表示碳排放总量的方法。

2. 石化企业排放因子法的应用

石化企业CO_2排放量应等于各装置的工业生产过程CO_2排放之和,企业可结合自身的实际生产工艺流程和涉及的装置设备,依据排放因子法分别选取各自的计算公式计算碳排放量,并最终加和汇总。

1)步骤

第一步确定计算公式;第二步获取活动数据和确定排放因子;第三步汇总计算。

2)指标选取

活动水平数据是指温室气体排放的生产或消费活动量,如各种化石燃料的消耗量、原材料的使用量、购入的电量等。排放因子是表征单位活动水平的温室气体排放量的系数。例如每太焦的燃料消耗所对应的二氧化碳排放量、净购入的每千瓦时电量所对应的二氧化碳排放量等。

3)汇总核算

碳排放总量汇总计算应等于燃料燃烧CO_2排放量,加上火炬燃烧CO_2排放量,加上各种工业生产过程CO_2排放量,减去企业CO_2回收利用量,再加上企业净购入电力和热力隐含的CO_2排放量。

3. 石化行业核算报告中的难点问题与对策

(1)对一些不常见的燃料品种,如兰炭、煅煤,如何获得含碳量?

对不常见的燃料品种,可以实测元素碳含量,如果无法实测元素含碳量,可以实测低位发热量,然后参考发热量相近燃料品种的单位热值含碳量来估算含碳量。如兰炭的含碳量可根据实测的低位发热量及焦炭的单位热值含碳量来估算。

(2)在基于碳质量平衡法计算生产过程CO_2排放时,部分企业存在输入输出混合物,但是企业无法提供混合物的碳含量,如何处理?

在第一年可尽量查找相关依据粗估含碳量,如仍不可得,可假设0%含碳及100%含碳分别计算极端值,并从上下限范围中按保守性原则取一个值作为报告数据。同时做好以后获得该混合物含碳量的监测计划,以更准确地核算报告第二年的排放量。

(3)基于碳质量平衡法计算工艺过程原材料产生的CO_2排放时,结果出现负值怎么处理?

结果出现负值意即该工艺过程碳的总输出大于碳的总输入,这违背了质量平衡原理。建议:① 检查碳输入源流有无遗漏;② 检查碳输入源流的活动水平是否偏低,或者碳输出源流的活动水平是否偏高;③检查碳输入源流的含碳量是否偏低,或碳输出源流的含碳量是否偏高。如果上述检查没有发现问题，表明该工艺过程原材料产生的 CO_2 排放量非常低或接近于零，活动水平或含碳量一旦出现较大的不确定性计算结果就可能出现负值。在这种情况下，可以直接说明该工艺过程原材料产生的 CO_2 排放量为零。另外在部分合成氨企业中，有利用合成氨生产尿素的后续工艺。因生产尿素需要 CO_2 做原料，而部分合成氨—尿素联产工艺中需要从外界补充 CO_2，有企业将锅炉烟道气中的 CO_2 回收用于尿素生产，而这部分 CO_2 往往没有进行计量。这种情况下，容易造成过程排放出现负值。在结合工艺流程、物料平衡图和现场核查确认存在类似情况并在核查报告中说明后，可将其认为零。极个别甲醇生产企业也存在类似情况。

（4）化工企业是否要计算厂内废水处理的 CH_4 和 N_2O 排放量？

暂不要求企业核算和报告那些监测成本较高、不确定性较大且贡献细微的排放源。如企业废水处理 CH_4 排放量大于 1%，可参考工业其他行业企业温室气体排放核算与报告的指南中工业废水处理部分进行核算和报告；N_2O 暂不要求核算。

（5）石油化工产品生产和化工产品生产如何界定与划分？

《中国石油化工企业温室气体排放核算方法与报告指南（试行）》适用于直接以石油、天然气为原料生产石油产品和石油化工产企业，包括炼油厂、石油化工厂、石油化纤厂等；化工产品指生产过程中化学方法占主导，生产基础化学原料、化肥、农药、涂料、染料、合成树脂、合成橡胶、化学纤维胶及其制品、专用或日用化学品的企业；企业如果同时存在上述两种情况，可将生产业务据上述原则划分为独立的核算单位，分别采用石油化工《中国石油化工企业温室气体排放核算方法与报告指南（试行）》和化工《中国化工生产企业温室气体排放核算方法与报告指南（试行）》核算温室气体排放，最后合并报告。

（6）除《中国石油化工企业温室气体排放核算方法与报告指南（试行）》列出的主要工业生产过程排放装置（催化裂化装置、催化重整装置、制氢装置、焦化装置、石油焦煅烧装置、氧化沥青装置、乙烯裂解装置、乙二醇/环氧乙烷生产装置）外，其他产品生产装置的过程排放如何核算？

依据《中国石油化工企业温室气体排放核算方法与报告指南（试行）》，除指南中列出的催化裂化装置、催化重整装置、制氢装置、焦化装置、石油焦煅烧装置、氧化沥青装置、乙烯裂解装置、乙二醇/环氧乙烷生产装置几种工业生产过程的排放外，其他产品生产装置排放核算可参考该指南"10. 其他产品生产装置"进行核算。

（7）某企业是碳素生产企业，主要生产工艺是将石油焦煅烧后加沥青生成碳阳极，是应该用"化工生产指南"还是"工业其他行业指南""石化行业生产指南"？

可参照《国家发展改革委办公厅关于印发第二批 4 个行业企业温室气体核算方法与指南（试行）的通知》中的《中国石油化工企业温室气体排放核算方法与报告指南（试行）》进行报告。碳素生产企业不用填写补充数据核算报告。

（8）石油化工企业补充报告中"3 原料油加工量"一栏：企业如果既有炼油装置也有

化工装置，那么是不是只填写原油，不填化工装置的原料？下属有个石化厂没有炼油装置，只有催化重整、柴油加氢等，怎么填写？

原料油不仅指原油，燃料油等也应包括在内。企业如果既有炼油装置也有化工装置，需要分开填写。对于炼油装置，需填写原油加工量及相应补充数据表格。对于化工装置，如果是生产合成氨、甲醇或电石的企业，需按照对应的补充数据表格填写。没有炼油装置时不用填写炼油相应的补充数据表[17]。

4. 石化企业提升碳核算的质量方法

企业碳核算的工作原则是相关性、完整性、一致性、准确性和透明性。在完成碳核算工作时，石化企业需要提高碳核算结果的准确性并得到第三方等机构的认可。

（1）制度保证。建立企业温室气体量化和报告的规章制度，包括组织方式、负责机构、工作流程等；建立企业主要温室气体排放源一览表，确定合适的温室气体排放量化方法，形成文件并存档。

（2）数据质量。为计算过程涉及的每项参数制定可行的监测计划；建立质量控制程序和定期检查制度；数据质量内部审核；数据保管、修正和存档。

（3）计量装置。计量设备的定期校准和检定；不断提高自身监测能力。

第五节 碳足迹碳标签

在全球低碳发展愿景下，石化行业减污降碳压力较大，碳足迹碳标签是衡量产品碳排放的重要标识，可以为石化行业碳排放管理提供依据和支撑。石化企业开展碳足迹碳标签认证既可以推动打破出口贸易壁垒中碳排放标准限制，提升产品竞争力，又可以挖掘减排潜力，走低碳发展之路。石化行业积极推动产品碳足迹碳标签认证，具有重要意义和研究前景。

一、碳足迹概念与标准

1. 碳足迹概念

碳足迹最初起源于"生态足迹"[18]，是通过生态生产性用地面积表示人类生产消费活动行为所带来的生态环境影响[19]。碳足迹理论最初是从产品全生命周期视角以二氧化碳当量去体现人们在产品生产消费活动中排放的温室气体总量变化状况[20]，进而深入解析产品在全生命周期中跟各种活动有关的直接间接碳排放过程。目前，碳足迹主要是指个人、组织、产品或服务所导致排放的温室气体总量[21]。

2. 标准与规范

国内外很多机构或组织制定了相应的碳排放核算标准，如国际标准化组织（ISO）

制定了系列标准、英国标准协会（BSI）推出了《PAS 2050 规范》及世界资源研究所（WRI）、世界可持续发展工商理事会（WBCSD）和中国国家发展和改革委员会也都形成系统化的标准，覆盖国家或地区、企业或组织、产品或服务等层面。碳足迹相关标准见表 2-5-1。

表 2-5-1 碳足迹相关标准规范

组织机构	标准名称	研究对象
ISO	ISO 14064	企业、组织
WRI/ WBCSD	GHG Protocol	企业、项目
BSI	PAS 2050	产品、服务
ISO	ISO 14040/14044	产品、服务
ISO	ISO 14067	产品、服务
中国国家发展和改革委员会	省级温室气体清单编制指南（试行）	地区

3. 碳足迹核算方法

1）全生命周期评价法

全生命周期评价法（LCA）是一种针对产品而生成的评价方法，它是"自上而下"的科学计算方式，通过量化与产品有关的物资消耗、能源利用情况和废弃物排放，以形成对某一产品自"摇篮"至"坟墓"的全生命过程记录与评价，包括原材料的开采与加工、产品生产制造、配送销售、产品使用、反复循环回收再利用及最终的废弃阶段[22]。

LCA 法不是基于某个特定的时间段或地区的碳足迹，而是基于产品全生命周期完整链条的范围，具有复杂的核算清单和难以确定的排放系数，在取舍时需要考虑诸多因素，尤其是难以获取准确的产品报废阶段数据[23]，即便该方法经过专家多年的研究，但本身仍具有较大的局限性，LCA 法基本都应用在微观层面[24]。

2）投入产出分析方法

投入产出分析法（IOA）主要是根据选取的投入产出表和构建的平衡方程进行碳足迹的计算，表示各部门初始投入、中间投入、总投入与中间产出、最终产出、总产出相互的关系，能够综合反映经济主体内各部门生产活动导致碳排放情况。投入产出分析法较多应用于国际贸易、产业区域等范围[25]。

3）IPCC 计算方法

IPCC 计算方法又称排放系数法，是指《国家温室气体清单指南》中用于计算详细温室气体排放量的方法，排放量估算为活动水平与排放因子相乘[26]。

IPCC 指南 2006 版从生产角度研究能源、工业过程和产品使用等四大部门的直接排放，四大部门又细分为各个不同的领域。IPCC 计算方法全面考察了不同排放源对温室气体排放量的影响，提供了详细的参数和缺省值、计算过程相对简单。但该方法没能覆盖隐含的间接碳排放，并且各种能源种类品质有一定差异，使得我们选用的排放因子可能与实际的存在差别。

4. 产品碳足迹核算

中国主要采用生命周期评价（LCA）原理来测算碳足迹，参考的相关标准有 ISO 14067、ISO 14044、ISO 14040、GB/T 24044—2008《环境管理生命周期评价要求与指南》和 GB/T 24040—2008《环境管理生命周期评价原则与框架》。

1）炼化一体化聚丙烯碳足迹核算

炼化一体化生产聚丙烯的原料是丙烯，其主要由催化裂化和蒸汽裂解构成。蒸汽裂解原料主要通过炼油获取，该过程中，原油经常减压蒸馏装置分离得到石脑油、蜡油、渣油和洗涤油等产物。渣油与洗涤油经延迟焦化、加氢处理、催化裂化等生成富乙烯气；常减压蒸馏产生的蜡油、石脑油经加氢等反应后生成液化气、干气、石脑油等；这些产物经蒸汽裂解装置生成乙烯和丙烯。催化裂化装置经气分装置得到的纯丙烯与蒸汽裂解装置生成的乙烯、丙烯进入聚丙烯装置聚合产生聚丙烯。例如，按照碳足迹核算方法计算得到炼化一体化生成聚丙烯产品碳足迹约为 $0.96854tCO_2e/t$。

2）汽油产品碳足迹核算介绍

采用英国的 PAS2050 标准，汽油产品的碳足迹计算包括原材料获取（即原油开采）阶段、原料运输阶段、汽油生产阶段、汽油配送阶段及汽油使用（燃烧）阶段。汽油全生命周期中，汽油使用阶段碳排量最大，占全生命周期的 78.41%；其次是原料获取阶段，占全生命周期的 11.31%；第三是汽油生产阶段，占全生命周期的 8.40%；以上 3 个阶段碳排放占全生命周期的 98.12%[27]。

5. 碳足迹管理进展

碳足迹管理涵盖了从原材料采集、生产制造、运输分销到最终使用和废弃处理的全流程，旨在帮助企业识别减排潜力，优化生产流程，降低环境影响。国际上有关碳足迹管理的实践仍在不断探索，总体上呈现标准芜杂、方法各异的特征，相关认证管理也较为碎片化，仍处在行业自治、企业自治的阶段。

中国在碳足迹管理领域的起步相对较晚，正着力于构建完整的产品碳足迹管理体系，并制定了明确的时间表和阶段性目标，如推出重点产品碳足迹核算规则和标准，同时着手建设重点行业碳足迹排放因子数据库等。部分行业，如石化、建材、汽车制造、纺织服装、电子信息等，已经在尝试进行碳足迹评估和管理，通过建立相应的核算体系、培养专业技术人才、借鉴国际经验等方式，积极推动本行业的碳足迹管理工作。

中国各地也在根据实际情况开展试点项目，通过碳足迹管理推动产业升级，倡导绿色供应链管理，提升产业竞争力，力争在绿色转型中占据先机。如山东、广东、上海、江苏、浙江等地也率先开展试点示范，推动碳足迹管理的落地实践。在方式方法上，山东采取的是"自上而下"的模式，广东省在碳足迹管理领域则突出区域合作特色，上海则更注重"数字化管理"。

政策进展方面，2022年国家印发的《关于加快建立统一规范的碳排放统计核算体系实施方案》中提出要加强重点行业产品碳足迹测算研究工作。市场监管总局等九部委印发的《建立健全碳达峰碳中和标准计量体系实施方案》中要求探索建立重点产品生命周期碳足迹标准。2023年国家标准委等十一部门印发的《碳达峰碳中和标准体系建设指南》中明确将研制产品碳足迹量化和种类规则等通用标准，探索制定重点产品碳排放核算及碳足迹标准，并推动国内国际碳足迹标准对接。市场监管总局出台《关于统筹运用质量认证服务碳达峰碳中和工作的实施意见》提出将逐步开展产品碳足迹等碳标识认证，并在重点领域和成熟行业率先探索开展产品碳足迹、碳中和认证试点。2024年8月，由生态环境部指导制定的产品碳足迹核算国家标准《温室气体产品碳足迹量化要求和指南》（GB/T 24067—2024）发布，并于2024年10月1日起实施，其中规定了产品碳足迹的研究范围、原则和量化方法，它修改采用ISO14067国家标准，使得量化方法与国际保持一致且兼具中国特色，为具体产品碳足迹核算标准的编制提供了重要依据。

在产品碳足迹认证管理方面，国家遵循了突出重点行业和逐步推广的原则，首先关注原材料、半成品和成品等高能耗、高排放的重点领域，通过科学的方法对其全生命周期的碳排放进行量化评估，并计划随着实践经验的积累，逐步将碳足迹核算扩展至其他各类行业的产品及服务。在此基础上，探索建立评价评估制度、碳标签和信息披露制度体系，引导消费者选择低排放产品和服务，倒逼全产业链减排。

二、碳标签概念与发展

1. 概念

碳标签是以标签形式反映产品进行了碳足迹计算，并可额外附加碳排放数值、等级、减排量等信息。碳标签能够帮助企业展现低碳承诺和彰显产品的低碳绩效，提高企业品牌竞争力和社会责任感。

2. 中国碳标签发展历程

中国对碳标签的探索始于2008年，中国标准化研究院（CNIS）和英国BSI合作，将PAS2050的碳足迹评价方法引入中国，在水泥、PVC制造业进行先行尝试，并于2009年6月在北京发布的全球首个产品碳足迹方法标准PAS2050中文版，推动了中国的碳标签试点工作；同年，环境保护部宣布实施产品碳足迹计划，对符合的产品加贴低碳标签。2018年《中国电器电子产品碳标签评价规范》《LED道路照明产品碳标签》发布，提出"引导绿色消费"的目标，电器电子行业先行开启了"碳足迹标签"试点计划。2019年8月中国碳标签产业创新联盟成立，是中国碳标签的开创者和推动者。2021年9月，《行业统一推行的产品碳标签自愿性评价实施规则（暂行）》发布，加快了碳标签评价工作进程。2022年1月，《企业碳标签评价通则》发布，是中国第一个以企业性质为主导的碳标签评价团体标准，从低碳管理制度建设、设备及节能以及低碳技术应用及创新等方面提出了清晰明确的评估原则。

第六节　碳市场存在的问题探索与建议

一、碳市场面临问题与挑战

全国碳市场可持续发展面临多方面主要问题与挑战。

1. 碳市场法律规则等具体制度方面仍不健全

目前，中国尚未明确碳配额的法律属性，碳配额等碳资产并不属于民法上的"物权"，限制了碳资产在市场中的流通和交易。碳市场配额分配方案发布滞后，政策预期性不强，企业无法统筹考虑长时期减排要求，提前实施碳预算管理和安排减排计划，造成企业碳配额"惜售"现象突出。全国碳排放权交易相关管理办法未对机构及个人投资者参与全国碳市场的资质作出明确规定，金融机构、碳资产公司和个人投资者尚不能直接参与全国碳市场交易，金融业开展碳金融基础服务和融资贷款法律规则基础较弱，较难发挥金融市场促进碳配额有效定价、提升市场流动性的作用，也限制了金融对碳市场和企业减排的投资和融资作用。

2. 碳排放的监测核算、报告、核查（MRV）体系待进一步完善

企业存在认识管理不到位、缺乏有效的诚信管理体系、监管执法依据不足易出现排放数据真实性、准确性和规范性等碳排放数据质量问题。在监测方面，不同行业之间核算规则的不统一以及监测技术相对滞后导致存在核算口径的差异。在报告方面，碳排放报告要求往往超出企业的报告能力，导致企业披露的成本较高，同时企业信息公开披露的水平仍然相对有限。在核查方面，对核查机构和人员的监管制度尚不健全，核查机构的独立性不够，进而影响了碳排放数据质量。

3. 碳市场运行方面存在地区发展不均衡、覆盖行业相对单一

从地区发展政策角度看，八个试点碳市场由于各地区的经济结构、能源结构、减排压力、生态环境等因素使得各地的监管规范和交易规则方面有所不同，导致了一些高排放产业存在将其生产转移到政策执行较为宽松地区的可能性，从而削弱全国减排的效果。从碳价角度来看，各试点地区之间存在较大差距。例如，北京市碳交易成交均价常较碳价低的福建省高出近2倍。较大的碳价差异不利于碳市场的互联互通，同时也影响了碳交易的公

平性和有效性。全国碳市场参与行业、交易主体和交易品种均相对单一。相较于中国庞大的制造业规模而言，全国碳市场覆盖范围稍显狭窄，钢铁等高耗能行业尚未纳入其中，限制了碳减排政策的全面发挥作用，同时也缺少对未来重点行业有序纳入碳市场的路径计划和明确时间节点安排。另外，全国碳市场交易品种单一，会引起碳资产管理风险增加。从全国碳市场来看，交易产品仅限于碳排放配额现货，而国外成熟碳市场已具有碳现货、碳远期、碳期货、碳掉期、碳期权等多样化碳交易产品。国内碳金融的发展仍未形成规模，大部分产品发行数量规模较小，仅处于零星试点阶段。全国碳市场引入碳金融产品尤其是期货与远期，有助于形成有效的市场定价机制，提升碳交易活跃度，降低控排企业和金融机构管理碳资产和碳市场价格波动的风险。

二、国内碳排放核算进展与挑战

完善的国家碳排放核算是准确掌握碳排放变化趋势、有效开展各项碳减排工作、促进经济绿色转型的基本前提。中国已初步建立了碳排放核算方法，并开展了年度清单核算工作，但仍存在工作机制与方法体系不完善、碳排放因子统计基础偏差大、核算缺乏年度连续性等问题。

1. 碳排放核算方面进展

（1）定期编制更新温室气体清单。中国初步建立了国家温室气体清单编制的工作体系和技术方法体系，2023年已向联合国提供了中国气候变化第三次两年更新报告。

（2）形成碳排放强度指标核算发布机制。中国逐步建立和完善应对气候变化统计指标体系和温室气体排放基础统计制度，印发了省级温室气体清单编制指南，并对地方开展清单编制培训，但是仅部分地区实现连续年度的清单编制。

（3）建立重点行业企业碳排放核算报告核查制度。2013—2015年间中国先后公布了24个行业的企业温室气体排放核算方法与报告指南，国家标准委也先后发布了《工业企业温室气体排放核算和报告通则》及10个重点行业的企业温室气体排放核算和报告相关国家标准。行业协会也积极制定了碳核算团体标准。

（4）推进碳排放统计核算体系建设。2022年，国家发展和改革委员会、国家统计局、生态环境部印发了《关于加快建立统一规范的碳排放统计核算体系实施方案》，强调要有序制定各级各类碳排放统计核算方法。2024年4月12日，生态环境部、国家统计局联合发布了2021年全国、区域和省级电力平均二氧化碳排放因子、全国电力平均二氧化碳排放因子（不包括市场化交易的非化石能源电量）以及全国化石能源电力二氧化碳排放因子。

2. 碳排放核算面临的主要问题

（1）碳排放核算体系不完善，碳排放核算历史数据缺失较大。

首先，国家碳排放核算方法体系缺乏连续年度核算，碳排放核算历史数据缺失。其次,核算方法与实测技术较国际落后。中国在碳排放实测技术方面还没有与5G、大数据、云计算等快速发展的信息技术有机结合,尚未在重点领域形成现实有效的实测技术体系和产品设备,碳卫星应用等方面也还处于早期探索阶段。再次,国际机构数据库对中国碳排放量普遍存在一定程度上的高估。国际机构的能源活动碳排放的结果与中国向国际社会提交的历次《国家信息通报》中的核算结果及中国科学院碳专项的结果在22年次比较中有19年次高估,最高达7%,导致难以对中国碳排放趋势拐点作出准确判断。最后,省级层面与企业层面仍未建立有效核算运行制度。各省虽在"十二五"时期陆续建立了符合各自省情的碳排放核算方法体系,但除曾服务于"十三五"规划的碳强度目标设定外,普遍没有规范化的定期运行与完善制度,也没有建立检验是否与国家数据保持一致的机制,无法有效验证和支持国家层面的核算结果。企业碳排放核算工作尚未有效运转,国内已基于国际标准ISO14064建立了24个行业的企业碳排放核算方法体系,但全国性企业碳排放核算工作至今没有有效开展,各种碳排放实测技术的研发应用工作也进展缓慢。

(2)中国电网碳排因子未与国际互通,出口产品易受到国际碳壁垒限制。

国际上越来越多的产品出口需要碳足迹认证。法国、韩国、意大利、瑞典等国家都要求进口的光伏产品公布其碳足迹,国外通过碳足迹等碳壁垒"围追堵截"中国出口产品。在法国,光伏产品的碳排放值越低,中标的可能性才越高;在韩国,按照产品整个生命周期内的每千瓦碳排放量分类,中国光伏制造商曾被列入最低类别;欧盟《电池与废电池法规》规定2024年7月起在欧盟市场上投入使用的动力电池需提供碳足迹认证,而碳足迹计算需要国际上认可的数据库,例如Ecoinvent数据库的因子,但这些数据库中的中国电网排放因子近10年未更新,大约是实际的两倍,不能体现中国能源结构的真实情况,并且目前中国发布的因子,既不是区域性的,也不是全生命周期(LCA)的,也不是减去已消费的环境权益(绿证)后的电网因子,导致国内碳排放因子与国际不互通。另外,中国和国际上计算电网排放因子的方法也不同。中国计算电网平均碳排因子的方式,是根据所有并网的发电系统消耗燃料所产生的碳排放和总上网电量测算的,只考虑了燃料燃烧的碳排放。国外认可的全生命周期(LCA)电网碳排因子的计算,不只需要考虑发电时燃煤燃烧产生的碳排放,还需要把发电、电力传输、电力消费等所有可能会产生碳排的环节全考虑进去,包括燃煤的开采和运输、火电厂的建设等。但目前中国官方的LCA数据库还未公开使用,所以也就没LCA电网平均排放因子的官方数据参考。至于电网residual mix因子的计算,需要减去已消费的环境权益之后再进行碳排因子测算,而中国的绿电、绿证交易机制不完善,未解决"重复计算"的问题,相应排放因子计算也未实行。

(3)碳排放核算中可能存在的重复计算问题。

一是全国电力平均二氧化碳排放因子或不能完全避免重复计算问题。2024年4月中国公布的全国电力平均二氧化碳排放因子仅扣除了市场化交易的非化石能源电量,意味着只有市场化交易的非化石能源电量不存在排放属性的重复计算风险,而在实际的市场操作中,企业通过绿电交易或者年度双边交易等形式购入的非化石能源电量非常有限,大部分企业是通过采购"证电分离"的绿证去完成可再生能源电力使用或者范围二的减排目标。

以绿电交易为例，截至 2023 年 10 月底，中国已累计达成绿电交易电量 $878\times10^8\mathrm{kW\cdot h}$，核发绿证 1.48 亿个（折合电量 $1480\times10^8\mathrm{kW\cdot h}$），意味着有接近一半的可再生能源电力属性交易是由"证电分离"的绿证交易完成。因此，对于单独购买绿证的用户而言，其在核算时面临的重复计算问题依然无法得到解决。

二是国家核证自愿减排量 CCER 与绿证之间存在重复计算可能性。风电、光伏等可再生能源项目既可以申请绿证，又可以申请 CCER，两种机制下同一项目的存在重复申报的可能性。在计算其自身的碳排放时，绿证所抵减的范围二的电量碳排放是否可以计量为零，仍不确定。

三是 CCER 与能耗指标的重复计算。在能耗"双控"转向碳排放"双控"中，可再生能源项目产生的碳减排指标，如已纳入地方的双控指标体系，且用于地方实现减碳目标，如再申报 CCER 则可能存在重复计算的问题。企业对外省出售绿证或 CCER 则会影响所在省份的双控指标的完成。

四是 CCER 与其他减排机制的重复计算。CCER 目前只针对国内的碳减排项目，国际上活跃的温室气体减排机制或标准还包括核证碳标准（VCS）、黄金标准（GS）、全球碳理事会（GCC）等。不同机制或标准的管理机构和注册登记系统均未统一且缺乏信息交互及有效监管的机制。按照国际通行的惯例，这些独立的减排标准在审核时都要求项目不可以在其他机制下重复签发减排指标，但是由于具体的项目信息并没有统一可识别的特征，仅仅通过平台披露的项目描述信息很难杜绝重复计算问题。

三、碳足迹管理问题

中国产品碳足迹体系构建总体处于起步阶段，存在多方面待完善之处。

（1）标准不足与不统一问题并存。部分地方和行业协会探索制定了产品碳足迹核算评价技术标准，但在适用范围、覆盖环节、涵盖产品、实际应用、对接互认等方面存在较大局限性，国家标准、行业标准不足。

（2）基础支撑保障体系较为薄弱。产品碳足迹核算中较为重要的本土化生命周期单元过程数据库研发滞后，尚未形成获得国内外广泛认可的碳足迹背景数据库。

（3）长效化激励约束机制不健全。产品碳足迹评价、核查、披露等监管制度规范尚是空白，产品碳足迹标识和推广应用机制缺失，政府采购尚未考虑产品碳足迹因素，许多企业未将碳足迹纳入供应链管理。

（4）缺乏有效的国际交流对话机制。中国碳足迹背景数据库国际认可度不高；对于欧盟推出的电池产品碳足迹等级和阈值等要求，尚处于关注跟踪阶段，未开展深度对话和技术层面的衔接。

四、企业"漂绿"问题

随着在强制性气候信息披露、财报、绿色倡议、ESG 报告以及对外产品广告中涉及的绿色承诺逐步增多，企业易出现"漂绿"现象。

企业"漂绿"主要表现为四个方面：

（1）借助对外环境信息披露或产品广告，出现过度"包装"或误导性绿色宣传。

国内要求上市公司在年报中依法披露环境信息，部分企业存在将可持续发展报告公告作为"广告"，把 ESG 披露作为品牌营销的手段，借由 ESG 的"外衣"过度包装，提供不准确的信息误导投资者。

（2）对环境信息进行选择性碎片化披露。

企业面对环境监管收紧时会出现选择性披露有利绿色信息的行为。例如在对外报告披露中常增加"使用新型的环保技术与设备""改善了工艺"与"加大了节能减排"等表述，但缺乏实质性举措或参照标准。

（3）碳排放信息披露数据质量不高，甚至数据造假。

在企业碳排放信息披露中易存在选择不充分、不完整、不一致碳排放计量方法的问题，也会出现缺乏重要量化披露、缺乏对排放数据的独立验证、制定模糊不清的碳排放指标，甚至数据造假等行为。

（4）碳中和过度依赖购买碳信用抵消。

科学碳目标倡议是国际上应用范围最广的企业碳中和评价标准，要求企业自身降低至少 90% 碳排放，剩下的 10% 可利用碳抵消。企业通过高比例购买碳抵消实现减排，虽完成了减排目标，但实际未通过研发低碳、高效生产技术来实现关键过程脱碳。

五、碳市场发展建议

1. 碳市场方面

（1）扩大行业覆盖范围，创新碳市场交易产品，多元化交易主体。

进一步扩大行业覆盖范围，率先纳入水泥、民航、电解铝行业，梯次纳入钢铁、造纸、玻璃、石化和化工等行业。在市场活跃度和成熟度达到预定程度后，逐步引入各类碳金融产品，包括碳期货、碳期权等，适时引入合适的机构投资者、个人投资者和海外投资者，多样化的交易产品以及多元化的参与主体，可以有效增加市场的流动性，提高市场活跃度，完善碳市场价格形成机制。

（2）优化配额分配方法与履约机制，建设碳基金库。

转变溯往配额"事后"分配的机制，建立未来 3~5 年的配额分配机制，增强配额分配预期性。优化履约机制明确配额结转规定。为企业碳资产管理提供长期预期。修订并发布更多 CCER 方法学，例如生物质能（垃圾焚烧发电、秸秆焚烧发电等）、甲烷利用、甲烷减排等相关项目，满足碳市场企业的自愿减排需求。引入配额有偿竞拍机制，同时完善配套制度标准，明确配额拍卖形式、成交规则、准入规则、实施平台、拍卖频次等要点，并逐步建立碳基金库将拍卖所得用于支持企业碳减排、碳市场调控和碳市场建设等。

（3）完善碳市场数据质量管理制度。

一是强化地方监督，严查数据质量。各地区主管部门强化检查督导，建立规范的监管制度。二是加强对核查机构的管理，完善退出机制。建立核查机构、核查员等级评价制度，加强监督和管理。加强核查机构能力建设，提高核查机构管理水平、核查人员专业能力及职业素质。三是利用物联网和区块链信息平台实现温室气体核算数据的智能化报送。

（4）推动碳市场与绿电绿证市场建立的协同机制。

深化电价改革，让电价真正反映市场供需以及减排成本，促进碳市场和电力市场协同发展，降低电力系统转型成本。加强绿证溯源、流通、确权等环节的技术支撑。

2. 碳排放核算方面

（1）进一步完善碳排放统计核算的工作机制。

推动实现国家温室气体清单常态化编制和定期更新。参考发达国家经验，采用与国际接轨方法逐步实现时效性强的国家清单编制，并及时对往年国家清单开展回算，确保具有长时间序列、一致可比的国家清单数据。为满足部门行业碳达峰工作需要，同步探索开展碳达峰部门行业口径的清单编制。基于国家清单编制进展，更新完善省级清单指南，鼓励有条件地区参照国家做法编制省级清单，同步完善清单同国家和地区碳核算数据的衔接。

（2）进一步提升行业企业碳排放数据质量。

结合已有行业企业实践经验，修订企业以及设施温室气体排放核算方法指南标准，逐步建立完善企业温室气体报告制度。强化行业企业碳排放数据的日常监管，加强碳排放核查以及第三方审定与核证机构的监督管理，加大对控排企业碳排放数据质量的监督执法力度，对数据造假等行为加大处罚力度，筑牢行业企业碳排放数据质量基石。

（3）建立官方权威碳排放因子库，形成一体化碳数据管理平台。

研究建立并滚动更新国家、区域、省各级电网排放因子。按年度、分区域更新发布中国电力碳排放因子。加强中国关键排放源特征参数统计调查和排放因子定期监测，结合全国碳市场企业数据报送，建立中国官方权威的排放因子数据库，为不同层级碳核算提供技术参数，降低碳核算成本并提高核算的准确性。建设全国统一碳排放一体化管理平台，打破数据孤岛、打通融合现有数据系统、增强业务数据共享，给全国碳市场建设提供有力支撑，提升碳排放数据的日常管理能力和信息化水平。

3. 建设碳足迹体系的建议

产品碳足迹管理是应对气候变化、实现碳达峰碳中和与促进绿色生产、消费、贸易的重要工具。构建高质量产品碳足迹体系，包括以下六个方面：

（1）大力推行产品碳足迹生命周期理念培训与宣传。产品碳足迹管理既考虑直接排放，也纳入间接排放，涉及环节多、链条长，对数据获取和管理要求较高，公众和企业理解难度较大。应普及生命周期理念，加强产品碳足迹科普和案例宣传展示，提升全社会知晓度，营造绿色制造、绿色消费、绿色贸易的气候友好型社会氛围[28]。

（2）统筹国内国际碳足迹标准。一方面，紧扣中国碳达峰碳中和目标和不同阶段温室气体减排需求，按照全国统一市场建设要求，建立国家级技术支撑机构和专家队伍，制定产品碳足迹监管规则和推广应用支持政策,加快构建涵盖产品碳足迹数据获取、数据质量控制、核算、评价、核查、认证、标识、信息披露等环节的规范标准体系,避免地方、行业的"围城内"低水平重复建设。另一方面,积极衔接欧盟等地区、国际采购商和境外消费者对产品碳足迹管理的要求和倾向,面向动力电池、太阳能电池片、汽车、电子产品、纺织品等重点产品,引导和推动出口企业按照地区规则或国际标准,提升出口产品核算评价覆盖率和有效性。

(3)夯实碳足迹基础支撑体系。打造符合中国实际、衔接国际要求的生命周期单元过程数据库,加强碳足迹背景数据库和核算模型研发攻关,统筹建设重点能源品种、基础原材料等领域碳足迹背景数据库,分区域构建电力碳足迹核算模型。将产品碳足迹要求纳入绿色低碳示范创建、绿色采购和绿色消费评价体系。推行碳足迹自我声明或第三方评价认证,逐步在产品包装或说明书上呈现碳足迹标识,建设产品碳足迹集中披露平台,增强碳足迹信息透明性[29]。

(4)提升企业碳足迹管理能力。引导和推动企业按照生命周期理念,明确温室气体控排时间表和实施路径,加强与所在地区及全球碳中和目标衔接。对标通用产品碳足迹核算评价技术要求,强化相关计量、监测、核算和记录统计体系,完善自身及供应链温室气体排放数据统计和管理流程,不断优化和改进排放数据管理体系,开展产品碳足迹核算、评价和信息披露。

(5)加强国际对话和务实合作。加强中国与有关国家和地区、相关国际组织的交流对话,加强跨国界跨地区产品碳足迹协同管理。在保障数据安全的基础上,建立背景数据库、核算评价标准国际磋商和衔接机制,促进评价认证结果和碳足迹标识互联和互认,增强生命周期单元过程数据库真实性、代表性和公益性,提升中国数据库国际认可度、标准规则国际影响力。选择以出口为导向的头部企业、典型行业、重点地区,开展产品碳足迹管理综合试点,探索可行路径,更好融入全球绿色供应链产业链,有效应对绿色低碳贸易壁垒。

(6)加快建设碳排放连续监测体系,扩大碳监测试点行业覆盖范围,增加参试企业,健全监测数据质量控制评价体系。全面加强碳排放标准体系建设,汇聚产业链上下游力量,研制火电碳监测和产品碳足迹核算标准。加快推进碳排放国际标准工作,鼓励龙头企业发挥技术和产业优势,依托国际标准组织,积极主导制定碳排放国际标准,推进国内标准成果向国际标准转化[30]。

4. CCER、绿电和绿证重复计算问题的应对建议

(1)确定核算边界。对于引入CCER等外部减排指标,核算边界扩大之后,带来的重复计算问题,碳市场可仅将控排企业的直接排放纳入配额管理,通过绿证和绿电市场管理企业的间接排放,规避CCER和绿证重复计算的问题。同时可参考碳交易市场,对达到一定规模的用电企业的绿电和绿证消纳比例进行强制化约束,对未达到消纳比例的企业进行惩罚,提升企业自主减少间接排放的动力。

（2）界定权属。CCER 划转需要考虑权益归属方的问题，以规避同一环境权益由不同的企业宣称，或在不同法律和倡议下重复计算。建议在 CCER 市场出台规避重复计算的规则制度，要求项目单位和第三方审核机构在申报和审核项目时应明确阐述项目是否存在重复计算的问题，并要求项目单位承诺同一环境权益未重复计算，规避 CCER 与配额、能耗指标及其他减排机制的重复计算问题。企业使用 CCER 时，需通过公开承诺等方式，确保其环境权益未被其他方宣称，规避 CCER 与供应链的重复计算问题。

5."漂绿"方面的建议

（1）完善监管与立法，规范绿色认证。

制定治理"漂绿"的相关法律和政策，对绿色宣传营销活动加以区分，明确指出可以接受和不可接受的相关情形。规范绿色认证系统，建立消除"漂绿"现象的独立第三方的绿色环境认证体系。

（2）加强上市公司信息披露监管。

提升对环境信息披露不真实不准确的监管措施，持续加强监管。加强对上市公司的培训；推动信息的外部审验和鉴证，持续提升上市公司 ESG 数据的准确性和披露质量；支持信用评级机构持续建立健全绿色企业、绿色债券评级方法体系。

（3）限定碳抵消在减碳计划中的使用比例。

加强对企业"碳中和"声明的规则制定和监管，明确碳抵消在"零碳"声明中的使用比例，并形成统一标准。

参 考 文 献

[1] Analysis of a Peaked Carbon Emission Pathway in China Toward Carbon Neutrality [J]. Engineering, 2021, 7 (12): 1673-1677.
[2] 魏一鸣, 余碧莹, 唐葆君, 等. 中国碳达峰碳中和时间表与路线图研究 [J]. 北京理工大学学报：社会科学版, 2022, 24 (4): 14. DOI: 10.15918/j.jbitss1009-3370.2022.1165.
[3] 刘天志. 中国油气工业碳排放影响因素及低碳发展路径研究 [D]. 大庆：东北石油大学, 2023. DOI: 10.26995/d.cnki.gdqsc.2023.000017.
[4] 刘初春, 杨维军, 孙琦. 中国炼油行业碳减排路径思考 [J]. 国际石油经济, 2021, 29 (8): 08-13.
[5] 魏志强, 曹建军, 孙丽丽, 等. 中国炼化产业实现碳达峰与碳中和路径及支撑技术 [J]. 石油学报（石油加工）, 2024, 40 (1): 1-11.
[6] 刘佩成. 我国石化工业实现"双碳"目标的路线图探讨 [J]. 当代石油石化, 2022, 30 (12): 9-14.
[7] 任旸. 我国石化企业绿色转型的措施研究 [J]. 中国石化, 2023 (4): 49-51.
[8] bp. BP energy outlook 2020 [EB/OL]. [2021-02-06]. https://www.bp.com/content/dam/bp/business-sites/en/global/corporate/pdfs/energy-economics/energy-outlook/bp-energy-outlook-2020.pdf.
[9] 王敏生, 姚云飞. 碳中和约束下油气行业发展形势及应对策略 [J]. 石油钻探技术, 2021, 49 (5): 1-6.
[10] 刘洋. 低碳背景下国内石化企业碳金融策略研究 [D]. 北京：对外经济贸易大学, 2016.
[11] 唐人虎, 陈志斌. 中国碳排放权交易市场：从原理到实践 [M]. 北京：电子工业出版社, 2022.
[12] 王志轩. 碳排放权交易（发电行业）培训教材 [M]. 北京：中国环境出版集团, 2020.
[13] 中节能碳达峰碳中和研究院. 碳市场透视（2021）：框架、进展及趋势 [M]. 北京：企业管理出版

社，2022.
[14] 潘荔，张建宇，张晶杰.碳排放权交易培训教材［M］.北京：中国环境出版集团，2022.
[15] 苏玲彦，姚艳霞，胡永飞，等.化工行业碳排放配额分配方法探讨［J］.现代化工，2021，41（10）：4.
[16] 夏磊，朱峰，刘慧，等.广东省石化企业碳排放核算及配额分配研究［J］.环境保护与循环经济，2023，43（5）：90-93.
[17] 孟早明，葛兴安.中国碳排放权交易实务［M］.北京：化学工业出版社，2017.
[18] 司云云.化工类企业碳足迹研究［D］.上海：上海交通大学，2019.
[19] 廖仁郡.基于生命周期理论的规模化养猪场碳足迹与水足迹研究［D］.重庆：西南大学，2018.
[20] Weidema B P, Throne M, Christensen P. Carbon footprint a catalyst for life cycle assessment?［J］. Journal of Industrial Ecology，2008（1）：12.
[21] 庄智.国外碳排放核算标准现状与分析［J］.粉煤灰，2011，23（4）：4.
[22] Rotz C A, Montes F, Chianese D S. The carbon footprint of dairy production systems through partial life cycle assessment［J］. Journal of Dairy Science，2010，93（3）：1266-1282.
[23] Bird N D, Cowie A, Jungmeier G, et al. Energy-and greenhouse gas-based LCA of biofuel and bioenergy systems: Key issues, ranges and recommendations［J］. Resources, Conservation and Recycling，2009. https://www.mendeley.com.
[24] Narayan R. Carbon footprint of bioplastics using biocarbon content analysis and life-cycle assessment［J］. Mrs Bulletin，2011，36（9）：716-721.
[25] Wiedmann T, Minx J, Barrett J, et al. Allocating ecological footprints to final consumption categories with input-output analysis［J］. Ecological Economics，2006，56（1）：28-48.
[26] Hu Y F, Zhang H B, Liu Y W, et al. Discussion on the calculation method of the GHG emissions of composite fuel［J］. Safety and Environmental Engineering，2014，21（2）：114-120.
[27] 高炜，陈康，王鸿，等.碳标签发展及其在石油化工产品的应用前景［J］.能源研究与管理，2023，15（2）：66-72.
[28] 向柳，张浩.我国构建产品碳足迹体系还需迈过几道"坎"？［N］.中国环境报，2004-0326-20（3）.
[29] 雷曜，周怡，杨之韵，等.绿色"双循环"背景下中国碳足迹体系建设研究［J］.金融与经济，2023（11）：68-75.
[30] 姚顺春，支嘉琦，付金杯，等.火电企业碳排放在线监测技术研究进展［J］.华南理工大学学报：自然科学版，2023，51（6）：97-108.

第三章　中国碳衍生市场

　　碳排放权交易衍生出碳金融、碳信用、碳普惠以及碳积分等市场，并快速发展，规模不断扩大。目前碳市场的金融化特征逐步加深，碳金融模式逐步从"先行先试""业务创新"的"符号化"业务，过渡到可大量复制的"示范"阶段。企业借鉴成熟碳金融模式可以发展资产盘活、对冲风险、碳管理等业务。国家核证自愿减排为主的碳信用市场、服务中小微企业和个人的碳普惠市场，以及鼓励低碳汽车发展的碳积分市场，共同形成了碳交易市场的有益补充。中国完善发展碳衍生市场是推动实现"双碳"目标的重要途径。

第一节　碳金融市场

　　碳金融是一种特殊的绿色金融类别，主要是运用金融资本去驱动环境权益的改良，以法律法规作支撑，利用金融手段和方式在市场化的平台上使得相关碳金融产品及其衍生品得以交易或者流通。碳金融融资模式灵活，有利于企业绿色转型及低碳项目建设，也有利于企业对碳达峰路径中的融资需求进行期限配置。在营运模式中添加碳金融产品，同样是石化企业实现低碳发展、绿色发展、可持续发展目标的重要战略[1]。

一、碳金融市场概况

1.碳金融内涵

　　碳金融源起于《联合国气候变化框架公约》和《京都议定书》，服务于限制温室气体排放技术和项目的直接投融资、碳交易和银行贷款等金融活动。2006年，世界银行碳金融部门（World Bank Carbon Finance Unit）将碳金融定义为以购买碳减排量的方式为产生温室气体减排量的项目提供减排资金支持的服务。中国证监会在2022年发布的《碳金融产品》报告中将碳金融定义为建立在碳排放权交易的基础上，以碳配额和碳信用等碳排放权益为媒介或标的，服务于减少温室气体排放或者增加碳汇能力的资金活动[2]。

2.碳金融与相关金融概念的联系

　　碳金融与气候金融、转型金融、绿色金融与可持续金融等众多概念存在交叉但各有侧重。气候金融衍生于联合国气候变化大会关于气候资金机制的谈判，是指用于支持减缓和适应气候变化的区域、国家或跨国融资活动，包括提高能源利用效率、发展可再生能源、开发碳捕捉与封存技术、清洁交通、垃圾和废物再利用、开发碳汇,以及涉及水资源管理、预防气候灾害等领域[3]。气候金融侧重于应对气候变化。绿色金融专注于支持和投资环保项目、减缓气候变化、保护生态系统等方面的金融活动。转型金融指的是通过金融手段支持高碳经济向低碳经济的过渡,促使企业和行业实现可持续转型。转型金融可应用于未被绿色金融完全覆盖的例如水泥、钢铁、化工等高排放行业,此类高碳、减排较难的行业在低碳转型过程中需要的大量资金支持,可借助转型金融[4]。

可持续金融指的是在金融决策和金融服务中考虑环境、社会和治理因素,以促进经济的可持续发展。绿色金融专注于环境方面的可持续性;转型金融是通过支持过渡期内的企业和行业,实现整体经济的可持续转型,两者是可持续金融的两个重要方面。绿色金融与碳金融在可再生能源利用等方面存在重合,但是绿色金融侧重于环境保护,碳金融侧重于碳排放权益投融资利用是区别于其他相关金融的主要特点。例如,油气公司炼厂改造、油气田发展CCUS技术等能为碳减排发挥重大作用的项目因服务化石能源领域并不符合绿色金融债券的支持要求,但是企业可以利用气候金融转型债券降低其转型融资门槛[5]。现阶段中国"双碳"融资中绿色项目的回报率低、期限长、风险大,因此市场创新出多种形式的碳金融融资工具和支持工具,碳金融产品应用持续丰富。

3. 碳金融产品类别

中国证监会发布《碳金融产品》(JR/T 0244—2022)标准(证监会公告〔2022〕30号)是碳金融领域的首个行业标准,将碳金融产品划分为融资工具、交易工具和支持工具(表3-1-1),包括了碳债券、碳抵质押融资、碳回购、碳远期、碳期货、碳期权、碳保险、碳基金等系列碳市场金融化衍生产品,共计3大类12种产品[6]。碳金融产品分类见表3-1-1。

表 3-1-1 中国碳金融产品分类

市场	交易类型	交易品种	主要参与方
分配市场	配额分配/拍卖	碳配额	政府部门、控排企业
	项目减排量签发	CCER	政府部门、减碳活动的非控排企业
交易市场	场内交易	碳期货、碳期权、碳掉期等	控排企业、非控排碳抵消企业、金融机构、个人投资者
	场外交易	场外碳掉期、碳远期、场外碳期权等	控排企业、非控排碳抵消企业、金融机构
融资市场	金融产品	碳债券、碳质押、碳回购、碳托管等	控排企业、商业银行、其他金融机构
支持市场	指数服务	碳指数、碳保险、碳保理等	控排企业、保险公司、咨询公司

此行业标准给出了具体的碳金融产品实施要求,为金融机构开发、实施碳金融产品提供指引,有利于有序发展各种碳金融产品,引导金融资源进入绿色领域,支持绿色低碳发展。

第三章　中国碳衍生市场

国际多个交易所推出了碳期货、碳期权等碳金融交易衍生品。欧盟碳市场在2005年建立伊始就引入了碳金融交易衍生品，是全球规模最大、最有代表性的碳金融市场。其中，欧盟碳期货和期权交易量大、活跃度高，二级市场参与者包括减排履约实体企业、金融机构和其他非金融机构[7]。

2023年12月中国银行间市场交易商协会发布《中国碳衍生产品交易定义文件（2023年版）》，明确了碳衍生品交易过程中可能涉及的各类通用名词的定义，以及碳远期、碳互换和碳期权三类碳衍生品交易过程中的特定名词定义，旨在向市场参与者提供碳衍生产品相关交易文件所使用术语的基本定义，以降低市场交易成本，提高交易效率。

中国地方试点碳交易所涵盖了碳金融市场的一级市场、二级市场、融资服务及配套服务，各交易所创新推出了碳远期、碳质押等金融衍生品，旨在增强碳资产流动性。企业不仅能开发和购买各类碳金融产品，还能通过盘活碳资产进行融资，有效避免碳资产闲置，最大化经济价值。

全国碳市场启动后，碳金融发展环境进一步优化，碳金融的发展基础将愈加完善，碳金融工具的运用开始愈加频繁。国内区域试点碳市场碳金融业务模式"先行先试"，对于未来全国市场的碳金融体系建设具有重要的借鉴参考意义，也是油公司未来扩展碳金融业务的重要参考。国内碳金融工具应用情况见表3-1-2。

表3-1-2　国内碳金融工具应用情况

工具类别	具体工具		全国	试点市场							
				北京	上海	天津	深圳	广东	重庆	湖北	福建
交易工具	碳期货		—								
	碳期权			√							
	碳远期				√			√		√	
	碳掉期			√							
融资工具	碳质押		√	√	√	√	√	√		√	√
	碳回购			√	√		√	√		√	
	碳结构性存款						√			√	
	碳信托				√						
	碳资产证券化	碳债券						√		√	
		碳托管						√		√	
支持工具	碳基金			√						√	
	碳指数		√					√			
	碳保险									√	

4. 碳金融市场生态圈

碳金融生态涵盖监管顶层设计、市场活动场所与专业服务支撑三大主要层次。

（1）监管与顶层设计是碳金融生态的顶层设计者与监督者。行业监管方面，生态环境部、发展和改革委员会、工业和信息化部、市场监管局等部门对碳配额的初始分配、项目减排量的签发进行监督和管理，形成碳金融的一级市场。金融监管方面，证监会、银保监会、中国人民银行等部门对二级市场中碳金融活动进行监管与规范。

（2）碳交易与碳金融市场是市场活动的发生场所。交易方面，碳资产持有方和碳资产需求方通过场内外交易机制进行碳现货及衍生品的交易。融资与支持方面，银行、券商等金融机构围绕碳资产，提供一系列融资及支持工具的产品或服务。

（3）生态服务网络是碳金融生态的专业支撑，主要由专业服务和技术服务机构组成。专业服务机构可以提供 MRV 体系下的核证服务、温室气体排放报告支持服务，碳金融政策支持与专业研究与咨询服务等。技术服务机构可提供稳定的碳交易与碳金融数据支持、碳资产管理系统与技术支持服务等（图 3-1-1）。

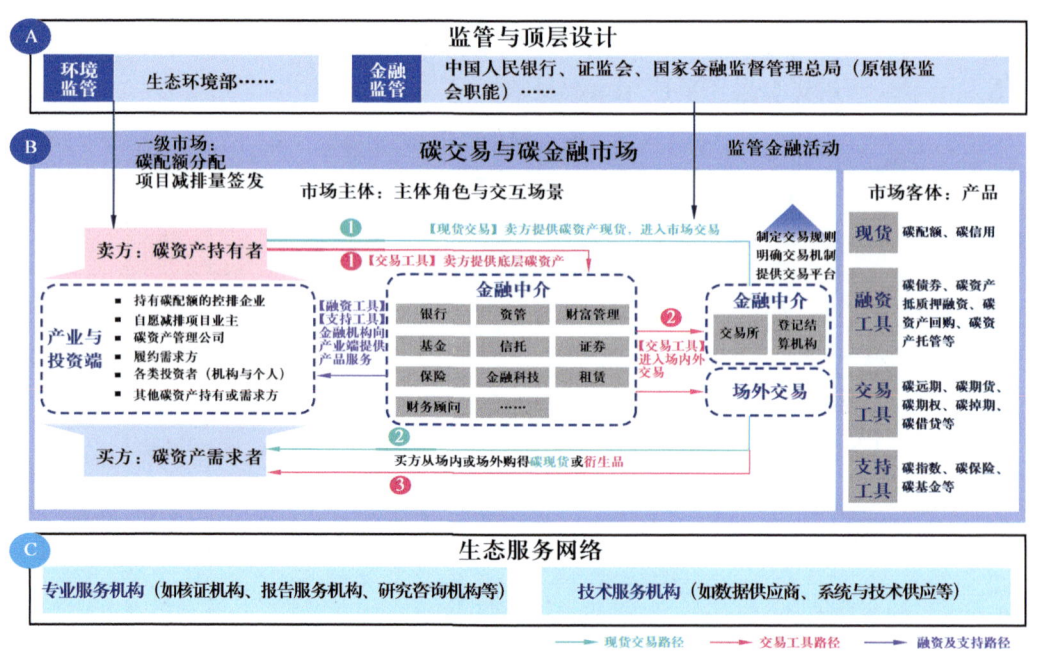

图 3-1-1　碳金融市场服务生态圈
资料来源：《2023 年中国碳金融创新发展白皮书》

二、碳金融工具运用模式

中国试点碳交易所进行了一系列的碳金融工具运用尝试，开发了一系列碳金融产品。国内能源公司在碳金融业务方面也不断试水形成诸多市场"首单"以及实际应用案例。

1. 碳金融交易工具

1）碳期权

碳期权是指碳交易所统一制定的、规定权利买方有权在将来某一时间以约定价格买入或者卖出碳配额或碳信用的标准化合约。2016年6月，深圳招银国金投资公司、北京京能源创碳公司、北京环境交易所签署了国内首笔碳配额场外期权合约，交易量为2×10^4t。国内期权交易属于非标准化合约的场外衍生品交易，业务规模较小，交易所并未随之推出与之配套的业务规模限制、业务披露规则。

2）碳远期

碳远期指交易双方在未来某一时刻以确定的价格买入或者卖出相应碳配额或碳信用标的的远期合同，可用于锁定碳现货市场收益或成本。上海、广东、湖北试点碳市场都进行了碳远期交易，其中广州碳交易所提供了定制化程度高、要素设计相对自由、合约不可转让的远期合约交易，湖北、上海碳市场则提供了具有标准化、可转让特点的碳远期交易产品。国内的碳远期交易由于成交量低、价格波动大等原因，湖北已暂停相关业务。2021年6月25日，岳阳林纸与包钢股份达成《碳汇合作协议》，为包钢股份提供不少于200×10^4t/a的CCER减排指标，周期不少于25年，是规模较大的碳远期案例。

3）碳掉期

碳掉期，也即碳互换，指交易双方依据预先约定的协议，在未来某一时期，相互交换配额和核证自愿减排量，能够为交易参与者提供在场外对冲价格风险的手段。2015年6月15日，中信证券、北京京能源创碳公司、北京环境交易所完成国内首笔碳排放权场外掉期合约交易，交易量为1×10^4t，交易双方以非标准化书面合同形式开展掉期交易，并委托北京环境交易所负责保证金监管与合约清算工作[8]。

4）碳期货

碳期货指期货交易所制定的、约定在将来某一特定的时间和地点交割一定数量的碳配额或碳信用的标准化合约。购买碳期货合约，可以对将要买入或者卖出的碳现货产品进行套期保值，规避价格风险。中国碳期货尚未推出，正在推进研发。2021年4月19日，广州期货交易所揭牌，碳排放权品种已列入其正在研发上市的期货品种之一。2022年3月23日，港交所上市首只碳信用产品碳期货ETF（中金碳期货ETF），跟踪的是ICE EUA碳期货指数，该指数定价体系相对成熟且交易价格平稳，市场需求较大。

2. 碳金融融资工具

1）碳资产质押

碳资产质押是指碳资产持有者将其拥有的碳资产（配额、CCER或绿证）作为质押物，向资金提供方进行质押获得贷款，到期再通过还本付息进行解押的一种融资模式。上海、广东碳市场已出台针对碳质押的业务规则，碳资产质押贷款逐渐成为碳市场最为常用的金融产品之一。上海农商银行编订了 CCER 未来收益权价值评估及质押操作的相关制度,将 CCER 未来收益权纳入银行押品范围。2022 年,绿色电力证书收益权质押贷款首单落地,有效盘活了新能源项目的"环境权益"价值,同时满足企业的融资需求(图 3-1-2)。

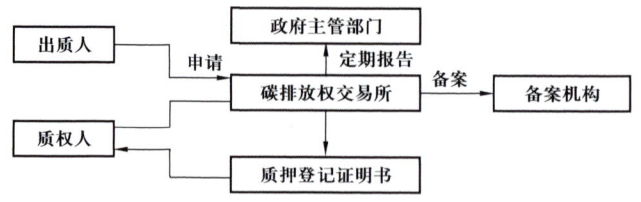

图 3-1-2　碳排放权质押运作流程

2)碳债券

碳债券指发行人为筹集绿色低碳项目资金向投资者发行并承诺按时还本付息,同时将低碳项目产生的碳信用收入与债券利率水平挂钩的一种债券。碳债券利率由固定利率与浮动利率两部分组成,其中浮动利率部分与发行人在债券存续期内实现的碳减排量收益正向关联(图 3-1-3)。

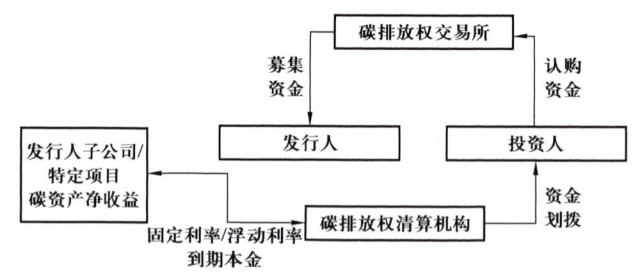

图 3-1-3　碳债券运作流程图

3)碳回购

碳回购指碳资产的持有者向资金提供机构(证券公司及其他投资机构)出售碳资产,并约定在一定期限后按照约定价格购回所售碳资产,以获得短期资金融通的合同模式。碳资产回购业务具备辅助拓宽低碳融资渠道、降低资金成本、提高资金使用灵活性等优势,是企业盘活存量碳资产的重要方式(图 3-1-4)。

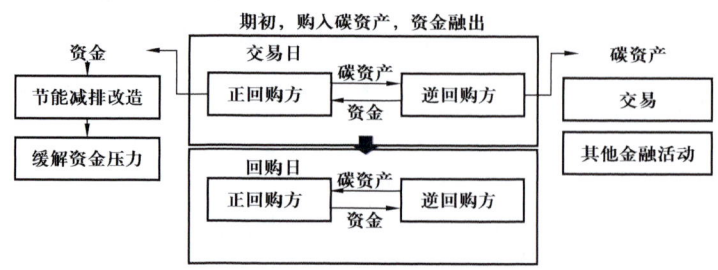

图 3-1-4　借碳交易运作流程图

4）碳信托

碳信托是指即信托公司围绕碳资产开展的金融受托服务，大致可分为碳融资信托、碳投资信托、碳资产服务类信托[9]。

碳信托公司可以通过发起设立集合或单一信托产品以及银信理财产品对接等方式募集社会资金，引导社会资金开展碳资产交易，信托公司可以灵活选择多种资金运用方式，为项目提供资金支持（图3-1-5）。

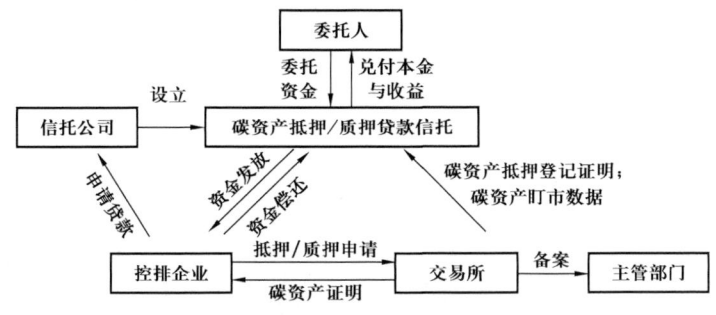

图3-1-5　碳融资类信托运行示意图

目前，投资于全国碳排放交易市场和地方碳交易市场的信托产品，监管机构仍未确认能否认定为投向标准化市场，并且碳排放配额及CCER等新兴投资品种，公允价值定价、投资体系建设、估值账管运营等方面的实践和经验都较少。

5）碳托管

碳托管是指由交易所认可的机构，接受控排企业的碳配额委托并与其约定收益分享机制，在托管期代为交易，托管期结束再将配额返还给控排企业以实现履约的模式。托管机构可把控排企业闲置的碳资产集中后进行交易。控排企业在碳托管中可以完成履约，并取得额外收益。碳托管较为适合大型企业集团开展，可将集团下属二级控排企业单位的碳资产统一交付碳资产托管（图3-1-6）。

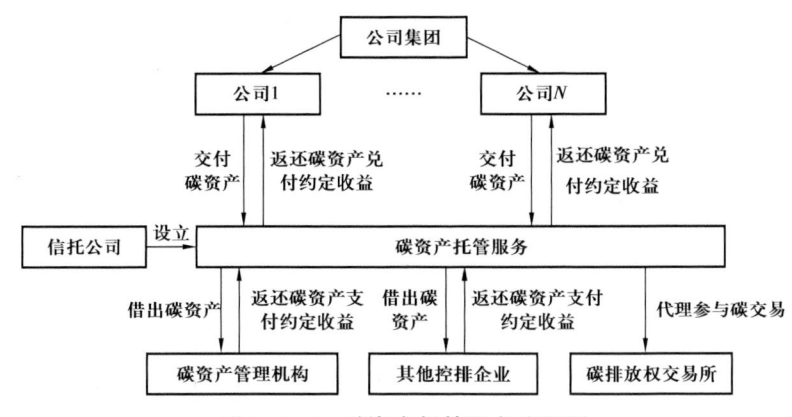

图3-1-6　碳资产托管服务流程图

中国碳金融融资工具运用案例见表3-1-3[10]。

表 3-1-3 中国碳金融融资工具运用案例

工具	时间	碳金融工具运用主要案例进展
碳质押	2014 年 9 月 9 日	中国首单碳资产质押贷款是湖北宜化集团和兴业银行签订"碳排放权质押贷款协议",利用自有的碳排放配额获得了 4000 万元的质押贷款
	2022 年 12 月 13 日	国家电投湖北分公司与中国建设银行完成国内首笔绿色电力证书收益权质押贷款合同
	2022 年 12 月	上海农商银行向晶科电力有限公司发放了国内首单 CCER 未来收益权质押贷款
	2023 年 2 月	农行重庆市分行联合农银理财给国家电投集团重庆合川发电公司成功投放 1000 万元,期限 180 天的碳配额理财融资款,是中国首笔引入理财资金为企业提供基于中国碳市场碳排放配额的融资业务
碳债券	2014 年 5 月 12 日	中广核风电公司、上海浦东发展银行、国家开发银行、中广核财务公司及深圳碳排放权交易所,共同完成中国首支碳债券"中广核风电附加碳收益中期票据"
	2022 年 8 月	安徽省能源集团成功发行了中国首单"碳资产"标识债券,发行规模 10 亿元,期限 260 天,票面利率 1.8%,发行利率创集团内部同期限债券新低
	2023 年 2 月	宁波银行无锡分行和兴业银行无锡分行联合承销无锡华光环保能源集团中国首单"转型 + 碳资产"双认证债券,发行金额 2 亿元,票面利率为固定利率 2.72%+ 浮动利率,用于支持华光环保能源集团天然气热电联产项目
碳回购 / 逆回购	2014 年 12 月 30 日	中信证券与北京华远意通热力公司签署了中国首笔碳排放配额回购融资协议,融资总规模为 1330 万元
	2016 年 3 月 20 日	深圳能源集团控股的电力公司和 bp 公司在深圳排放权交易所的协助下,完成中国首单跨境碳资产回购交易业务,标的为 400×10^4t 碳配额,交易额过亿元人民币。深圳能源集团利用此次交易资金投入可再生能源的生产中
	2023 年 6 月 18 日	中国首笔组合式碳资产回购交易落地深圳碳市场。拓邦股份以碳排放配额、CCER 为标的与中信证券开展组合式回购交易,获取的资金投向生产线智能化升级项目
碳信托	2022 年 10 月 25 日	鲁信集团旗下山东省国际信托公司通过将山高环能集团未来开发持有的 CCER 收益权设立为"山东信托・碳中和—碳资产投资集合资金信托计划"

3. 碳金融支持服务工具

1)碳指数

碳指数可反映碳市场总体价格或某类碳资产价格变动及走势,并为投资者提供投资参考。中国首个碳指数为上海置信碳资产公司开发维护的反映碳市场走势的统计指数,根据当日各碳市成交均价计算置信碳指数。当前北京绿色交易所推出了观测性指数"中碳指数体系",广州碳排放权交易中心也推出了"中国碳市场 100 指数"。北京绿色金融协会发布中碳指数,主要包括"中碳市值指数"和"中碳流动性指数"。

2）碳保险

碳保险指为降低碳资产开发或交易过程中的违约风险而开发的保险产品。碳保险包括三大类：

（1）碳交易相关保险，包括融资过程中的信用担保、碳损失保险等产品。中国首个碳保险产品设计方案由湖北碳交中心与平安保险湖北分公司2016年11月出台，平安保险湖北分公司为华新水泥投入新设备后的减排量进行保底，一旦排放超过配额，将给予赔偿。2021年11月，中国太平洋财产保险与上海环境能源交易所、申能碳科技有限公司、交通银行达成"碳配额+质押+保险"合作，并落地中国首笔碳排放配额质押贷款保证保险业务[11]。2022年10月，江苏省完成省内首单碳配额保险，中国人民财产保险射阳支公司对发电行业的恒泰新能源公司，可能因自然灾害、意外事故、工人操作错误等原因，导致节碳减排能力下降而发生额外碳排放配额交易费用损失和碳排查费用所提供保险保障。

（2）碳捕集技术相关保险，旨在为关键设备由于自然灾害和意外事故造成损害所导致的二氧化碳捕集量无法达到预期目标提供补偿。2022年11月中国人保旗下人保财险签发中国首单CCS/CCUS项目碳资产损失保险，为中国华电集团下属某发电企业提供碳资产风险保障。

（3）碳汇保险，为生态资源由于面临自然灾害和意外事故所导致的固碳能力下降提供补偿。林业碳汇保险是针对林木在其生长全过程中因自然灾害、意外事故等可能引起吸碳量下降而造成的损失给予经济赔偿。中国人寿财险福建省分公司2021年创新开发出林业碳汇指数保险产品，将合同约定灾因造成的森林固碳量损失指数化，保险公司按照约定标准进行赔偿。

3）碳基金

碳基金是指以预付资金或股权投资的方式为碳减排项目提供资金支持，以可能获得的碳信用或现金作为回报。中国国内已成立的碳基金有专业的造林减排基金中国绿色碳基金；重点关注绿色低碳先进技术产业化项目的武汉"碳中和—新能源基金"；以及挖掘风、光等清洁能源在发展地区和投资市场上优质碳中和产业项目的宝武碳中和股权投资基金等。2023年1月，IDG资本联合基金战略投资方香港中华煤气公司宣布成立零碳科技投资基金，是中国第一支以"技术投资+场景赋能"为主题用于支持"能源来源可再生化""能源应用电气化""电力系统智能化"的零碳科技基金。

4）碳金融结构性存款

碳金融结构性存款产品由定期存款和一份标的资产看涨期权构成。2014年，兴业银行在深圳碳交易所建立了中国首个碳金融结构性存款产品，该产品增加了深圳碳排放权期权。主要结构为：如果碳价变化和预期一致，则按照期权合约的执行价格行使权利，买进规定数量碳配额，该款结构性存款产品将获得固定收益和期权行权带来的价差收益；如果碳价和预期的不一致，则放弃行使按照履约价格买进碳排放权的权利，损失的仅是期权合约费用，该款产品获取的收益仅仅为较低的固定收益。[12]

4. 企业运用碳金融工具面临的风险挑战

碳市场实际碳排放与配额分配使用存在较大时滞性，市场对运用碳金融衍生工具进行避险的需求强烈，但是现阶段碳市场金融化程度有待加深，企业全面运用碳金融工具仍面临诸多挑战。

（1）碳金融工具受碳期货核心交易工具未推出以及区域碳市场割裂等影响，规模化运用有待加强。

碳期货市场是现货的衍生市场，由于碳现货市场处于发展初期参与主体受限，行业覆盖单一、多部门政策协同机制仍需加强等原因，最为核心的碳期货工具仍未推出。各区域碳市场配额不能流通处于割裂状态。各市场推出的碳金融产品也是非标准化的产品，产品规则不统一，仅限于区域内使用，导致多种碳金融工具在首单后，未形成规模化运用。

（2）碳市场信息披露不足，基础数据有待丰富。

中国各区域碳市场信息披露质量不足，导致潜在参与者及辅助机构了解碳市场运行的信息成本较高。碳市场相关数据时间期限短，导致保险机构在产品设计中面临着一定挑战。现阶段中国企业碳信用数据有待补充，且碳信用价值中存在一些模糊成本，碳价值评估难度较高。

（3）碳金融市场配套标准体系、法律机制需进一步完善。

中国尚处于绿色金融和碳金融标准体系的建设阶段。相关法律体系制定不健全、法律依据不充分、政府监管力度不够成为制约碳金融深化的主要原因。中国目前缺少国家层面的碳排放权交易相关法律支撑，只有一些碳金融市场相对发达的省份尝试性地颁布了一些在碳排放交易方面的地方性法规文件，大部分省份由于缺少法律法规支撑，其碳排放权交易实践工作存在一定程度的盲目性[13]。不同地区资源禀赋差异带来了绿色产业标准的差异，进而使银行开展碳金融业务时缺乏对地方低碳企业的识别和判定标准[14]。根据《碳排放交易管理办法》，碳配额可以在碳市场交易，并取得收益，其具有资产属性，但是以碳资产作为标的资产设立质押并无法律明确规定，金融机构在开展碳资产质抵押融资时，仍面临碳配额和CCER质抵押无效的法律风险。

（4）企业在碳金融工具运行中存在风险监控的难点。

一方面参与碳金融对企业来说会面临市场风险，包括托管机构缺少在管理、交易被托管配额方面的经验所致的操作风险；另一方面是面临履约风险，即在履约前碳金融机构是否能按照承诺按期返还配额，关系控排企业履约成功与否。

三、碳金融的作用与挑战

1. 企业利用碳金融市场的作用

随着碳市场现货产品市场规模的持续扩大，各类兼具投融资价值的金融工具正在不断涌现，金融属性日益凸显。

（1）碳金融有助于形成有效的市场碳价信号，具有价格发现作用。

在一级碳市场中，部分试点市场已经引入拍卖机制，拍卖价格可反映控排企业的履约意愿。在二级碳市场中，碳配额或 CCER 等现货交易能够通过供求关系的变化来反映碳价走势，进而影响相关参与者的履约行为和投融资决策。在衍生品市场中，碳期货等金融工具可以基于政策研判、市场走势等因素来反映未来市场碳价预期，并最终传导至现货市场，形成价格发现机制。有效的碳价信号能够促进高碳排放行业企业将脱碳成本内化到长期的生产经营中，引导企业长期减排。

（2）碳金融工具在资金融通方面扮演重要的中介角色。

碳市场融资工具以碳资产为基础标的，拓宽了企业的融资渠道，提升资本配置效率，实现资金的有效融通。

（3）碳金融市场可以通过丰富金融工具、增加参与主体等方式，有效提升市场的流动性和活跃度。

碳金融衍生品能够为减排企业或相关供需方提供高效的交易工具，可以熨平履约潮汐现象和周期性波动、提高碳配额交易市场的流动性。衍生品市场的参与范围更为广泛，专业金融机构进入碳金融市场后，能够充分发挥其在流动性较弱市场中的做市交易经验，在碳市场中有效弥合碳价差异，提供必要的流动性支持。金融机构凭借自身丰富的交易经验、产品设计能力等专业优势，相较于控排企业而言具有更高的换手率，可以为碳市场提供更加充足、持续的流动性。

（4）以碳期货为代表的碳金融交易产品可为控排企业提供低成本、高效率的风险管理手段。

基于对于趋势的研判利用期货工具锁定未来价格，不仅可以显著降低交易搜寻成本，更能有效规避自持碳资产缩水的风险，实现套期保值目的。控排企业通过碳金融工具可以将部分交易风险转移至金融机构等专业交易对手方，有效对冲碳价波动风险，保障自身的经营稳定性。

2. 金融中介在碳金融市场的作用

欧盟碳市场相对发展成熟，很大程度上得益于市场发展了碳配额期货、期权、互换等多样化金融产品，并且有商业银行、投资银行、私募投资基金等多种市场参与者的广泛参与，这大幅度提高了碳市场的流动性。

1）商业银行参与碳金融概况

目前，中国国内商业银行仍然不能直接参与全国和地方碳市场交易。在碳市场融资工具方面，国内商业银行可以直接或间接开展大部分业务，但也存在一定的局限性。一是商业银行可以承销或直接投资碳债券。二是商业银行可以开展碳资产质押融资业务，但相关制度仍需进一步完善。碳资产能否作为质押物的立法尚不明确，碳资产质押登记制度仍待规范，并且与全国碳市场登记机构也未实现链接，无法对用于担保的碳排放配额进行监管，也无法确保碳排放配额真实的权利状态。碳配额有效期的不确定性，以及金融机构对质押碳资产处置方式的不确定性都提高了相关业务的风险。三是可以间接参与碳资产回购和碳资产托管业务。

2）信托公司等可投资碳资产的各类资产管理产品

已有部分信托公司设立了碳资产投资类信托计划，如 2021 年华宝信托 ESG 系列 – 碳中和集合资金信托计划发行成立，同年中融信托碳交易 CCER 投资信托计划成功发行。

3）券商参与碳金融概况

目前，中国已有多家券商获得证监会批准可以自营参与碳排放权交易。证券公司作为金融机构中灵活性强、市场参与度高的主体，其参与碳市场有助于增加市场的活跃程度，引导资金向新能源产业进行投资，促进碳减排和清洁低碳转型。随着碳金融业务的发展，证券行业已发展出多种成熟的业务模式。

（1）碳排放权交易业务。证券公司作为中介，向市场提供碳排放权现货的双向交易报价。

（2）碳配额对减排量置换交易业务。该业务为企业提供了一种低成本的履约解决方案，通过将碳配额和减排量进行置换，帮助企业以较低的成本完成碳排放配额的履约。

（3）碳减排量购买交易业务。证券公司通过购买尚在申报阶段或未申报的减排项目的减排量，降低了企业因项目申报失败而可能面临的资金损失风险。

（4）碳抵消或碳中和交易业务。通过直接注销减排量来抵消客户碳排放的碳抵消或碳中和交易服务，为企业实现碳中和目标提供了便捷的途径。

（5）买断式回购交易业务。该业务允许企业向证券公司出售其碳排放权，以获得短期资金支持，并在约定期限内以预设价格回购所售碳资产。

3. 碳金融监管体系尚未形成

中国碳金融市场正处于起步阶段，相关的法律法规还不健全，阻碍了碳金融市场的进一步发展。目前仅有个别省、市颁布了一些碳排放交易方面的地方性法规，其中涉及部分碳金融产品的交易规则和监管要求，大部分地区碳金融交易缺少法律支撑，使碳金融交易在某种程度上存在一定的盲目性和风险性[15]。

四、中国大型油气公司碳金融应用案例

1. 中国石油启动首单自愿碳减排量期货交易和落地首张 CCUS 碳资产损失保险保单

2023 年 3 月，中国石油与英国石油公司（bp）签订自愿碳减排量（VER）交易协议，并正式开展自愿碳减排市场场内期货合约交易，将碳金融产品从配额场内交易向 VER 场内交易延伸。在此类碳金融交易中，中国石油采购英国石油公司印度光伏项目产生的部分自愿碳减排量，同时根据纽约商业交易所全球碳排放抵消（GEO）合约交割要求，通过期货交易进行保值和交割。中国石油在全球范围内加大了 VER 项目投资力度，充分利用碳金融衍生工具进行全球碳资源池的开发和建设，推动公司海外碳市场布局，助力实现"双碳"目标。

2023年9月，中国太平洋财险承保中国石油吉林油田保险金额为150万元的CCUS碳资产损失保险。这是中国石油开展的首张CCUS碳资产损失保险，对油气行业开展碳保险业务具有示范效应。CCUS项目碳资产损失保险可有效化解被保险人应用CCUS技术时所面临的风险，推动能源企业绿色低碳转型。

2. 中国石化发行油气行业第一支"碳中和债"

2021年4月，中国石化为募集光伏、风电、地热等绿色项目资金发行油气行业首支"碳中和债"，规模11亿元，发行期限3年，可实现每年减排二氧化碳36.28×10^4t、二氧化硫93.35t、氮氧化物98.07t、烟尘18.68t。此类碳债券对油公司推进新能源替代、优化绿色项目资金结构等方面具有示范效应。

3. 中国海油开展碳信托和碳配额质押融资业务案例

2021年4月23日，中国海油所属中海信托股份有限公司（以下简称中海信托）与中海油能源发展股份有限公司（以下简称海油发展）成立中国首单以CCER为基础资产的碳中和服务信托"中海蔚蓝CCER碳中和服务信托"，交易结构为海油发展将持有的CCER资产作为信托基础资产交由中海信托设立财产权信托，通过信托公司以转让信托份额的形式募集资金，其资金投入节能降碳产业，实现绿色能源发展路径。其中中海信托为信托资产的受托人，负责向资产持有人提供资金支持，并开展碳资产的管理与交易，结合信托与资产管理的优势，为碳中和提供碳金融服务。

2022年1月5日，中国海油旗下中海石油财务有限责任公司（以下简称海油财务）联合中海石油气电集团有限责任公司（以下简称气电集团）电厂，完成公司首例碳配额质押融资。此项碳金融产品由海油财务、气电集团和中国建设银行合作完成，以气电集团碳配额为质押，由海油财务和中国建设银行发放优惠利率绿色专项贷款，建立了碳金融产品的产融结合新模式。

第二节 碳信用市场

碳信用交易能有效提升碳减排项目的经济性。中国碳信用交易的主要机制为国家核证自愿减排量（CCER）交易。中国碳排放交易市场采用以配额交易为主导、以核证自愿减排量为补充的双轨体系[16]。碳排放配额交易主要针对控排企业，偏向于高碳排放企业，在配额市场之外引入自愿减排市场交易，侧重对减排项目的鼓励[17-18]。

一、碳信用市场概况

1. 碳信用市场

碳信用（Carbon Credit）指在经过联合国或联合国认可的减排组织认证的条件下，企业以增加能源使用效率、减少污染或植树造林等方式减少碳排放，由此得到可以进入碳交易市场的碳排放计量单位。

2. 碳信用交易作用

碳信用交易主要作用在于激励和引导企业行为。

一是碳信用交易将为企业提供经济激励，促使企业积极采取减排措施。碳信用交易通过市场机制，引导企业加大对低碳技术的研发和应用力度，促进产业绿色低碳转型，有助于推动形成全社会减排合力。二是碳信用交易有助于企业减排自愿配置。碳信用交易使企业可根据自身减排能力进行碳信用登记和出售，优化减排资源配置[19]。

3. 中国国家核证自愿减排量概念

国家核证自愿减排量（Chinese Certified Emission Reduction，CCER）是指对中国境内可再生能源、林业碳汇、甲烷利用等项目的温室气体减排效果进行量化核证，并在国家温室气体自愿减排交易注册登记系统中登记的温室气体减排量。CCER 单位以"吨二氧化碳当量（tCO_2e）"计，即 1 单位核证自愿减排量可抵消 1 吨（t）的 CO_2 排放量。碳市场中重点排放单位每年可以使用 CCER 抵消部分碳排放配额的清缴。

4. CCER 发展历程

CCER 发端于 1997 年《京都议定书》设计的清洁发展机制（CDM），此机制下通过实施减排项目可形成"经核证的自愿减排量"（简称"CER"），其主要购买方为发达国家，特别是欧盟，可用于欧盟碳排放交易体系（EU—ETS）配额抵消。2005 年到 2012 年的这一阶段是中国国际清洁发展机制项目快速发展期，但到 2012 年，欧盟规定 2013 年开始严格限制减排量大的 CDM 进入欧盟碳市场，只接受最不发达国家新注册的 CDM 项目，不再接受中国、印度等国家的 CER。此时，中国无法进入欧盟碳市场的 CER，于是向内突破，开始开辟国内温室气体自愿减排市场。2012 年 3 月，国家发展和改革委员会印发了《温室气体自愿减排交易管理暂行办法》和《温室气体自愿减排项目审定与核证指南》，标志中国 CCER 机制正式运行。2012—2014 年是国内 CCER 体系建设阶段，此阶段主要是为了支持地方碳市场试点的开展，鼓励非强制性减排行为。2015 年 CCER 开始进入交易阶段。中国试点碳市场允许 CCER 抵消部分排放配额，在准入类型上，除上海和湖北（只允许小水电），其余市场均排除部分水电项目。2017 年，发展和改革委员会发布了《关于暂停受理温室气体自愿减排交易项目备案申请及核证减排量登记申请有关事项的通知》，暂停了 CCER 体系的运行，主要原因是交易量小和市场不规范问题。2023 年 10 月 20 日，生态环境部正式颁布《温室气体自愿减排交易管理办法（试行）》，标志 CCER 开始重启，10 月 24 日，生态环境部公布首批 CCER 4 项方法学。直到 2024 年 1 月 22 日，全国温室气体自愿减排交易市场正式重启。

5. CCER 开发的意义

CCER 使生态资源价值得以在市场上进行交易，起到促进低碳发展的作用。

1）CCER 项目直接作用于清洁能源投资、建设、消纳

能源企业的清洁能源项目可直接申请 CCER 减排量参与市场交易，在成本规避驱动下，更多高耗电企业将会积极接纳清洁能源。在国家清洁能源补贴政策逐渐退坡情况下，CCER 交易成为企业清洁能源投资收益实现的重要渠道，CCER 的重启将吸引更多的企业投资清洁能源项目。

2）将推动传统产业绿色低碳转型技术开发应用

为获得更多的 CCER 收益或减少碳核减支出，纳入或可能即将纳入全国碳市场的减排企业需要先进技术与方法以提高其减碳效果，这将进一步推动环保技术的研发和应用。

3）助力向生态友好型地区转化

CCER 方法学涉及造林碳汇、红树林营造等领域，将促进中国林草碳汇的生态价值转化为经济价值，大幅释放中国生态资源丰富地区的发展潜力。CCER 的重启为生态资产价值市场交换提供了可能，推动植树造林等公益性质投资项目的社会效益、环境效益内部化，为生态资源价值评估提供科学依据，为生态资源向生态资产进而向生态资本转换提供支撑。通过经济方式将对生态友好型地区进行"补偿"的机制打通，有利于进一步开发丰富的生态资源，为中西部地区经济高质量发展提供新动力。

4）拓展绿色金融业务形态

CCER 可拓展金融产品创新渠道，例如银行可以提供更多与碳排放权挂钩的贷款或投资产品，保险公司可以提供与 CCER 有关的保险产品，证券公司可以提供与 CCER 有关的证券交易服务等。CCER 可盘活企业生态资产，银行以 CCER 证书为质押，可为企业提供低成本市场化减排的方式，可推动林地等生态资源丰富的企业经营业绩大幅改善，可以有效帮助企业盘活碳配额资产，拓宽企业资源变现资产的渠道，激发企业参与碳交易与践行"双碳"目标的积极性。

二、CCER 首批四类方法学

CCER 重启后公布了首批四个新温室气体自愿减排项目方法学，包括两个能源领域方法学和两个林业领域方法学，覆盖了绿碳、蓝碳和可再生能源三个方向，为环境保护和减少碳排放开辟了新的途径。

1. CCER 新方法学概况

2023 年 10 月 24 日，生态环境部公布了首批 CCER 项目四个新方法学，即《造林碳汇方法学》《并网光热发电方法学》《并网海上风力发电方法学》以及《红树林营造方法学》，明确了碳汇项目开发具体要求和相关流程，进一步规范全国温室气体自愿减排项目设计、实施、审定和减排量核算、核查工作。

1）造林碳汇方法学

（1）适用范围。

《温室气体自愿减排项目方法学造林碳汇（CCER-14-001-V01）》：造林碳汇适用于乔木、竹子和灌木造林，不包括城镇村及工矿用地绿化等。造林碳汇项目可通过增加森林面积和森林生态系统碳储量实现二氧化碳清除。该方法学属于林业和其他碳汇类型领域方法学。

造林是基于自然的解决方案，是通过森林生态系统固碳增汇、减缓气候变化的重要途径。造林碳汇项目通过增加森林生物质、土壤有机碳储量等，实现二氧化碳的清除。该方法学适用于乔木、竹子和灌木造林，包括防护林、特种用途林、用材林等造林，不包括经济林造林、非林地上的通道绿化（如乡村绿化、通道绿化、四旁植树、公园绿化等）、城镇村及工矿用地绿化。

（2）项目开发需满足的条件。

造林碳汇项目必须满足以下条件：① 项目土地在项目开始前至少 3 年为不符合森林定义的规划造林地。② 项目土地权属清晰，具有不动产权属证书、土地承包或流转合同，或具有经有批准权的人民政府或主管部门批准核发的土地证、林权证。③ 项目单个地块土地连续面积不小于 400m^2。对于 2019 年（含）之前开始的项目，土地连续面积不小于 667m^2。④ 项目土地不属于湿地。⑤ 项目不移除原有散生乔木和竹子，或原有灌木和胸径小于 2cm 的竹子的移除比例总计不超过项目边界内地表面积的 20%。⑥ 除项目开始时的整地和造林外，在计入期内不对土壤进行重复扰动。⑦ 除对病（虫）原疫木进行必要的火烧外，项目不允许其他人为火烧活动。⑧ 项目不会引起项目边界内农业活动（如种植、放牧等）的转移，即不会发生温室气体泄漏。⑨ 项目应符合法律、法规要求，符合行业发展政策。

（3）重点要求。

关于项目计入期，该方法学的要求为：项目计入期为可申请项目减排量登记的时间期限，从项目业主申请登记的项目减排量的产生时间开始，最短时间不低于 20 年，最长不超过 40 年。项目计入期须在项目寿命期限范围之内。项目寿命期限应在项目业主对项目边界内土地的所有权（或使用权）或项目边界内林木的所有权（或经营权）的有效期限之内。项目寿命期限的开始时间即项目边界内首次实施整地、播种或植苗的项目开工日期。

额外性论证，该类型的项目分为两类，分别为免予论证和一般论证。免予论证的项目要求如下：一是在年均降水量不大于 400mm 的地区开展的造林项目。年均降水量不大于 400mm 的地区可参考《国家林业局关于颁发〈"国家特别规定的灌木林地"的规定〉（试行）的通知》（林资发〔2004〕14 号）。二是在国家重点生态功能区开展的造林项目。国家重点生态功能区可参考《国务院关于印发全国主体功能区规划的通知》（国发〔2010〕46 号）、《国务院关于同意新增部分县（市、区、旗）纳入国家重点生态功能区的批复》（国函〔2016〕161 号）。三是属于生态公益林的造林项目。

2）并网光热发电方法学

（1）适用范围。

《温室气体自愿减排项目方法学并网光热发电（CCER-01-001-V01）》：并网光热发电项目将太阳能转换为热能以替代化石能源发电，避免了项目所在区域电网的其他并网发电厂（包括可能的新建发电厂）发电产生的温室气体排放，属于能源产业领域方法学。

并网光热发电适用于独立的并网光热发电项目或"光热+"一体化项目中的并网光热发电部分。并网光热发电项目兼具绿色发电、储能和调峰电源等多重功能，能够安全、高效、长时储存能量并且稳定供能，可为电力系统提供长周期调峰能力和转动惯量，是新能源安全可靠替代传统化石能源的有效手段。并网光热发电项目将太阳能转换为热能以替代化石能源发电，避免了项目所在区域电网的其他并网发电厂（包括可能的新建发电厂）发电产生的温室气体排放。

（2）需满足的条件。

该方法学适用于独立的并网光热发电项目，或者"光热+"一体化项目（指光热与风电、光伏等多能源组合的多能互补发电项目，包括"光热+风电""光热+光伏""光热+风电+光伏"等组合形式）中的并网光热发电部分，且并网光热发电部分的上网电量应可单独计量。项目应符合法律、法规要求，符合行业发展政策。

（3）重点要求。

该方法学的项目计入期要求项目寿命期限的开始时间为项目并网发电日期。项目寿命期限的结束时间应在项目正式退役之前。项目计入期为可申请项目减排量登记的时间期限，从项目业主申请登记的项目减排量的产生时间开始，最长不超过10年，且须在项目寿命期限范围之内。

符合该方法学适用条件的项目，其额外性免予论证。主要是由于为实现长时储能和稳定供能，并网光热发电项目能量转换环节较多，投资建设成本及后期运维成本高。同时，由于并网光热发电项目仍处于产业发展初期，存在因技术和投资风险带来的投融资障碍。

3）并网海上风力发电方法学

（1）适用范围。

《温室气体自愿减排项目方法学并网海上风力发电（CCER-01-002-V01）》：并网海上风力发电项目以风能替代化石能源发电，避免了项目所在区域电网的其他并网发电厂（包括可能的新建发电厂）发电产生的温室气体排放。

并网海上风力发电项目具有显著的温室气体减排效果和低碳示范效应，是可再生能源发电的创新性领域。风力发电可以算是一种零碳排放的能源形式，并网海上风力发电项目是以风力发电替代化石能源发电，因此可以助力降低对化石能源的依赖，并减少温室气体排放。

（2）需满足的条件。

方法学适用于离岸30km以外，或者水深大于30m的并网海上风力发电项目。项目应符合法律、法规要求，符合行业发展政策。

（3）重点要求。

该方法学的项目计入期要求项目寿命期限的开始时间为项目并网发电日期。项目寿命期限的结束时间应在项目正式退役之前。项目计入期为可申请项目减排量登记的时间期限，从项目业主申请登记的项目减排量的产生时间开始，最长不超过10年，且须在项目寿命期限范围之内。

符合该方法学适用条件的项目，其额外性免予论证。主要是由于并网海上风力发电项目受海洋环境复杂、关键设备依赖进口等因素影响，建设成本远高于同等规模的陆上风力发电项目。并网海上风力发电是可再生能源发电的前沿领域，相关技术专业性、创新性强。海上风力发电场运行维护工作量远高于同等规模陆上风力发电场，对技术人员和设备的数量、施工和管理能力提出了更高要求，并网海上风力发电项目普遍存在技术障碍。

4）红树林营造方法学

（1）适用范围。

《温室气体自愿减排项目方法学红树林营造（CCER-14-002-V01）》：营造红树林可通过增加红树林面积和生态系统碳储量实现二氧化碳清除，是海岸带生态系统碳汇能力提升的重要途径。方法学适用于在生境适宜或生境修复后适宜红树林生长的无植被潮滩和退养的养殖塘，通过人工种植构建红树林植被的项目，属于林业和其他碳汇类型领域方法学。红树林湿地是中国重要的海岸带生态系统，具有防风消浪、促淤护岸、固碳储碳和维持生物多样性等生态功能。

红树林植被修复项目可以通过人工种植红树林植被，增加红树林生物质和土壤有机碳的碳储量，实现二氧化碳的清除，是中国国土空间生态保护修复和生态系统碳汇能力提升的重要内容。

（2）满足的条件。

红树林营造项目方法学必须满足以下条件：① 在生态环境适宜或生态环境修复后适宜红树林生长的无植被潮滩和退养的养殖塘，通过人工种植构建红树林植被的项目；② 项目边界内的海域和土地权属清晰，具有县（含）级以上人民政府或自然资源（海洋）主管部门核发或出具的权属证明文件；③ 人工种植红树林连续面积不小于 $400m^2$；④ 不得改变项目边界内地块的潮间带属性，即实施填土、堆高或平整后的潮滩滩面在平均大潮高潮时仍全部有海水覆盖；⑤ 项目不进行施肥；⑥ 项目应符合法律、法规要求，符合行业发展政策。

（3）重点要求。

红树林营造的方法学项目计入期要求同造林碳汇。红树林营造是不以营利为目的的公益性行为。红树林易受极端气候事件和人为活动干扰，通常红树林植被种植和后期管护等活动成本高，不具备财务吸引力。符合该适用条件的项目，其额外性免予论证。

2. 新 CCER 开发流程

新 CCER 从项目开发到核证减排量上市交易一共有九个阶段（图 3-2-1）。

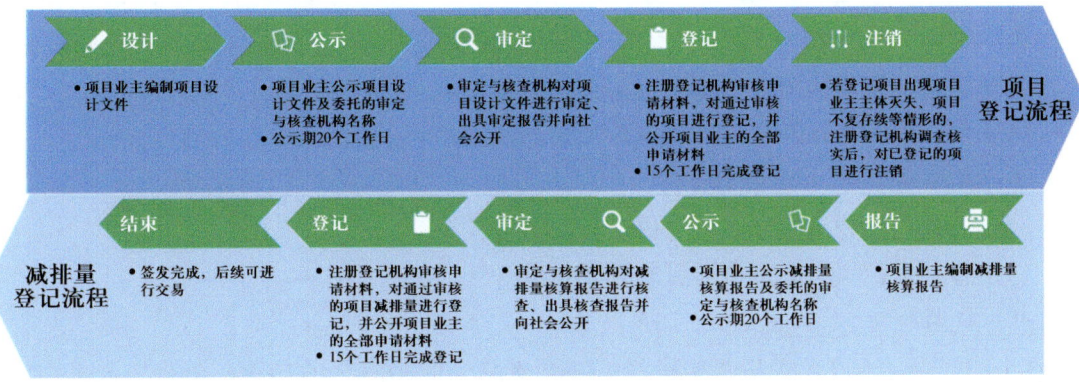

图 3-2-1　CCER 新规开发流程

1）项目设计阶段

编写项目设计文件，包含以下内容或步骤：

（1）选择适用的方法学；

（2）确定项目边界、排放源或汇和温室气体种类；

（3）识别基准线情景，论证额外性；

（4）确定项目开工时间和计入期类型和期限；

（5）确定减排量核算方法并预先估算减排量；

（6）制定监测计划；

（7）环境影响评价和可持续发展分析。

2）项目公示阶段

（1）通过注册登记系统公示项目相关材料；

（2）处理公示期间收到的相关意见。

3）项目审定阶段

（1）选择有资质的审定与核查机构实施审定；

（2）配合审定与核查机构开展审定工作。

4）项目登记申请阶段

（1）通过注册登记系统提交项目登记申请；

（2）注册登记机构对审核通过的项目进行登记。

5）项目实施、监测和减排量核算阶段

（1）按项目设计文件实施项目；

（2）按监测计划实施监测；

（3）核算减排量。

6）减排量公示阶段

（1）通过注册登记系统公示项目减排量相关材料；

（2）处理公示期间收到的相关意见。

7）减排量核查阶段

（1）选择有资质的审定与核查机构实施核查；

（2）配合审定与核查机构开展核查工作。

8）减排量登记申请阶段

（1）通过注册登记系统申请减排量登记申请；

（2）注册登记机构对审核通过的减排量进行登记。

9）交易阶段

（1）交易主体进入交易机构进行 CCER 交易，应当向全国 CCER 注册登记机构申请取得实名注册登记账户后，向交易机构申请取得实名交易账户。

（2）核证自愿减排量交易标的为交易主体从全国温室气体自愿减排注册登记系统划转至交易系统的核证自愿减排量，并按照其登记的温室气体自愿减排项目及产生年度进行区分。

3. CCER 新旧体系对比

自 2017 年 3 月 CCER 暂停备案到 2023 年 10 月开始重启，CCER 市场已经将近 7 年未开放新的项目审批。CCER 旧方法学中部分方法学已不符合当前产业政策导向，对近年涌现的创新减排技术缺乏相应方法学支持。比如旧方法学覆盖范围粗细不一，交叉重复，应用率较高的"可再生能源并网发电方法学"覆盖范围过于宽泛，将风电、光伏、水电、地热等大量项目涵盖在内，并过于依赖项目额外性判断项目是否符合条件。旧方法学要求监测的参数存在无法追溯、核查的情况，缺少对数据核查方法的指引，难以满足新自愿减排市场"双承诺"机制下的项目真实、数据准确要求等。新 CCER 重启，是在旧有 CCER 机制上的进一步完善，以更加符合全国碳市场的高质量发展以及"双碳"目标的推进落实。CCER 新规方面，在保障政策连续性的基础上，对登记流程、交易方式、审定监管等方面进行了调整创新；而新发布的一批方法学，相较于以往在额外性、技术要求方面有了一定调整。

1）项目签发流程简化、周期缩短

CCER 项目登记流程由旧规下的"设计—审定—备案—评估—登记"流程调整为"设计—公示—审定—登记—注销"，减排量登记流程由之前的"报告—审查—备案—登记"调整为"报告—公示—核查登记"。其中主要变化是方法学将由生态环境部统一发布，同时省去了项目业主向国家主管部门备案的环节。此外，新管理办法在项目审定和减排量审定之前增加公示环节和注销环节，让整个流程更加公开透明，也提升了注册登记流程的完整性。

CCER 的开发流程在 5 个月左右，但加上文件提交后的修改，审定机构、核证机构沟通，项目审定报告、项目检测报告的编写等程序之后，CCER 的开发一般会超过 5 个月。并且在上述流程结束之后，CCER 要想成功备案和减排量成功签发还需要主管部门的批准。国家主管部门组织专家进行评估和审核过程大概需要 3 个月。正常情况下，一个 CCER 项目从着手开发到最终实现减排量签发的时间周期要有 8 个月（图 3-2-2）。

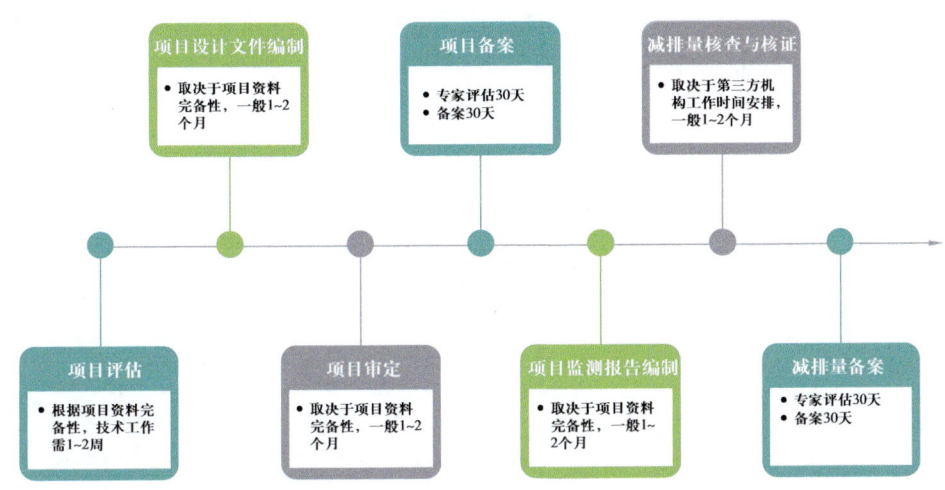

图 3-2-2　CCER 项目开发时间周期

2）交易结算通过统一场所完成

CCER 新规指出，已组织建立统一的全国温室气体自愿减排注册登记机构和全国温室气体自愿减排交易机构。CCER 不再通过各试点碳市场的交易机构分散交易，而是通过全国统一的交易机构，开展集中统一交易。北京绿色交易所承担 CCER 交易中心的职能。

3）监管责任强化，增加处罚措施

CCER 新规还强调压实项目业主的主体责任，要求项目业主和第三方审定与核查机构共同承担相关材料的真实性和合规性的责任，并接受相关部门与公众的监督。生态环境部将负责指导督促地方开展监督检查，市场监管部门依照法律法规和相关规定，实施日常监督检查，查处违法行为。此外，新规也新增了处罚措施，对具体的违法行为和处罚程度进行了明确。

4）额外性论证简化，满足条件即可免予论证

首批公布的四个方法学均设定了免予论证额外性的条件。与之前项目开发需要严格的额外性论证，必须证明其缺乏财务吸引力、需要通过 CCER 开发获得额外的经济收益相比，新公布的方法学降低了在 CCER 开发论证阶段的难度和成本，项目成功签发的概率有望提升。

5）监测技术和数据管理要求提升

监测技术紧跟国际前沿。新公布的 CCER 方法学一方面借鉴国际先进经验，另一方面

吸收国内相关行业管理要求及技术规范对相关监测技术也提出鼓励创新的技术应用。以造林碳汇方法学为例，其支持通过如无人机航拍、机载激光雷达等先进遥感技术监测林木生长，较传统的人工实地测量能够更加高效便捷、准确客观地实现固碳量监测和校核。

数据质量要求更加严格。CCER新规明确项目业主应当加强对项目实施情况的日常监测，确保项目减排量数据可测量、可追溯、可核查，监测数据应进行电子存档并保存10年。以海上风电方法学为例，文件中明确了对需监测的上网电量和下网电量等参数，给予了明确的监测点要求、监测仪表要求和质量保障和程序控制要求，并给出了监测设备在未能及时校准或精度不符合要求的情况下的处理方式。同时，方法学还鼓励项目业主采用信息化、智能化措施加强数据管理。新旧CCER管理办法对比见表3-2-1。

表 3-2-1　新旧CCER管理办法对比

序号	修订内容	2012年版CCER管理办法	2023年版CCER新规
1	主管部门	国家发展和改革委员会	生态环境部
2	项目申请主体	境内企业法人	境内企业法人和其他组织
3	交易主体	国内外机构、企业、团体和个人	符合规定的法人、其他组织和自然人。跨境交易由生态环境部会同有关部门另行制定
4	注册登记系统	国家登记簿	明确建立集中的注册登记系统
5	项目原则	真实性、可测量性和额外性	真实性、唯一性、额外性、保守性
6	项目登记流程	设计—审定—备案—评估—登记	设计—公示—审定—登记—注销
7	项目申请登记时间条宇	于2005年2月16日开工建设	于2012年11月8日开工建设
8	减排量登记流程	报告—审查—备案—登记	报告—公示—核查—登记
9	减排量核查与登记时间范围	—	新增可以分期申请，每期申请登记的项目减排量的产生时间应当在其申请登记之日前五年以内
10	交易标的	核证自愿减排量	核证自愿减排量，保留其他交易产品
11	温室气体范围	六种，包含二氧化碳（CO_2）、甲烷（CH_4）、氧化亚氮（N_2O）、氢氟碳化物（HFC_s）、全氟化碳（$PFCs$）和六氟化硫（SF_6）	七种，在原有的基础上新增三氟化氮（NF_3）
12	方法学发布	经国家发展和改革委员会备案、审定	由生态环境部负责组织制定并统一发布
13	交易场所	在国家登记簿登记并在经备案的交易机构内交易	统一的交易系统
14	交易方式	—	挂牌协议、大宗协议、单向竞价及其他符合规定的交易方式

续表

序号	修订内容	2012年版CCER管理办法	2023年版CCER新规
15	审定与核查机构准入门槛	较为模糊，具有一定数量的有经验审核员未出现任何不良记录	具备十名以上相应领域具有审定与核查能力的专职人员，其中至少有五名人员具有两年及以上温室气体排放审定与核查工作经历
16	审定与核查机构准入	通过注册地发改委向国家主管部门申请备案	—
17	监督管理要求	—	新增七项监管内容，明确了监督职责分工、"双随机、一公开"的监督检查原则，以及信息披露的监管措施
18	强制惩罚措施	仅针对交易机构、审定和核证机构：情节较轻的责令改正；情节严重，公布违法违规信息，并通告其原备案无效	新增进一步明确了针对弄虚作假、不遵守规范流程等违法行为的惩罚措施，包含项目业主、审定与核查机构、交易机构等多方利益主体

4. CCER项目核证重点要求

1）项目三项重点要求

项目需具有真实性、唯一性和额外性。

（1）真实性是指企业投资建设的温室气体减排项目必须真实存在，运行有效。主管部门会通过公示、审定、监管、追责等一系列措施保证项目的真实性。

（2）唯一性是指项目未参与其他温室气体减排交易机制，不存在项目重复认定或者减排量重复计算的情形。

（3）额外性是指作为温室气体自愿减排项目实施时，与能够提供同等产品和服务的其他替代方案相比，在内部收益率财务指标等方面不是最佳选择，存在融资、关键技术等方面的障碍，但是作为自愿减排项目实施有助于克服上述障碍，并且相较于相关项目方法学确定的基准线情景，具有额外的减排效果，项目的温室气体排放量低于基准线排放量，或者温室气体清除量高于基准线清除量。

2）项目额外性论证要点

额外性是温室气体减排机制的基石，对于CCER机制的成立至关重要。

（1）证明额外性的流程。

① 描述基准线情景：详细说明如果不实施该项目，将会发生的温室气体排放情况，这是评估额外性的基础。

② 项目额外性论证：需要提供项目额外性的论证过程，包括证据来源和各个论证步骤的结论。这通常涉及以下内容：项目的财务指标和存在的融资、关键技术等障碍；项目如何克服这些障碍，并且相较于基准线情景，实现额外的减排效果。

③ 使用额外性论证工具：利用方法学文件提供的额外性论证工具（1.0版）来评估项

目的额外性，确保项目在温室气体自愿减排交易机制支持下具有建设运行的可行性。

④ 可信性检验：进一步检验步骤②和步骤③额外性论证结论的可信性，确保论证过程的严谨性。

⑤ 提交额外性论证报告：将上述论证过程和结果整理成报告，提交给相关主管机构进行审核。

⑥ 审核与反馈：主管机构对提交的额外性论证报告进行审核，并提供反馈。项目开发者根据反馈进行必要的调整。

⑦ 最终评估与确认：在完成所有调整并满足额外性要求后，项目将接受最终的评估与确认。

（2）CCER项目不合规额外性举例。

① 常规实践：如果申请登记的CCER项目属于常规实践，则其不具有额外性。常规实践指的是在正常市场条件下，企业或个人会自发进行的减排活动，无须额外的政策或市场激励。

② 缺乏额外性论证：如果项目没有经过充分的额外性论证，或者论证过程存在缺陷，无法证明项目相较于基准线情景具有额外的减排效果，则可能被认为不合规。

③ 未克服融资和技术障碍：项目未能提供足够的证据证明其克服了融资和技术方面的障碍，或者这些障碍不足以影响项目的实施和减排效果。

④ 不符合额外性论证工具要求：如果项目未使用或未正确使用额外性论证工具（1.0版）进行评估，或者评估结果未能满足工具的要求，也可能导致项目额外性不合规。

⑤ 监测和核查不足：项目的监测和核查过程不充分或不规范，无法准确核算减排量，或者核查机构不具备相应资质，也可能导致项目额外性不合规。

⑥ 数据不准确或不可靠：项目提供的数据存在错误或误导性信息，或者数据来源不可靠，会影响额外性的评估结果。

⑦ 论证过程缺乏透明度和披露：项目的额外性论证过程缺乏透明度，关键信息未公开披露，或者披露的信息不足以支持论证结论。

⑧ 未通过可信性检验：项目的额外性论证未通过可信性检验，或者检验过程中发现论证逻辑不一致、数据支持不足等问题。

5. 并网海上发电项目开发价值潜力

1）发布并网海上风电方法学原因

海上风电的审批条件已从"双十规定"（即：离岸距离不少于10km、滩涂宽度超过10km时海域水深不得少于10m）升级为"单三十"（即：离岸距离30km以外或水深在30m以上），将促进海上风电从近海走向深远海的发展。由于"单三十"的海上风电项目在建设条件、主机技术、运维技术、人员管理等存在相对较大的障碍性；此外，大多数深远海项目在2022年补贴退坡后批准，项目电价低导致收益障碍，因此，此类项目普遍具有额外性。

2）增收潜力

根据风芒能源平价海风项目统计，2022—2023 年有 40 余个（约 30GW）海风项目符合"单三十"要求，但大部分项目仍在建设当中。海上风电的收益比较可观，100MW 的项目按 3500 运行小时估算，年签发减排量可达 17×10^4t。按照 CCER 50 元/t 计算，100MW 的项目一年的收益超过 800 万元。

6. 并网光热项目开发价值潜力

1）发布并网光热方法学原因

首先，光热发电仍处于产业化发展初期，产业链和整体装机较小，未形成规模效应。虽然大部分设备已经国产化，但投资仍然较高，远高于其他可再生能源。其次，光热技术路线相对复杂，建设和运维成本高。光热系统跨学科、跨领域，导致成本较高。另外，光热电价补贴政策变化导致项目经济性进一步下降。光热的度电价格降低至各省燃煤标杆电价。在风光热一体化项目开发模式下，受光热电价、光热光伏配比、储热容量、电加热器功率等因素影响，一体化项目中光热部分的收益率有明显差异，但均处于较低的水平，具有显著的、行业公认的额外性。

2）增收潜力

CCER 交易中最核心的环节就是计算实际减排量。减排量的计算原理是假定没有该光热发电项目时，同等的电量来自项目所在区域电网，减排量即该区域电网内现有或新增电厂生产同等电力产生的排放量。在减排量的计算方法方面，项目减排量 = 基准线排放 − 项目排放 − 项目泄漏。以中广核新能源德令哈 50MW 光热示范电站为例，该电站年减排量约 8×10^4t。CCER 按 50 元/t 估算，每年可为光热项目增加收益 380 万元。

7. 林业碳汇项目开发价值潜力

开发造林碳汇 CCER 项目有较高要求，需要提供造林的树种、面积、种植密度、造林图斑拐点坐标、造林前土地状况等材料。造林后管理及实施记录要求也较高。林地属性为国有林场的数据资料一般较为齐全；林地若为个人种植，则需组织签署碳权开发授权协议，过程较为繁琐。另外，造林碳汇与红树林营造项目在开发过程中监测水平要求高、碳汇核算方式复杂，致使碳汇项目开发难度较大，周期较长。保守估算每亩造林年均固碳量 0.6t，一个 $3.33\times10^8m^2$（50 万亩）的项目，按照 CCER 50 元/t 计算，总收益约为 1500 万元，随着碳价的上涨趋势，计入期 20~40 年总收益更为可观。

8. 企业 CCER 开发模式与建议

1）开发模式

企业 CCER 项目开发常用的模式划分主要基于在取得 CCER 收益之前，项目业主是否支付开发费用,以及开发费用的支付方式和支付的时间节点等。模式不同,项目业主承担的责任与风险不同,咨询机构收取费用的额度也会有比较大的区别。开发模式主要有三种。企业可以根据自己的特点,权衡利弊,择优选择开发路径。

模式一:除项目审定报告、减排量核证报告外,其他相关报告的编制及相关工作,均自行完成。

模式二:CCER开发全权委托第三方机构进行,咨询费用按委托工作量进行支付。

模式三:CCER开发全权委托第三方机构进行,咨询费用待CCER交易取得收益后,按一定比例支付。

2)项目开发建议

CCER项目开发,需要注意以下几点:(1)对具备开发潜力的项目进行盘查梳理,确定出可以开发的CCER项目名单,并依次开发。(2)CCER项目开发专业性很强,可选择第三方开发机构协助CCER项目的开发与管理。(3)一个项目从识别到最终交易,开发流程长、涉及环节多,企业在选择第三方机构时,要从开发能力、沟通协调能力等多个方面综合考虑。(4)CCER价格受政策预期、市场需求、市场供给、交易机制等因素影响较大,同时CCER价格还会受到碳中和需求以及国际碳排放抵消的影响[20]。

三、竹林、草地和海洋碳汇开发

1. 草地碳汇项目开发条件

按照国家主管部门颁布的方法学《可持续草地管理温室气体减排计量与监测方法学》,碳汇草地需满足:

(1)项目开始时土地利用方式为草地;

(2)土地已经退化并将继续退化;

(3)项目开始前草地用于放牧或多年生牧草生产;

(4)项目实施过程中,参与项目农户没有显著增加做饭和取暖消耗的化石燃料和非可再生能源薪柴;

(5)项目边界内的粪肥管理方式没有发生明显变化;

(6)项目边界外的家畜粪便不会被运送到项目边界内;

(7)项目点位于地方政府划定的草原生态保护奖补机制的草畜平衡区,项目区的牧户已签订了草畜平衡责任书。

2. 竹林经营碳汇项目开发条件

(1)实施项目活动的土地为符合国家规定的竹林,即郁闭度不小于20.20、连续分布面积不少于0.0667ha,成竹竹竿高度不低于2m、竹竿胸径不小于2cm的竹林。当竹林中出现散生乔木时,乔木郁闭度不得达到国家乔木林地标准,即乔木郁闭度必须小于0.2;

(2)项目区不属于湿地和有机土壤;

（3）项目活动不违反国家和地方政府有关森林经营的法律、法规和有关强制性技术标准；

（4）项目采伐收获竹材时，只收集竹竿、竹枝，而不移除枯落物；项目活动不清除竹林内原有的散生林木；

（5）项目活动符合对土壤的扰动要求；

（6）竹林经营活动要求：促进竹林发笋、改善竹林结构、维护竹林健康、竹种更新调整等。

3. 海洋碳汇

1）海洋碳汇发展潜力大

从碳库体量来看，海洋是世界上最大的碳汇体，海洋碳库的碳储量约为 39×10^{12} t，是陆地碳库的 20 倍、大气碳库的 50 倍，海洋生态系统固定了全球 55% 的碳，每年约有 30% 由人类活动排放到大气中的二氧化碳被海洋吸收。从效率来看，单位海域中生物的固碳量是森林的 10 倍，是草原的 290 倍[21]。CCER 交易层面仍存在海洋碳汇基础研究不足、评估标准和方法学不完善等问题[22]。

在"双碳"大背景和初步形成的海洋碳汇交易政策下，福建连江等地积极探索和推动了海洋碳汇的交易实践。交易标的集中于碳汇计量或方法学比较成熟的海洋碳汇系统，具体包括红树林、海草床、湿地及大型藻类、双壳贝类。购买方主要为银行、材料公司等企业及非政府组织（NGO），交易价格以线下磋商为主，以上交易实践对海洋碳汇交易机制的项目开发、流程探索等具有先行实践意义。中国海洋碳汇实践案例见表 3-2-2。

2）海洋碳汇主要问题

现有的海洋碳汇交易实践还面临着诸多困境：

（1）交易项目备案缺失。项目备案是碳汇开发与交易的首要环节，但从现有海洋碳汇交易的披露信息来看，已进行的交易无项目备案这一关键环节。这可能导致项目边界不清、基准情景设定失误、监测和报告可行性低等问题，尤其是在碳泄漏、生态环境的负面影响等方面因评估不足而导致偏差，最终可能导致项目不满足额外性这一交易核心条件。

（2）交易方法学及 MRV 不规范。从现有海洋碳汇交易实践来看，除湛江红树林交易的碳汇量核算符合方法学规范外，其他交易的碳汇量是依据科研机构的行标核算或自行监测及报告得到的数据，多数以碳移除量为碳汇量结果，未考虑基准情景、碳泄漏及生物碳泵、微型生物碳泵的碳沉积作用等海洋碳汇审定资质尚无明确规定。从已开展碳普惠的各地区政策来看，海洋碳汇还未正式纳入交易标的，也与地方所公布的方法学或核算指南不一致，更不符合地方碳普惠市场要求的注册、登记、备案等规程。

（3）交易平台不规范，碳抵消机制失灵。现有的海洋碳汇交易大多是线下交易，个别线上交易的交割平台（如海带、贝类、湿地）不具备 CCER 交易资质，交易平台不规范甚至未通过正式的交易平台。海洋碳汇买方的动力以提升社会影响力为主，而不是真正为了碳抵消和减排[23]。

表 3-2-2 中国海洋碳汇实践案例

案例名称	意义	时间	评估标准	评审方	报告方	供给方/业主	需求方/客户	交易平台	价格
湛江红树林	全国首个通过认证、首个交易的海洋碳汇项目	2021年3月	VCS、BCC	VERRA、自然资源部第三海洋研究所	自然资源部第三海洋研究所	保护区管理局	北京市企业家环保基金	未披露	未披露
连江海带	全国首个海洋渔业碳汇交易项目	2022年1月	HY/T 0305—2021	自然资源部第三海洋研究所	自然资源部第三海洋研究所	福州连江县亿达水产养殖公司	兴业银行厦门产权交易中心	厦门产权交易中心	8元/t
青浦贝类	全国首个海洋贝类碳汇交易项目	2022年5月	HY/T 0305—2021	自然资源部第三海洋研究所	自然资源部第三海洋研究所	林蚝（福建）水产有限公司	福建华峰新材料公司	福建海峡资源环境交易中心	18元/t
威海海草床	全国首个海洋碳汇保险项目	2022年5月	未披露	未披露	无	荣成楮岛水产有限公司	中国人寿保险财险省市两级配套联动	未披露	未披露
宁波海带、紫菜、浒苔	全国首个拍卖的海洋碳汇	2023年2月	HY/T 0349—2022	宁波海洋研究院	宁波海洋研究院	象山旭文海藻开发有限公司等	浙江易锻精密机械有限公司	未披露	106元/t
盐城湿地	全国首个湿地修复蓝色碳汇质押贷款	2022年9月	未披露	未披露	未披露	大丰区华丰农业开发有限公司	兴业银行盐城大丰支行	人民银行动产融资统一登记公示系统	全国碳市场CEA当日交易价格

四、项目开发涉及问题和注意事项

在 CCER 开发的过程中，项目参与方往往会遇到各种问题，根据碳减排项目开发工作的实践经验，将各阶段可能遇到的主要问题和注意事项进行了分类汇总。CCER 项目设计阶段的问题及注意事项见表 3-2-3，CCER 项目审定阶段的问题及注意事项见表 3-2-4，CCER 项目核查和核证阶段的问题及注意事项见表 3-2-5，CCER 注册登记系统问题及注意事项见表 3-2-6[24]。

表 3-2-3　CCER 项目设计阶段的问题及注意事项

主要问题	具体问题及注意事项
额外性论证	（1）项目活动开始日期：项目实施、建设和实际运行日期中最早的日期，用施工合同、设备采购合同等主要合同作为证据；（2）事前考虑减排机制证明：如果项目活动的开始时间晚于项目设计文件的公示时间，可视为项目已经事先考虑了减排机制；如果项目活动的开始时间早于项目设计文件的公示时间，项目需要证实减排机制带来的收入在项目投资决策中是必要的，证据包括项目董事会决议、与减排机制相关的培训等，证据之间的时间间隔最好不超过 1 年；（3）投资分析：所有财务数据要来自第三方有资质的机构完成的可行性研究报告，并有足够的证据支持，如电价证明文件
一致性问题	（1）项目名称在包括但不限于项目核准文件等其他文件中要一致，否则需要做变更；（2）如果项目设计与项目实际情况不一致，例如设计装机容量与实际铭牌不符，需要作出说明并提供证据支撑
可执行性	制定的监测计划要可执行，符合实际，避免事后申请变更，增加时间成本
关注同类项目	及时总结同类项目受关注的问题，如光伏项目电池组件发电效率的衰减，如果项目分机组投产则需要分机组计算项目减排量
沟通	（1）与业主保持良好的沟通（资料收集，理解规则要求）；（2）做好与第三方（如电网公司，设计院、设备厂家等）的沟通工作

表 3-2-4　CCER 项目审定阶段的问题及注意事项

主要问题	具体问题及注意事项
一致性	（1）项目名称和业主单位名称在不同文件中是否一致；（2）项目设计与项目实际情况是否一致；（3）主要发电设备（如水轮机和发电机）的型号和参数是否与已注册 CDM 项目的 PDD 一致。检验证据：机组铭牌，设备技术合同，已注册 CDM 项目的 PDD；（4）监测设备的位置和精度等级是否与已注册 CDM 项目的 PDD 中的监测计划一致。检验证据：电表标识；（5）额外性论证是否有足够的实质性证据支持
沟通	（1）CCER 项目咨询方与业主保持良好的沟通，使其了解 CCER 规则及审定机构的具体要求；（2）CCER 项目咨询方与审定机构保持密切沟通，及时了解审定机构的要求
数据/证据收集	（1）监测数据（电子、纸质记录）；（2）运行日志
监测计划	（1）监测计划执行情况，是否与备案 PDD 一致；（2）交叉验证监测数据真实性，通过发票等证据验证；（3）检查监测设备运行情况，校准记录；（4）质量控制执行情况

续表

主要问题	具体问题及注意事项
仪表检定	（1）测仪表投入使用前要有检定报告或出厂检定证明；（2）监测仪表要有周期性的检定报告，检定报告的时间间隔符合检定标准要求，与监测计划一致；（3）检定机构要具有相应级别的检定资质证书，证书的有效期要与检定报告一致
证据保存/记录	（1）对于换表、线路更改等特殊事件，要提供第三方出具的情况说明；（2）运行数据的纸质和电子记录要保存好；（3）监测仪表的检定记录保存完整
监测管理制度	（1）项目业主建立监测管理小组，清晰明确各相关人员的职责；（2）制定监测管理制度，相关人员清楚地了解监测数据记录要求和汇报程序
监测人员的培训	（1）运行人员要具有相关的上岗资格证书，如电工证；（2）运行人员在投运前要经过与监测相关的培训，并保存监测培训记录

表 3-2-5　CCER 项目核查和核证阶段的问题及注意事项

主要问题	具体问题及注意事项
一致性	（1）项目实际执行（运行）情况，是否有实质性、永久性变化，如项目规模变化、技术工艺变化，是否会影响监测方法学的应用。如有这类变化，需要申请方法学偏移或申请项目备案后变更；（2）接入系统是否变更：①集电线路数量是否变更；②接入变电站是否变更、变电站名称是否变更；③项目装机容量是否变更；④结算表位置是否变更、结算表精度是否变更；⑤备用线数量是否变更；（3）技术参数（如装机容量）是否变更
完整性	（1）监测设备信息是否完整；（2）运行记录、发票、结算单是否完整；（3）检定报告是否覆盖到监测期，是否保存完整
项目运行情况	（1）是否完成了竣工验收报告；（2）电量超发，需要解释原因；（3）实际减排量与估算减排量比较，需要在监测报告中简单解释原因
多期项目拆分电量	（1）是否有电表单独监测各个项目的电量；（2）是否有各自的电量结算单

表 3-2-6　CCER 注册登记系统问题及注意事项

主要问题	具体问题及注意事项
独立法人资格	要求独立法人资格，所有材料一定要清晰，可提供税务登记证（包括国税登记证和地税登记证明）
银行开户证明	银行开户证明原件（即开户许可证）复印件加盖公章
企业基本信息	所属行业参照《国民经济行业分类》（GB/T 4754—2011）填写四位代码及类别名称
账户代表	（1）账户代表包括 2 个，即发起代表和确认代表，需要提供账户代表身份证复印件；（2）法人代表、发起代表和确认代表要切记邮箱

第三节 碳普惠市场

中小微企业和居民个人也是重要的碳排放来源，并具有较大的减排潜力，然而面向中小微企业和居民个人的碳减排制度发展相对滞后。碳普惠机制是激励小微企业、社区家庭和个人节能减碳行为的机制。创新发展碳普惠机制不仅能够对碳交易市场起到良好的补充作用，支持多层次碳市场体系建设，而且能够激发小微企业和个人主动减排意愿。

一、碳普惠发展历程

1. 概念

碳普惠是指运用相关商业激励、政策鼓励和交易机制，带动社会广泛参与碳减排工作，促使控制温室气体排放及增加碳汇的行为。

2. 碳普惠发展

国内外碳普惠实施往往依托具有区域特色的碳普惠政策或实施方案，形成碳普惠体系顶层设计，构建相关制度标准和方法学体系并搭建碳普惠平台。碳普惠方法学是核算碳普惠财产权的基础，其基本原则是以量化公众低碳减排行为核心，设计核证特定低碳情景下的碳排放量和减排量，进而核证可交易的碳资产量。经过多年探索，碳普惠机制现已呈现多元发展格局，吃穿住行用在内的个人消费活动均被纳入碳普惠体系，涉及公共出行、环保回收、分布式电源发电[25]和电动汽车出行[26]等多类低碳行为，均取得相应减碳效果和引导效应。碳普惠类型见表3-3-1。

表3-3-1 碳普惠类型

类型	普惠对象	基本思路	数据来源
出行领域	绿色低碳出行的个人	对选择步行、骑行、公交电铁、网约拼车等低碳出行方式进行鼓励	公交公司、交通卡发卡公司、共享单车公司、网约车平台
循环利用	节能减碳行为的小微企业，家庭或个人	对垃圾分类、购买或出售二手用品、回收旧产品等行为进行激励	垃圾分类公司、回收平台
业务办理	以线上方式办理相关业务的个人	对选择线上方式缴水电费、购票、办理政务等办理方式进行激励	供电公司、燃气公司、政务平台
节省耗材	减少耗材使用	对自带水杯、避免使用量料袋、购买简易包装等产品的行为进行鼓励	销售企业、平台公司
林业碳汇	拥有林权的个人或集体	对开展森林经营等增汇行为的小微群体，通过交易方式给予激励	林业统计数据

中国碳普惠机制建设正处在试点探索阶段,虽然国家层面尚未出台统一的标准规范,但也发布了多项政策以推进碳普惠发展,体现出国家层面支持肯定碳普惠创新发展的基本态度[27]。2018年,国家发展和改革委员会、财政部等九部门联合发布《建立市场化、多元化生态保护补偿机制行动计划》,提出鼓励通过碳中和、碳普惠等形式支持林业碳汇发展,首次从国家层面正式提出碳普惠。2019年,生态环境部发布《大型活动碳中和实施指南(试行)》,提出经批准、备案或者认可的碳普惠项目产生的减排量可以抵消大型活动温室气体排放量。中国已有北京、上海、天津、广东、浙江等20余个省(市)和地区发布碳普惠发展的相关政策和规划,统筹推进地区碳普惠制度建设,30多个城市已经或正在开发碳普惠平台、探索构建碳普惠运行机制。从各地实践来看,典型的模式是借助碳普惠平台为减排机构和个人开立碳账户,以积分、碳币等形式量化节能减碳行为,并综合运用商业激励、政策支持、市场交易等方式实现碳资产的价值转化。同时,地方层面也开始探索建立区域性的碳普惠合作机制。2021年5月,上海环境能源交易所推动三省一市(江苏、浙江、安徽、上海)建立了长三角碳普惠联盟,并签署了《长三角区域碳普惠机制联动建设工作备忘录》,以此促进长三角地区碳普惠合作,打造区域碳普惠体系。2022年4月,广州碳排放权交易中心联合上海环境能源交易所、北京绿色交易所等9家碳排放权交易平台联合发布了《碳普惠共同机制宣言》,开启了更大范围的"碳普惠共同机制",区域性的碳普惠合作机制更进一步[28]。各省试点碳市场碳普惠实施见表3-3-2。

表3-3-2 中国各省试点碳市场碳普惠实施

省市	武汉	广东	深圳	成都	重庆	上海
政策文件	实施方案、管理办法	实施方案、暂行办法、管理办法	工作方案、管理办法	实施意见、管理办法	管理办法	体系建设方案、管理办法
方法学领域	分布式光伏发电、规模化家禽粪污资源化利用、居民低碳用电	可再生能源、能源替代、生态碳汇、废物利用、节能改造	低碳出行	能源替代、节能改造、生态碳汇	可再生能源、低碳公交、生态碳汇、甲烷利用	可再生能源、低碳交通、居民用电
平台建设	碳普惠登记平台、"武碳江湖"	碳普惠核证减排量交易平台	居民用电	"碳汇天府"绿色公益平台	"碳惠通"生态产品价值实现平台	沪碳行
运营主体	武汉碳普惠管理有限公司	广州碳排放权交易中心	碳普惠统一管理平台	成都产业集团	重庆征信有限责任公司	上海环境能源交易所
交易平台	湖北碳排放权交易中心	广州碳排放权交易中心	深圳排交所	四川联合环境交易所	重庆碳排放权交易中心	上海环境能源交易所

3. 碳普惠与 CCER 的区别

碳普惠与 CCER 在实施范围、约束形式、政策目标、数据特点、适用主体方面有所不同。碳普惠与 CCER 的区别见表 3-3-3。

表 3-3-3　碳普惠与 CCER 的区别

适用主体	碳普惠	CCER
实施范围	多为小微企业、社区家庭和个人	主要针对有一定规模的企业或组织
约束形式	群体在日常生活生产中涉及的小规模温室气体减排或增汇行为	企业或组织自愿参与且符合国家主管机构批准 CCER 方法学的减排项目
政策目标	集体和个人自愿实施的低碳行为，通过激励措施达到绿色低碳目的	企业的自愿投资行为，无强制约束
数据特点	推动改变生活方式，主动选择低碳产品，最终从需求端带动生产端自愿减排	短期以直接交易方式激励企业主动投资低碳、减排项目，长期可促进低碳技术的发展和进步
方法学	计算方法、排放因子精度要求，需要依靠在线平台、自动监测等技术手段实现	数据采集方法和计算方法有明确要求，必须遵循方法学等相关规定

二、碳普惠运行方式与发展模式

1. 碳普惠运行方式

碳普惠的运行机制主要包括四个环节：（1）对减排行为的记录。此环节对减排行为进行划定，建立纳入核算体系的减排行为清单，明确减排行为的分类体系、数据采集方式和量化标准等，实现对减排行为的科学记录。（2）减排量的核算。这一过程构建科学的核算体系和核算方法，要对减排行为记录数据进行处理，建立各类减排行为减排量与具体指标的数量关系，进而利用数学模型量化具体减排量，可以利用大数据和信息技术手段加以实现。（3）将减排量转化为碳资产。按照一定的换算规则，将减排量换算为统一、可使用的碳资产，如积分、碳币等，过程中还需要构建碳账户体系，支持各类主体开立碳账户，以此作为碳资产流通和价值转化基础。（4）碳资产的价值转化。通过使用商业兑换、市场交易、信用增信、政策支持等多种方式将碳资产转化为现实利益，是碳普惠实现闭环消纳的关键，也是推动碳普惠可持续发展的核心。（5）碳普惠机制的高效运行还离不开大数据和信息技术的支持。一方面利用信息技术对接公共数据和外部可用数据，实现个人减排行为数据的自动化采集和记录，同时利用数据挖掘技术实现减排量的科学、快速核算。另一方面，通过构建碳普惠平台，对接各方主体，既为各类主体碳资产管理提供载体，同时也为碳资产价值转化提供渠道，碳资产持有方可以通过平台兑换商品和服务，未来随着多层次碳市场体系的发展，还可以进入碳市场进行交易。碳普惠机制的高效运转需要互联网、大数据、碳金融、碳交易市场等的配合和支持[39]（图 3-3-1）。

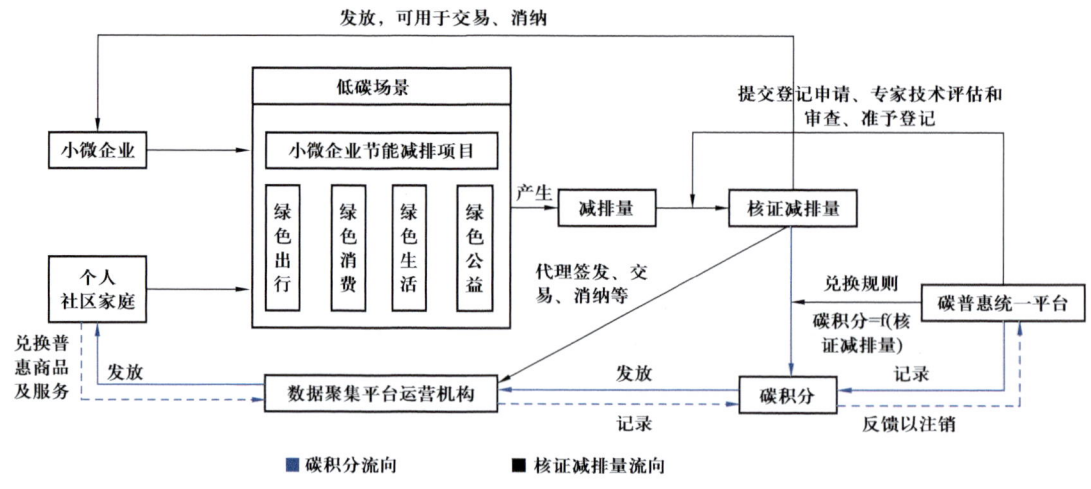

图 3-3-1　碳普惠机制运行方式

2. 发展模式

1）政府主导类

"双碳"目标提出后，碳普惠机制发展受到政府的高度重视。在国家层面，2022年10月和11月相继发布《中国应对气候变化政策与行动2022年度报告》和《中国落实国家自主贡献目标进展报告（2022）》均提出要探索开展创新性自愿减排机制——碳普惠，激励全社会参与碳减排。

在地方政府层面，2021年以来18个省市在政策推动层面提出要发展碳普惠机制，广东和山东两省以及深圳、上海、成都、重庆、天津等市相继发布碳普惠方案和相关管理办法。2021年后多个碳普惠相关政策的集中出台也反映了地方政府主导的碳普惠机制尚处于初期发展阶段，仍存在着碳普惠方法学以及低碳减排场景不够全面、公众感知度和参与程度不高等问题[30]。

2）企业主导类

与政府主导类碳普惠的公益性相比，企业主导类碳普惠机制具有一定的商业性，其大多围绕自身业务展开，从业务领域着手，将用户减排行为嵌入业务场景，推动用户节能减排的同时带动相关业务发展。企业主导类碳普惠通常以鲜明的业务场景为基础，将业务与低碳行为相结合，其主要运作模式为：企业通过平台收集和记录用户在不同场景下的低碳行为，并根据设定的计算规则将低碳行为换算为积分、能量等碳资产，碳资产可兑换为相应的商品或优惠服务。在促进绿色低碳的同时提升自身业务活跃度，但是在碳资产价值实现方面略显薄弱，一般只支持用户将碳资产用于支持社会公益事业或兑换优惠权益，其激励效果相对有限。

3）银行主导类

银行主导的碳普惠机制主要以个人碳账户和低碳信用卡两种方式为主。个人碳账户以客户借记卡、信用卡等账户为基础,基于交易数据识别交通出行、生活缴费、电子政务、数字服务等场景的低碳行为,参考政府发布的碳减排量核算方法或自行制定的核算方法计算出减排量,以此赋予用户相应的碳积分,积分可用于兑换积分商品、商户消费优惠、金融服务费减免等权益。除了兑换权益外,还有银行将碳积分与差异化金融服务挂钩。低碳信用卡与个人碳账户类似,只是在信用卡开卡流程、卡片设计和权益设置等方面更多体现低碳理念,在使用上,低碳信用卡更多地提供数字化线上服务,同时以信用卡账户消费记录为基础,记录并核算个人低碳行为,进而转化为碳积分,用户可以兑换绿色权益与服务。

3. 企业参与模式

企业参与碳普惠的模式主要包括:(1)建设自有碳普惠平台,提高企业产品用户与合作伙伴互动性;(2)与成熟碳普惠平台合作,扩大影响力;(3)参与碳普惠方法学和新减排场景开发;(4)积极响应本地政府主导的碳普惠尝试;(5)参与碳普惠减排项目开发。

4. 案例:北京绿色出行碳普惠

北京绿色出行碳普惠是以 MaaS 平台为载体,以打造绿色零碳出行体系为导向,基于统一标准的方法学,设计行之有效的运行机制,将出行体验提升、社会价值满足、社会目标实现形成一个闭环的碳普惠体系。绿色出行碳普惠涉及三大主体,即政府、MaaS 运营服务商以及社会公众,其中政府负责制定政策和规则、搭建合作平台和实现社会目标;MaaS 运营服务商作为提供一体化出行服务的载体,通过信息整合和运营组织,在提升出行者服务体验的同时,汇集个人碳减排量参与碳市场交易并给予出行者相应奖励;社会公众则是低碳出行的需求主体,通过践行绿色出行获得碳减排量,实现个人社会价值的获得感。

北京市自 2019 年起启动 MaaS 平台建设,通过整合地面公交、地铁、市郊铁路、步行、骑行、网约车、航空、铁路、自驾等各种交通出行数据,提供公交到站预报、公交/地铁车厢拥挤度信息、全程换乘/下车提醒等多种功能,有效提升了市民绿色出行服务体验。为推动绿色出行从理念倡导向激励引导进一步升级,北京市应用 MaaS 平台创新性提出绿色出行碳普惠激励模式,并于 2020 年 9 月 8 日正式发布了"MaaS 出行绿动全城"绿色出行碳普惠激励活动。社会公众可通过 MaaS 平台(借助高德地图或百度地图)使用公交、轨道、步行、骑行等方式参与低碳出行,获得碳减排量后可兑换相应的奖励,该奖励资金主要从碳交易市场中获得[31]。例如,以家住北京洋桥附近,前往六里桥某大厦的王先生为例。王先生在 MaaS 平台(高德地图或百度地图)上注册活动后,出发时使用平台导航步行 1km 前往公交站,刷卡乘坐公交后到达六里桥站,随后开启导航骑行 1.5km 到达目的地,王先生此次出行将累计获得 3.2kg 的碳减排量,可在 MaaS 平台上兑换奖励。

第四节　碳积分市场

为鼓励低碳汽车发展，多个国家对汽车制造商卖方制定了排放额的限制。车企制造商如果超额完成政府制定的任务将获得碳积分，而且碳积分能出售给未达标的车企制造商，碳积分可以推动扩大生产新能源车的比例，降低交通碳排放压力。另外，中国也在研究汽车行业碳的双积分管理政策向碳排放管理政策转变。

一、碳积分

1. 碳积分概念

碳积分是衡量新能源汽车生产商通过销售"零排放汽车"减少碳排放量贡献的机制。生产商每卖出一辆符合要求的新能源汽车，便可以获得一定的积分（积分数量与具体车型相关），需每年按照规定向政府缴纳足够份额的积分，否则会受处罚。

2. 碳积分交易机制

并非每一家公司都有能力自主生产符合"零排放"要求的车型，同时也不可能要求消费者违背自己的喜好必须购买新能源汽车。没有办法通过出售新能源车获取足够积分的生产商，便可以从有多余积分的生产商那里购买，双方按照市场交易规则自行约定价格，交易积分。

二、碳积分交易机制

1. 美国的碳积分政策

美国碳积分是指监管信用额（Regulatory Credits），是美国联邦政府和各州政府为鼓励环境零污染行为而给予的积分。每一个汽车生产商都需要按照州的规定出售达到排放标准的一定比例的"零排放汽车"，包括但不限于电动汽车、混合动力汽车、燃料电池汽车等。如果车企不卖新能源汽车，或者卖不到足够的比例需要接受缴纳罚款、限售，甚至取消卖车资格等处罚。如果不想受罚，要么改善自身车辆的排放，或转而生产无排放的电动汽车，或向有多余积分的电动车企购买积分。比如在加利福尼亚州，特斯拉、福特、通用汽车等汽车制造商必须按照法律要求，使其生产和销售的所有汽车达到特定的最低排放标准。法律规定，如果特斯拉等汽车制造商获得的信用额度超过规定的最低额度，他们可以保留多余的信用额度。有多余信用额度的汽车制造商可以将其信用额度出售给其他制造商。这种积分方式有两种：一是 ZEV（零排放汽车）法规积分。由于电动汽车零排放，特斯拉获得了大量的加州规定的 ZEV 信用额度，特斯拉可以将这些信用额度出售给其他汽车制造商；另一种是温室气体信用额，与 ZEV 监管信用额类似，但温室气体信用额适用于联邦层面，要求汽车制造商遵守排放标准。

2. 中国双积分政策

中国碳积分政策采用的是双积分政策：燃料消耗量积分与新能源汽车积分。对于这两个积分，分别设立达标值，燃料消耗量积分设定的是油耗标准，若生产的燃油车油耗高于油耗标准，产生负积分，油耗小于标准，产生正积分；新能源汽车积分设定的是新能源车销售占比，若生产的新能源汽车数量占比小于达标值，产生负积分，多于达标值，产生正积分。国家通过惩罚措施，让出现负积分的车企购买积分付出经济代价，最终通过积分政策推动扩大生产新能源汽车的比例，从而达到缓解能源和碳排放压力的目的。

3. 特斯拉碳积分获利

特斯拉公司在2023年通过售卖碳积分所得到的收入达到17.9亿美元，超过了2022年的17.76亿美元，创历史新高。2022年特斯拉的碳积分收入占汽车总收入的2.5%左右。从2009年以来，特斯拉在中国、欧洲和美国的加利福尼亚州等市场，通过出售碳积分所获得的累计收入已经达到90亿美元。但是随着其他汽车制造商加大电动汽车的生产，单辆汽车碳积分获取的收入正在逐渐减少。2015年，特斯拉每交付1辆汽车，可获得3340美元监管信用额，但是到2023年特斯拉共交付了181万辆，每辆车是989美元的监管信用额，每辆车监管信用额收入大幅下降。

4. 中国双积分政策向碳排放管理转变

2024年9月，中国工业和信息化部表示正在研究双积分政策向碳排放政策转变模式。当前，双积分政策的积分供需不平衡和积分交易价格波动大的局限性逐步显现，一定程度上削弱了政策对车企研发新能源车型的推动力。另外，双碳积分政策主要关注单车燃料消耗和新能源积分，没有反映汽车全生命周期和各类车型的碳排放，转向碳排放管理可以实现对车企碳排放水平的全面监控。中国未来将向建立统一的碳排放核算标准与体系、完善碳排放交易激励、强化新能源汽车全生命周期碳管理等方面转变。目前，北京、上海、深圳三个碳试点市场已经把交通运输行业纳入交易范畴。交通运输企业参与碳排放交易的规模在不断增加，进一步深度参与全国碳市场也势在必行。

三、新能源汽车碳信用开发

新能源车在碳市场除了开发碳积分市场以外，还可利用碳信用市场。

1. 新能源车VCS碳信用开发

新能源汽车作为交通领域重要减排技术，能够通过核证碳标准（VCS）等碳信用机制开发获利。VCS由国际气候组织、世界可持续发展工商理事会等联合创建，旨在为国际自愿碳减排交易提供一个全球性的质量保证标准，解决自愿减排项目合规性问题。中国已有新能源汽车出行 VCS 碳资产项目处于开发阶段,包括绿色慧联有限公司新能源商用车车队项目、如祺出行广州市新能源乘用车交通项目。VCS 项目开发方案情况见表 3-4-1。

表 3-4-1　VCS 项目开发方案

项目名称	绿色慧联有限公司新能源商用车车队项目	如祺出行广州市新能源乘用车交通项目
发行日期	2023 年 3 月 30 日	2022 年 10 月 30 日
项目地点	中国	中国广东省广州市
项目发起方	绿色慧联有限公司	广州祺宸科技有限公司
涵盖车型	微面、厢式货车	5 座乘用车
基准线场景	同类型燃油商用车提供相同服务产生的碳排放量	同类型燃油乘用车提供相同服务产生的碳排放量
项目场景	新能源商用车代替燃油车在运送货物中的温室气体排放量	新能源乘用车进行出行服务产生的碳排放量
预估减排量	34147t CO_2e/a	51313t CO_2e/a
采用的方法学	CDM 方法学:AMS-Ⅲ.C.通过电动和混合动力汽车实现减排	

来源:中汽数据。

2. VCS 碳信用开发

VCS 碳信用开发流程多,周期长(图 3-4-1)。VCS 项目开发流程包括以下七个步骤:

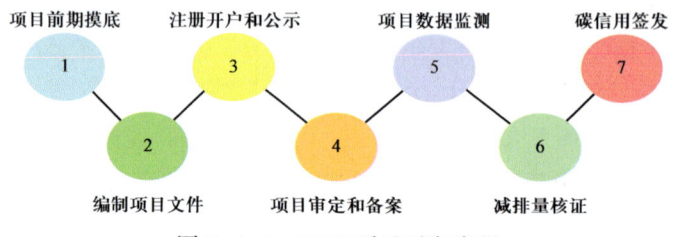

图 3-4-1　VCS 项目开发流程

(1)项目前期摸底。通过实地调研,整体了解项目实际情况,识别政策、标准、方法学等方面的项目合规性风险。初步论证项目额外性、基准线,估算碳减排量和经济收益,给出项目可行性结论。

(2)编制项目文件。按照 VCS 标准要求编制项目设计文件,核心内容包括各项准入条件的声明、额外性论证、基准线识别、减排量计算、制订监测计划等。同时准备相关商务和法律文件。

(3)注册开户和公示。按照要求准备相关材料向 VCS 注册处申请开户,VCS 根据内部流程确定是否符合相关要求,并最终影响开户申请是否通过。通过后需要向利益相关方公示项目设计文件，并接受相关方质询。

（4）项目审定与备案登记。聘请独立的第三方审核机构对项目进行审定，包括文件评审、现场核查、不符合项整改等过程，判断项目合规性。审定机构需提交审定报告，符合要求的项目可进行备案登记。

（5）项目数据监测。根据项目设计文件中的监测计划开展数据监测工作，新能源汽车主要监测车辆实时监控（Real-Time Monitoring，RTM）数据，因此应确保相关系统处于正常运行状态。同时需建立一套符合要求的数据采集、记录、统计、报告流程，并按照数据监测情况编制监测报告。

（6）减排量核证。由独立的第三方机构对减排量数据进行核证，结合各项原始证据评估监测方法和各项数据的完整性、科学性、真实性等，确保减排量数据计算过程准确无误。

（7）碳信用签发。提交签发申请、监测报告、核证报告、核证声明等文件，碳信用签发后将进入业主账户。

参 考 文 献

［1］相超，王川. 碳金融模式综述及对油气公司的建议［J］. 国际石油经济，2023（10）：30-41.
［2］UNFCCC. Introduction to climate finance［EB/OL］. https://unfccc.int/topics/climate-finance/the-big-picture/introduction-to-climate-finance.
［3］IPCC. Climate change 2014 synthesis report［EB/OL］. https://www.ipcc.ch/site/assets/uploads/2018/02/SYR_AR5_FINAL_full.pdf.
［4］王遥，崔莹，洪睿晨. 气候融资国际国内进展及对中国的政策建议［J］. 环境保护，2019，47（24）：4.DOI：CNKI：SUN：HJBU.0.2019-24-009.
［5］董宣. 石油公司如何利用绿色债券实现低碳发展？［EB/OL］. http://news.cnpc.com.cn/system/2021/04/13/030029871.shtml.
［6］姚前.《碳金融产品》标准研制与应用发展［J］. 清华金融评论，2023（2）：14-16.
［7］王遥，刘倩. 2012 中国气候融资报告：气候资金流研究［M］. 北京：经济科学出版社，2013.
［8］谢庆裕，高国辉. 国内首宗互换型碳交易昨在粤产生［N/OL］. 南方日报. 2015-6-11.
［9］曾刚，苏小军. 信托公司碳金融业务发展模式与路径［J］. 当代金融家，2021（4）：114-117.
［10］鲁政委，叶向峰，钱立华，等."碳中和"愿景下中国碳市场与碳金融发展研究［J］. 西南金融，2021（12）：3-14.
［11］吴文娟，张熙. 全国首单"碳保险"落地湖北［OB/OL］. https://www.hubei.gov.cn/hbfb/hbzz/201611/t20161119_1632412.shtml.
［12］李京，赵禹程，李昊霖，等. 中国金融机构布局碳金融综述［J］. 电气技术与经济，2023（6）：189-195.
［13］郭奕男，季宇，李楠博. 碳金融市场发展存在的问题及对策研究［J］. 商业会计，2022（15）：3.
［14］薛畅. 中小银行碳金融业务发展的 SWOT 分析［J］. 河北金融，2022（9）：5.
［15］卢鹏宇. 中国碳金融市场发展及国际经验借鉴［J］. 青海金融，2022（11）：6.
［16］杨伟中. 金融赋能自愿碳市场稳健发展［J］. 中国金融，2022（21）：40-42.
［17］吕晶晶. 中国碳排放交易的现状和对策探讨［J］. 中国商论，2022（22）：26-28.
［18］谭鑫，杨怡. 云南生态产业化的林业碳汇发展路径探析［J］. 西南林业大学学报（社会科学），

2022, 6（6）：5-10.

［19］李艺轩，于歆，梁月虹，等．完善中国碳信用交易机制的政策建议［J］．新金融，2024（3）：59-64.

［20］巨烨，王侃宏．碳资产交易：CCER 项目开发与管理［J］．中国财政，2023（11）：84-85.

［21］赵鹏，姜书，石建斌．《气候变化中的海洋与冰冻圈特别报告》的蓝碳内容及其影响［J］．海洋科学，2021，45（2）：7.DOI：10.11759/hykx20200404001.

［22］杨越，陈玲，薛澜．中国蓝碳市场建设的顶层设计与策略选择［J］．中国人口·资源与环境，2021，31（9）：92-103.

［23］董敬明，刘子飞，陈丽梅．中国海洋碳汇交易政策、实践及展望［J］．中国科学院院刊，2024，39（3）：519-527.DOI：10.16418/j.issn.1000-3045.20230.

［24］孟早明，葛兴安．中国碳排放权交易实务［M］．北京：化学工业出版社，2017.

［25］周鹏，朱晓彤，吴俊，等．考虑参与碳交易市场的大规模屋顶光伏经济性分析［J］．电力工程技术，2023，42（6）：83-90.

［26］任焕焕，李冰阳，夏丽娜，等．中国新能源汽车出行碳资产开发现状及应用展望［J］．石油石化绿色低碳，2022，7（6）：1-6.

［27］深圳市生态环境局．深圳市居民低碳用电碳普惠方法学（试行）［EB/OL］．［2022-06-21］.https://www.sz.gov.cn/szzt2010/wgkzl/jcgk/jcygk/zdzcjc/content/mpost_9899162.html.

［28］高步安，徐家庆．碳普惠的经济运行逻辑、实践模式及创新发展的现实进路［J］．财会通讯，2024（6）：19-24.DOI：10.16144/j.cnki.issn1002-8072.2024.06.007.

［29］陈璐，石家铮，郑天奥，等．碳普惠下居民减排量形成—聚合—交易模式［J/OL］．电力自动化设备，1-14.https：//doi.org/10.16081/j.epae.202403021.

［30］胡晓玲，崔莹．碳普惠机制发展现状及完善建议［J］．可持续发展经济导刊，2023（4）：23-27.

［31］范雨萱，郭淇，赵欣迪．"双碳"目标下全国社区家庭碳普惠平台的开发与建设［J］．科技传播，2013，15（9）：15-17.

第四章 企业碳资产管理

全球约束温室气体排放，导致二氧化碳排放权具有稀缺性，并成为一种有价商品。碳市场使得碳排放配额和碳减排信用等具备了价值储存、流通和交易的功能，进一步衍生出了"资产"属性。新能源发展也推动了绿电市场和绿证市场的发展，使其具备降碳环境价值。碳配额、碳信用和绿电绿证等碳资产成为继现金资产、实物资产、无形资产之后的另一类新型资产。随着全球气候治理和企业低碳转型不断深入，以及碳交易全球影响力的提升，企业碳资产规模在扩大，如何进行有效的碳资产管理，抓住政策空间、化解风险，为企业的发展增添动力，是每一家有碳排放需求的企业所要面临的重要问题。

第一节 碳资产管理体系框架

在"双碳"目标驱动与全国碳交易市场建立的背景下，中国企业碳资产管理迎来新的机遇。碳资产管理是企业层面实现碳减排目标和低碳转型的关键一步。

一、碳资产管理内涵

1. 碳资产

碳资产是指在强制碳排放权交易机制或者自愿碳排放权交易机制下，形成的具有商业价值和可交易性质的碳减排权利或碳减排成果[1]。

碳资产有广义和狭义之分，狭义碳资产主要指碳配额、碳信用等资产，例如碳配额资产 CEA（中国碳市场）、EUA（欧盟碳市场）、BEA（北京试点碳市场）等，碳信用资产例如 CDM 机制下的 CER、VCS 机制下 VCU 和中国核证自愿减排机制下的 CCER 等。广义的碳资产泛指与碳排放相关的能够为企业带来直接和间接利益的资源。因此，碳资产还包括环境权益资产以及绿色资产，例如国际绿证、中国绿色电力证书、用能权、排污权、绿色固定资产、绿色产品和服务等；部分资产暂时无法通过市场机制直接变现，但可为企业带来间接收益，例如低碳技术、绿色技术、绿色公益项目、可再生能源开发权等也属于广义上的碳资产（图 4-1-1）。

2. 碳资产管理

碳资产管理是指以碳资产的取得为基础，战略性、系统性地围绕碳资产的开发、规划、控制、交易和创新的一系列管理行为，是依靠碳资产实现企业价值增值的完整过程，涉及全生命周期和全产业链的碳排放管理，包括实物管理、技术管理、价值管理和综合管理等（图4-1-2）。其中，实物管理确保碳减排项目按规划和要求运营，监测碳排放数据，包括碳盘查、碳综合利用、碳排放等的管理，是价值管理的基础。技术管理推广低碳技术，从而提高能源效率和减少碳排放，这些技术包括减排技术、能效技术、低碳解决方案等，是碳资源转变为碳资产的技术支撑。价值管理评估碳资产价值，实现保值增值，包括CCER项目开发、碳交易以及碳的金融衍生品，体现的是碳资产价值实现。综合管理制定碳减排战略和目标，确保碳资产管理的有效实施和监督，包括规划、制度、流程、培训、咨询、风险等的管理，是碳资产管理的基础。企业需综合考虑这些方面，与政府、行业组织等合作，推动碳资产管理的实施和发展。

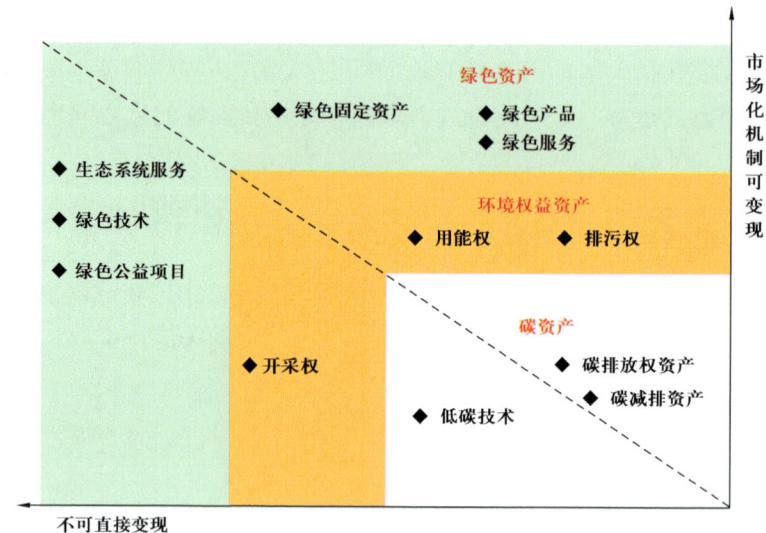

图4-1-1　碳资产分类

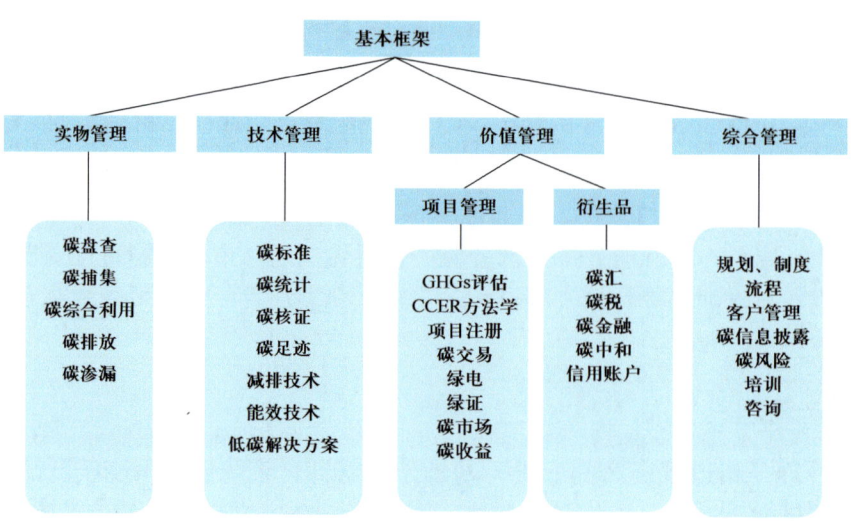

图4-1-2　碳资产管理框架图

3. 碳资产属性

碳资产具有多重属性，其产生于强制性履约政策，所有权可以清晰界定，数量可以计量，可交易，具有政策性、稀缺性、商品性、投资性和金融性。

（1）政策性：碳资产非实际存在的物品，是由国家政策制度给予了其法律地位，其价值的彰显也依托于相关政策、法律的规定。碳资产的这一属性使得参与其中的企业会同时面临政策紧缩期与放宽期的挑战与机遇。

（2）稀缺性：碳资产是一种以数字化为载体的环境权益资源，会随着企业的生产而被消耗使用。由于碳排放量受到严格控制，排放权成为一种具有稀缺属性的资产，并且随管控趋于严格，资产稀有属性愈加明显。

（3）商品性：企业可以通过有效的碳排放管理，结余出部分碳配额，将其在碳资产交易市场卖出。若碳排放管理不当，导致配额不足当期清缴，则须从市场中购进相应量的配额。从这个角度看，碳资产类似于可交易的大宗商品，具有商品属性。

（4）投资性：碳资产能够在公开市场中进行买卖交易流通，能够产生经济利益流入，具有投资性。

（5）金融性：参与者可以通过出售或抵押碳资产获得流动性，其本身具有一定的资金融通功能。与普通的金融资产"代表未来的潜在收益"不同，碳资产代表的是"避免未来潜在的成本或支出"。碳资产交易衍生出的用于规避风险的如碳期货、碳期权、碳掉期等工具也具有鲜明的金融属性。

4. 碳资产价值的影响因素

碳资产价值受政策因素和外部因素共同影响。

（1）政策规则因素。碳市场的政策框架包括顶层制度和补充性制度。顶层制度包括覆盖范围（温室气体种类、覆盖行业、公司数量）总量设定、配额分配、交易机制和履约机制；补充制度则是在碳市场规则体系的基础上，对碳配额供需进行调节、稳定碳价的制度，例如欧盟的市场稳定储备机制、中国的灵活履约机制。碳市场的总量设定、配额分配等政策规则决定碳配额的供需面，形成碳排放权资产价值基础。

（2）能源价格、宏观经济、极端天气等外部因素。碳排放源头化石能源的价格会影响碳市场价格。企业化石能源使用量增加，二氧化碳排放量增加，提升碳配额的需求，能源价格与碳价易出现同向上升。但由于全国统一碳市场成立时间短，碳市场发展初期与金融市场间关联性不强，导致碳市场价格与化石能源价格之间的相关性偏弱。极端天气的出现往往会叠加能源供应因素，复合影响碳市场价格。极端天气容易导致企业或居民对供暖（或制冷）的需求急剧增大，通过影响传统化石能源的供需影响碳价。碳市场影响因素见表 4-1-1。

表 4-1-1　碳市场价格影响因素文献分析

作者	研究影响因素	研究结论
夏睿瞳（2022）[2]	煤炭、石油、宏观经济指标 PMI、极端天气	基于中国碳市场试点，煤炭和石油价格主要表现为与碳价正相关，受石油价格影响更大，极端天气和宏观经济变量也均与碳价显著正相关
许悦，常宁京（2023）[3]	煤炭、石油、天然气、异常天气	基于中国碳市场试点，长期来看，煤炭和石油价格对碳价均有正向影响；天然气与碳价无明显作用；异常天气与碳价存在正相关性
Shihong Zeng, et al.（2017）[4]	煤炭；历史碳价	基于北京碳市场，煤炭的波动性对北京碳价有显著正向影响；北京碳价显著由本身的历史碳配额价格所影响
Bogang Lin, Bin Xu（2021）[5]	煤炭；可再生能源价格	基于欧盟碳市场，煤炭价格与碳市场价格呈现出倒 U 形关系；可再生能源价格与碳价呈现 U 形关系，当可再生能源成本逐步降低，碳价越高，绿色溢价越明显
张跃军，魏一鸣（2010）[6]	化石能源价格	基于欧盟碳市场，油价冲击是影响碳价波动最显著的因素，其次是天然气和煤炭，但天然气对碳价波动的影响持续时间最长
赵立祥，胡灿（2016）[7]	政策因素、市场环境、气候变化、能源价格	政策因素和市场环境对碳价格影响更为显著，气候变化和能源价格对碳交易价格影响较小，四者影响均为正向，但市场环境影响最为显著

资料来源：中金公司研究部。

5. 企业进行碳资产管理的意义

（1）形成减排良性循环，实现可持续发展。在碳资产管理中，排放单位需要不断提升碳资产管理效率，保证自身可持续地完成配额清缴任务，并在注重经济效益的同时，兼顾环境效益与社会责任，以此良性循环，建立低碳友好的企业形象，实现低碳可持续发展。

（2）通过碳资产管理可以降低企业经营成本。专业化的碳资产管理机制下，控排单位可以通过较高的生产管理和能源管理水平，发展节能减排潜力，加强能效技术、减排技术创新，将边界内碳排放量降至最低，从而降低碳排放和企业经营成本。企业通过碳资产管理可以将碳资产的风险和收益部分转移给金融机构，也有利于企业避免不必要的风险和成本。

（3）盘活企业碳资产，提升碳资产资源使用效率。企业可利用碳资产金融属性，盘活碳资产，作为融资担保和增强信用的手段，解决企业融资需求。碳资产管理是企业有效的风险管理工具。配额不足的企业存在履约季碳价飙升的风险；配额富裕企业不同时期可能面临资产贬值缩水的风险，需要发挥碳资产管理保值增值的作用，提升碳资产资源使用效率。

6. 碳资产管理的挑战

企业在实施碳资产管理中面临多方面的挑战。

（1）碳排放数据源基础薄弱、管理不规范、数据核查意愿较低。

主要表现如下：① 碳排放数据源基础薄弱。部分企业尚未完全建立有效的数据测算和管理机构，很难准确获取碳排放的数据。② 碳排放数据管理不规范。目前碳排放计算指引主要从行业角度出发，缺乏落实到企业具体执行层面的指引，容易导致企业碳排放数据管理不规范。③ 碳排放数据核查意愿较低。大量企业未能结合具体生产工艺流程配置专业人才来支持 MRV 流程以保证数据可靠性，并缺乏自主开展碳核查的意愿。根据 2020 年中国供应链报告，60% 的供应商提供直接运营活动碳排放数据，但碳排放数据经过第三方独立核证的供应商占比仅为 9%。

（2）碳资产项目开发复杂程度高，缺乏深入了解。

碳资产开发项目形成源于企业在生产和运营过程中所采取的各种减排措施，包括但不限于能源效率提升、可再生能源的使用、废气的回收利用等，开发程度复杂。企业在开展碳资产开发时，常常因为缺乏对碳市场、方法学、政策环境等方面的深入了解，以及在项目设计和实施方面的经验不足，而难以有效推进碳资产项目。

（3）交易领域市场流动性低，交易产品局限于现货。

全国碳市场仅覆盖电力行业，参与主体单一导致市场流动性较低。控排企业碳交易主要出于履约目的，以现货交易为主，缺乏碳远期、碳互换、碳期货等交易产品。相关碳金融产品创新多为零星试点，难以规模化落地应用。

二、战略目标与框架

企业碳资产管理战略目标可以分为顺利履约、碳资产保值增值和绿色低碳发展三个层次。碳资产管理框架涉及五部分：一是管理机制；二是数据管理；三是履约管理；四是资产开发；五是交易管理（图 4-1-3）。

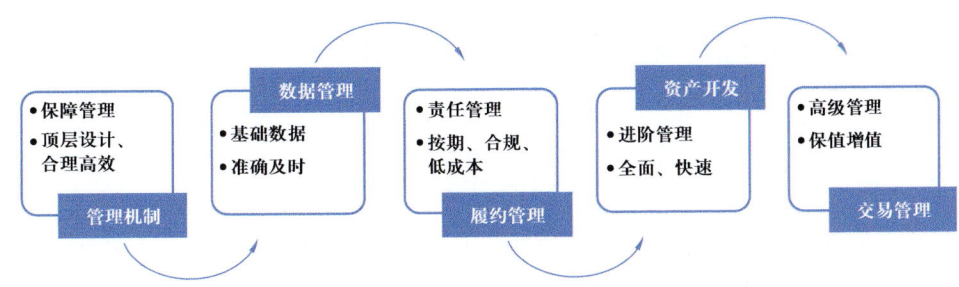

图 4-1-3　碳资产管理关键流程

1. 企业碳资产管理的战略目标

（1）顺利履约。依托碳市场发展完成碳配额履约是企业碳资产管理的初级目标。企业主要通过自身减排、购买配额、购买减排碳信用额抵消自身排放三种方式，完成碳排放量配额清缴。为保证履约，企业需要监测排放数据，制定适合的碳排放目标与排放策略，通过碳交易机制和融资工具的利用，储备足量碳配额，实现企业的低成本履约，同时最大化节省企业履约成本。

（2）碳资产保值增值。企业碳资产可结合拆借、掉期、远期、回购等各类碳金融工具，锁定风险，实现保值。同时可以通过碳资产的投资买卖，优化碳投资战略，实现碳资产增值。

（3）绿色低碳发展。推动企业绿色低碳高质量发展是企业碳资产管理的高级目标。企业通过碳资产管理的投融资优势、经济获益和绿色理念引领，进一步优化发展定位，推进低碳科技创新，盘活绿色优势资源，推动传统产业与新能源、新材料、新技术、新要素的深度融合、赋能增值，实现绿色低碳转型[8]。

2. 管理机制

（1）组建企业碳管理团队进行机构建设。决策部门明确分工、监督管理、方案批准实施；分管部门牵头负责、组织协调、管理实施；执行部门各司其职、严格执行、定期反馈（图4-1-4）。

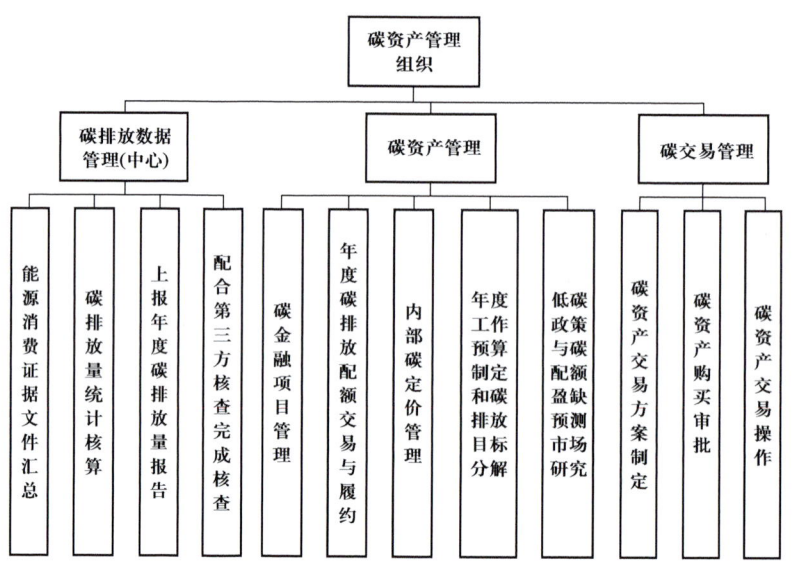

图 4-1-4　碳资产管理组织框架

（2）制定制度。形成 1+N 制度体系，1 为企业碳资产管理办法，N 为碳排放 MRV 制度、碳履约制度、碳交易制度、碳资产开发管理办法、碳信息披露办法等。

（3）建设目标考核体系。基于不同减排场景，分析预测碳达峰、碳中和时间，制定科学合理的"双碳"目标。根据部门职责分工，将企业目标合理分解为部门目标，制定严格的碳排放绩效考核体系。

（4）典型执行部门人员分工明确。技术人员负责收集、整理碳排放数据，编写排放报告，配合核查机构的审核、复查；市场分析人员负责政策跟踪研究、交易方案及策略制定；交易人员依据企业持有的配额和实际排放情况，负责交易，购买不足配额履约，或出售剩余配额套利；财务人员根据交易需要完成资金筹备、记账、报税等工作；法务人员进行过程风险控制，合同审定。

3. 数据管理

1）数据管理体系建设

数据管理主要通过以 MRV，即可监测（Monitoring）、可报告（Reporting）、可核查（Verification）为特征的碳排放数据管理机制实现。全面准确掌握碳排放数据是企业了解配额盈缺情况，灵活调整仓位，有效进行碳排权管理和交易的基础。

（1）碳排放监测。制定监测计划，根据主管部门要求制定关键参数监测计划；定期完成监测计划的更新；建立监测设备与计量器具台账，做好维护与定期校验；实施监测及数据记录；定期收集并保存监测证据；确保监测实施与监测计划的符合性。

（2）碳排放核算。加强碳排放数据核算能力，严格按照行业标准，定期收集监测结果并计算碳排放量；按照行业标准编制碳排放报告，完成报告报送；加强历史、当期、未来数据分析，识别数据优化空间；加强配额仓位预测和预警能力，为履约决策提供数据分析基础。

（3）碳排放核查。提前准备核查所需资料；实施预核查；核查实施中与核查机构沟通，解决核查机构现场核查发现的问题，形成书面报告。

（4）碳信息披露。确定披露方式，明确披露信息内容，形成披露报告。

2）信息管理系统平台建设

碳资产管理信息系统平台可充分利用物联网、大数据、人工智能等新技术手段，以满足企业碳资产管理信息化、数字化以及交易智能化的需求。信息平台上形成碳排放管理数据体系，全面收集企业碳排放源数据，系统盘点企业碳配额资产、节能减排量资产及 CCER 资产等数据；通过对温室气体从排放监测、核算、统计到消耗监测等全过程的平台可视化管理，降低管理风险；信息化平台建设有助于提升整体管控和资源共享水平，实现对履约成本的科学控制。

4. 履约管理

履约管理事项包括：

（1）注册账户管理。开立注册登记账户与交易账户；确认代表人及联系人；熟悉相关账户操作流程。

（2）获取配额预分配。政府主管部门根据企业去年生产量预分配给企业 70% 配额（非企业当年度获取的实际配额），预分配配额可以用于交易或碳金融融资；进行后期配额申请与调整；履约风险预测。

（3）排放数据监测。确定主要监测参数，制定监测计划；实施监测；监测仪表维护，收集监测信息；排放分析；排放核算；排放报告；配合核查；确认排放。

（4）配额最终分配管理。确认根据本年度实际产量核发配额，多退少补；积极参与配额拍卖，获得低成本配额；确认配额发放量是否准确；确认注册账户最终配额发放情况；确认履约时间节点。

（5）履约清缴。确认账户配额量（含CCER）大于等于排放量；完成账户履约清缴；剩余配额可结转使用。

5. 碳资产开发

碳资产开发需要对项目减排潜力和成本进行分析，识别出最符合经济效益的减排项目开发方式，再实施开发。

1）碳减排潜力及成本分析

减排潜力分析包括以下六个步骤：

（1）了解企业能源管理现状，包括能源管理机构和能源管理负责人的素质能力、职能配置、能源计量器具的配置、能耗统计和能源管理制度的建立及执行情况。

（2）分析企业能源消耗结构、品种和外供消耗指标以及单位产品能耗的变化情况。

（3）对企业能源成本与能源利用效果进行综合评定，进行能源成本与生产成本的比例分析。

（4）根据前三步找出企业在能源管理、制度建设执行、能源输入与消耗管理、计量统计设备运行检测、能源消耗水平、在用淘汰设备、用能技术改造、重点用能设备操作及废弃物回收等方面存在的问题，作出综合分析。

（5）根据企业工艺装备的设计能力、能耗参数和实际运行水平、产品能耗指标分析等方面的情况，作出综合性碳减排潜力的定量分析。

（6）分析节能降碳技改项目的成本效益。针对存在的碳减排问题和降碳潜力，提出今后将要开展的降碳技改项目及技术，并分析其成本效益。

2）碳减排项目开发管理

碳资产开发管理包括碳资产项目资料整理、项目注册、项目开户、项目技术服务合同、项目开发PDD报告、项目现场审定及减排量核算实施方案、实施开发、获取减排量等。

（1）分析潜在碳资产开发工程类别。筛选出适用于碳资产开发的工程类别，例如，油田企业常有五类项目类型适合碳资产开发，包括油田伴生气回收利用项目、清洁能源替代化石能源项目（供热中使用地热替代化石燃料、小规模可再生能源发电）、能效提高和减少化石燃料消耗项目（节能技改项目及设备效率提升工程）、天然气利用类项目（从煤或石油到天然气的燃料替代、小规模天然气发电）、其他类项目（减少天然气管道泄漏、储能、其他任何减少排放工程）。

（2）梳理出适用于企业生产特点的碳资产开发相关方法学。主要方法学包括清洁发展（CDM）、欧盟排放交易（EU-ETS）、德国上游减排（UER）、核证碳标准（VCS）和中国核证自愿减排交易（CCER）等。

（3）对已开发成功的碳资产项目进行经验借鉴，筹备开发资料。熟悉项目识别、项目设计、审定认证、国内（外）申报、项目注册、第三方核证、签发、交易和期间核查等方面的碳资产开发流程。了解边界划分清晰、适用的方法学、充分的额外性等项目识别的前置条件。准备项目筛选、项目开发、项目实施过程中各项资料。

（4）开展项目识别。对石油石化企业已建、新建和规划的节能改造、天然气发电、余热和余压利用、新能源开发利用等项目进行初步识别，选出具有可开发潜力项目，估算减排量和预期收入。

（5）进行项目开发、获得减排量。选择合适机构进行项目开发，完成碳资产项目开发技术服务和项目现场审定与核查的合同签订；完成碳资产项目开发PDD文件编制、现场审定和核查报告以及信息上报；获得项目核证减排量。

6. 交易管理

碳交易以及风险管理是企业年度碳资产管理的关键环节。

1）交易流程管理

（1）编制年度碳资产经营计划。履约企业根据年度配额分配方案、生产排放情况，编制包括配额量、排放量、配额缺（盈）额、买（卖）配额、费用等指标的碳资产经营计划，报公司主管部门审核，碳资产经营计划与年度生产经营计划一同上报，经公司审批后执行。

（2）制订年度碳市场交易策略。组织碳资产部门研究碳市场政策、分析基本面、价格走势、配额持有量以及CCER签发和存量情况等，以完成履约为主要目的，编制年度碳交易策略，报公司主管部门审批后执行。

（3）编制月度碳交易计划。按照年度碳资产经营计划和碳市场交易策略，组织编制次月碳交易计划，包括履约企业配额盈缺情况、配额发放情况、交易产品、交易量、交易价格与资金、交易方式等。履约企业根据月度碳交易计划，执行申报资金计划，并将月度交易所需资金划转至交易账户。

（4）执行交易。按照月度碳交易计划，分解提出日计划，依据交易规则，开展交易，直至满足年度履约要求。

（5）清缴履约。在生态环境部规定的时间内向分配配额的省级生态环境主管部门提交不少于履约企业上一年度经确认排放量的排放配额（包括符合规定的CCER抵消量），履行上年度的配额清缴义务，完成履约。

（6）形成定期交易报告。将月度交易执行情况以月报形式上报企业管理部门。每季度形成季度交易报告，年底则形成年度碳交易报告上报。

2）风险管理

（1）风险识别。评估碳资产管理涉及多种风险，包括市场风险、政策与合规风险、技术风险等。定期收集和分析内外部数据，评估潜在风险的影响，并将风险评估结果报告给碳资产管理部门。对于已识别的风险，企业制定相应缓解措施。例如，为降低市场价格波动的影响，可采用多元化的交易策略和对冲工具。对于政策变更风险，企业加强与主管部门和行业协会的合作，积极参与政策讨论和制定过程，以便及时调整管理策略。建立应急预案，以应对突发事件导致的市场异常。企业的合规顾问负责监控所有相关法律和法规的变更，并确保企业的操作与政策保持一致。企业通过定期组织合规培训和审计进一步强化员工的合规意识和操作的规范性。

（2）监控与持续改进。为了实时掌握市场动态和企业的碳交易进程，企业可部署实时监控信息系统平台，跟踪碳市场的实时数据、分析价格走势，并提醒相关人员关注重要事件和指标的变化。企业碳资产主管部门定期对市场参与策略和风险管理措施的有效性进行评估，收集内部反馈和市场反馈，根据评估结果调整策略，以适应市场和政策的变化。

（3）绩效管理。企业通过比较碳减排项目的成果、碳交易策略的财务表现以及风险管理措施有效性等实际成效与目标来评估碳资产管理绩效。

7. 企业碳资产管理人员能力建设

实现碳资产管理的高效性不仅需要强有力的组织架构和明确的策略规划，还依赖于内部碳资产人力资源的专业能力和持续培养。具体措施和实施过程如下：

（1）建立专业培训团队。碳资产管理部门内部建立一个由多学科背景的专业团队，包括环境科学家、数据分析师、市场分析师、法律顾问等，制定和执行从碳数据收集分析到配额购买销售以及合规性报告编制等所有与碳资产相关的战略和操作。

（2）定义角色与职责分配。明确成员的具体职责，包括数据分析师负责收集和验证碳排放数据，确保数据的准确性和时效性；市场分析师负责监控碳市场的动态，为碳交易决策提供支持；法律顾问则确保所有活动符合国内外法规要求等。

（3）定制化培训计划。提升碳资产管理领域的专业能力，包括内部培训课程和外部专业研讨会。

（4）提升全员碳管理意识。发布月度碳管理信息等，使员工都能理解碳资产管理的重要性，并鼓励工作中实践节能减排。

8. 碳资产管理部门或公司主要职能

企业成立的碳资产管理部门或公司主要职能设计包括开发减排量资产、碳管理、绿色品牌策划等。这些构架职能为计划成立碳资产管理部门的企业提供了参考。

1）开展减排量开发

（1）碳资产开发包括中国自愿碳减排项目（CCER）、核证碳标准（VCS）、黄金标准（GS）、国际绿证（I-REC）、国内减排或碳汇项目开发、海外碳减排或碳汇项目开发等。

（2）碳市场交易涉及国内碳交易所交易、海外碳市场交易。

（3）减排技术与方法学开发包括碳减排技术开发、碳减排或碳汇方法学开发。

2）企业碳管理项目

（1）节能减碳管理。识别碳减排潜力，制定碳中和策略，建立碳管理平台，推动低碳时代的绿色转型。

（2）节能诊断服务。服务包括节能降碳政策解读，提供第三方企业全方位节能诊断、识别碳排放源头路径及潜在节能量、制定综合能源服务解决方案、节能奖励资金申报、协助节能企业参与相关团标编制申报。

（3）减排降碳服务。一是碳数据管理，编制温室气体清单，开展碳盘查，建立能源消费数据和碳排放数据管理体系、识别企业碳资产价值；二是碳资产管理，企业"双碳"路径和低碳发展战略策划、规划企业碳资产管理体系、建立企业内部碳排放收集、核算和内审机制，年度碳排放目标分解与考核、设计企业环境信息披露策略、预测未来碳排放情景、开展碳管理能力培训；三是碳中和实施，提供企业节能减碳整体解决方案、提供光伏、储能等工程服务并引入资源支持、年度碳排放履约管理、对接碳汇交易资源。

3）绿色品牌策划

"双碳"时代的绿色品牌策划，助力企业实现绿色可持续发展。

（1）碳足迹认证服务包括整合第三方资源，提供碳足迹认证服务。为企业进行产品碳足迹的核算差距分析及验证提供专业咨询，规划碳足迹方案。树立绿色低碳品牌形象，应对国际市场"碳关税"风险。

（2）ESG 报告编制与评级。策划企业业务与低碳的深度融合，让 ESG 发挥更大市场价值，助力企业树立社会责任品牌形象；提供 ESG 一站式服务，高质量完成企业 ESG 报告编制。

三、管理模式

碳排放管理和交易市场的重要性已得到广泛认可，由此对企业的碳资产管理能力提出了更高要求。企业需积极构建其碳资产管理模式和策略，以适应日益严格的环保政策和市场需求，同时可为自身带来经济效益和社会价值。碳资产管理按管理主体可分为自主管理和委托管理两种。

1. 自主管理

自主管理即控排企业内部组建自己的碳资产管理公司或专业部门。碳配额规模大的控排企业，通常会组建碳资产管理公司或专业部门，建设碳资产管理平台，在统筹管理公司自身碳资产的同时，还可为外部市场提供碳资产管理服务。自主管理主要针对企业碳资产开发、碳市场分析、碳配额管理、排放报告编制、质量控制、审核风险控制、碳交易运作等，进行实时跟踪和反馈企业管理过程信息，提出解决方案。同时，企业可根据重点功能节点设置数据分析、报告编制、审核质控、交易管理等子部门，子部门间进行信息对接与方案评估改进，并通过跨职能部门优化合作，提升综合管理能力，获得最优减排路径。

2. 委托管理

委托管理即碳资产托管。部分控排企业及拥有碳信用的主体，受市场不确定性、人才短缺等因素影响，倾向于选择专业化的碳资产托管机构，实现碳资产保值增值。碳资产托管有狭义和广义之分，狭义的碳资产托管仅对碳配额进行托管，广义的碳资产托管则将所有与碳排放相关的管理工作委托给托管机构来策划实施,包括但不限于 CCER 开发、碳资产账户管理、碳金融咨询服务等。

现行碳资产托管模式主要有两种:(1)双方协议托管。企业和碳资产管理机构通过签订托管协议建立碳资产托管合作。该模式下碳资产划转及托管担保方式灵活多样,企业可以将拥有的配额交易账户委托给碳资产管理机构来全权管理操作。碳资产管理机构需支付给企业一定保证金或开具银行保函承担托管期间的交易风险。双方协议托管模式的弊端在于托管中的信用风险隐患较大。(2)交易所监管托管。国内试点市场的碳交易所普遍开发了标准化的碳资产托管服务,通过碳交易所全程监管碳资产托管过程,可减少碳资产托管合作中的信用障碍,同时实现碳资产管理机构资金高效利用。委托管理优势是发挥专业公司优势,开展专业管理,方便快捷;劣势是丧失碳资产管理权,如果委托的公司不专业,存在碳资产损失风险。

3. 碳资产管理模式实践

国外碳资产管理基础扎实、交易产品丰富、管理分工详细,而国内碳资产管理仍处于初期阶段,具有交易产品单一、碳资产管理部门承担所有环节等特点,但其发展模式基本相同。

1)自主管理实践

英国石油公司(bp)总部组建专业碳资产部门负责技术支撑、交易及风险防控等策略制定,下属企业负责实际操作。bp 在集团总部和下属企业均设有碳资产管理部门。集团总部碳资产管理部门主要在碳减排方案制定、技术模式创新、全球碳交易、安全问题等四方面为下属企业提供支持,其中综合供应和交易部门为 bp 集团内履约企业进行全球范围内的交易,并对碳资产进行集中管理和风险防控。bp 下属企业都设有碳排放工作组和管理委员会,由企业内部负责政策法规、策略、交易、财税、法律和系统建设等部门成员组成。下属企业具体负责所属区域温室气体的监测、报告、核查,并完成温室气体减排及履约任务。bp 每年对下属工厂实时监测后将其碳排放报告提交第三方机构审核,再提交政府主管部门核查通过后,由下属企业提交配额;若配额不够,则由集团内部进行调配或在市场上购买。配额仅在履约时交给下属企业,在此之前由集团总部综合供应和交易部门负责市场买卖。同时,集团总部的碳资产管理部门可利用不同地区的碳排放政策变化和碳交易规则变化来实现政策套利。

法国电力集团成立碳资产公司来负责交易环节,其他环节由总部及下属电厂完成。法国电力集团成立了法国电力贸易公司。贸易公司在碳资产管理等业务上独立运行,通过多种金融策略和碳资产组合等管理手段完成集团计划。在欧盟碳市场开启初期,贸易公司主要通过在发展中国家开展 CDM 项目获得经核证的自愿减排量。随着欧盟碳市场的发展,除配额和 CER 交易,贸易公司开展了可再生能源证书、生物质颗粒能源、天气衍生品等多项环境相关产品的交易,并参与了碳对冲、碳掉期、碳互换等多种形式的碳金融产品交易。同时,贸易公司注重交易方面的风险控制,任何新的交易产品或新的项目只有通过技术和法务部门的尽职调查,并在交易审核委员会批准后才能开展,任何交易都需经过严格的授权,并每日统计风险敞口。

2)委托管理实践

委托管理有双方协议托管与交易所监管托管等类型。中国企业开始试点实施:一是双方协议托管,2014年12月,中国首个碳资产托管协议由湖北兴发化工集团股份有限公司签订,涉及$100×10^4t$配额。碳资产托管业务延伸至碳交易结算业务。2021年7月,新加坡金鹰集团与交通银行江苏省分行签署《碳排放权交易资金托管合作协议》,全国首单金融机构与跨国企业的碳资产托管业务落地。二是交易所监管托管,2016年5月,广州碳排放权交易所为广州微碳投资有限公司与深圳能源集团股份有限公司办理了广东省首单碳配额托管合同的备案手续,托管规模$350×10^4t$ [9]。

4. 石化企业碳资产运营管理

石化企业针对碳资产运营管理的事前预算、事中控制和事后核算三个阶段,可将企业碳资产配额管理分为碳配额预算管理、碳配额交易管理、碳配额绩效管理。这三部分在内容上是相互独立又存在关联,碳配额预算管理为碳配额交易管理提供战略指导,而碳配额交易管理促进碳配额绩效管理,碳配额绩效管理结果反过来对碳配额预算管理和交易管理提供调整依据。只有这三部分均有效地实施,企业才能提高碳资产管理效率。

1)碳配额预算管理

碳配额预算管理目的是对企业预期产生的碳配额盈缺量进行规划管理,以求获取最高的碳收益。企业碳配额盈缺量与碳排放量、碳减排量等有关,因此,碳配额预算管理内容包括:碳排放量预算、碳减排量预算以及碳交易量预算。

2)碳配额交易管理

碳配额交易管理包含了碳配额交易量以交易时点管理。碳配额交易量管理是根据对碳配额的预算管理确定企业是否存在碳配额结余,再根据结余情况判断是否参与交易。对于买卖时点,企业需要考虑政府政策调节、企业自身发展与长周期配额变化,以及碳交易市场行情变化等因素。

3)碳配额绩效管理

企业将碳配额绩效管理结果与前两年碳配额绩效管理结果进行对比分析,判断是否有效地利用了碳价波动进行碳交易,碳资产管理能力是否提高,创造了更多的碳收益。企业在碳交易市场是否逐渐由被动变主动[15]。

四、中国大型能源公司碳资产管理实践

国内企业在碳资产管理制度方式上分为三类。一是集团企业选择集中管理。集中管理为集团总部或其指定的下属企业对集团碳交易实行统一制度、统一核算、统一开发、统一交易的"四统一"集中管理模式。下属企业落实制度、实施监测、提供数据、配合管理、核查、报告、开户、交易,优势是利于接受全面市场信息,更专业开展管理,便于统一调

配,实现集团利益最大化,但是协调机制搭建需要时间。二是中小企业选择自行管理。控排企业自行参与碳市场全部工作,企业可根据自身情况进行发展战略和方向调整,制定生产计划。三是小型企业选择委托管理。委托管理为委托专业碳资产公司对企业碳资产进行管理,可发挥专业公司优势,开展专业管理,方便快捷,但是如果委托的公司专业性不高,存在碳资产损失风险。目前,国内包括五大四小发电集团、两大国网、三大石油公司在内的能源央企,在综合发展战略、自身定位、已有基础等因素下,普遍采用集中管理模式,并成立相应的碳资产管理公司,碳金融业务主要由碳资产管理公司负责。

1. 国内大型电力与石油公司碳资产管理实践

电力行业碳资产管理起步早,国内大型电力集团电厂是最早纳入全国碳市场的,组织机构建立完善。大型电力企业分级式管理决策存在决策周期长、审批节点多、参与部门多等不利因素,现已实行统一集中管理,即集团公司集中审批,统一下达交易方案,以集团下属的三级子公司作为统一运营主体的管理模式[10]。国内五大发电集团碳资产管理模式见表4-1-2。

表4-1-2 国内五大发电集团碳资产管理模式

模式	企业 主管部门	中国华能集团	国家电力投资集团	中国华电集团	国家能源投资集团	中国大唐集团
集团层面	碳资产业务集团主管部门	华能集团科技环保部环保处	国电投集团质量安全环保部	华电集团创新发展部碳排放管理处	国能投集团安全生产部	大唐集团物资部、策划部和安全生产部
	集团碳资产管理文件	已有	已有	已有	已有	已有
运营管理模式	碳业务专业公司	华能碳资产经营有限公司(三级公司二级管理)	国家电投集团北京电能碳资产管理有限公司(三级公司)	市场开发部(二级公司专业部门)	龙源(北京)碳资产管理技术有限公司(三级公司)	大唐碳资产有限公司(三级公司二级管理)
	业务范围	碳资产综合管理系统、碳盘查、CCER、碳交易、碳金融	碳盘查、CCER、碳交易、碳金融	碳盘查、CCER、碳交易	碳资产管理技术开发、技术咨询、碳盘查、碳交易	碳盘查、CCER、碳交易、碳金融能源管理体系

2. 石油企业碳资产管理实践

石油企业降低碳资产风险将成为亟待解决的问题。国内主营炼厂炼油综合能耗为60kg标准油/t,与美国的先进炼油综合能耗低于40kg标准油/t相比,减排还有很大的提升空间[11]。石油企业高碳排量,碳资产管理的配额量大,同时也是未来碳排放配额缺口大户,面临较大碳市场履约风险。油气行业自备电厂的发电机组一般规模较小,全国碳交易市场采用行业基准值法进行配额分配,多数油气企业碳排放配额存在缺口,需要额外购买才能完成年度履约[12]。此外，中国多数企业缺乏碳市场交易经验，存在碳市场相关人员技术储备不足、管理制度不清晰等问题。对于油气能源等规模大、流程多的高碳排企业，提高碳资产管理效益是亟待解决的问题[13]。

中国石油、中国石化和中国海油积极开展碳资产管理工作的探索与实践，三大油气能源企业共30家自备电厂已纳入全国碳市场。中国石油组织建立公司碳交易服务体系，专门设立"公司温室气体核查核算中心"，不断提高碳排放数据质量，设立气候投资创新基金等绿色投融资实体。中国石化的油田企业推广"油改电""油改气"、余热利用技术，交易主体联合石化通过盯盘、询价、谈判、报价等方式采购碳配额和CCER，有效降低了整体履约成本。中国海油实行全过程低碳管控，强化新建投资项目碳排放审查，推广碳减排新技术，以及实施工艺外排CO_2工程化利用等举措进行碳资产管理[14]。国内三大石油公司碳业务管理见表4-1-3。

表4-1-3　三大石油公司碳业务管理

特点	中国石油	中国石化	中国海油
碳市场纳入电厂	8家	17家	5家
内部的交易主体	国际事业公司	联合石化	中海石油气电集团
交易管控原则	依法履约、集中管理、效益优先、诚实守信	一体化协同运作	制定内部调度、外部平衡、统一集采等碳交易决策和风险管理机制
交易制度体系	印发形成《关于加强温室气体排放管控工作的指导意见》《碳交易管理办法》《温室气体排放统计考核管理办法》《温室气体自愿减排项目管理办法》的"1+3"制度体系	制定《中国石化碳排放管理办法》《中国石化碳排放交易管理办法（试行）》，建立碳盘查月度报表制度，碳市场月度分析报告制度	建立碳资产交易的资金审批与会计核算制度、交易风险防范制度，制定考核办法，对企业碳资产管理绩效进行监督检查
软实力提升	启动搭建新的碳资产管理平台，建立更加有效的碳数据质量管理体系，研究建设碳排放权综合一体化环境权益交易体系，完善绿色低碳考核指标体系，向"油气热电氢"综合性能源公司转型	建立运行碳资产管理信息系统，成立碳产业公司发挥各股东优势、整合资源，加快CCUS技术孵化及成果转化，统筹推进CCUS产业发展，建设"油气氢电服"综合加能站	加大低碳技术研发投入，鼓励开发新能源、节能、CO_2排放监测、CO_2制化学品、碳捕集利用和封存、碳汇等技术
优化自身能源结构	产业化发展地热和清洁电力业务，加强氢能全产业链、CCS/CCUS等战略布局	推广"油改电"，"油改气"技术，使用电力、天然气替代柴油消耗，炼化企业推广应用余热产汽、余热发电、余热供暖技术，提高能源利用率，加油站发展分布式光伏发电试点	全过程低碳管控，强化新建投资项目碳排放审查，推广碳减排新技术，大力实施生产过程节能改造和能效提升项目，实施工艺外排CO_2工程化利用，从源头控制、过程减排和末端治理三方面加强碳排放管控工作

第二节　碳资产的估值与会计处理

一、碳价预测方法

碳价预测能助力企业制定碳市场履约交易策略和减排战略，更有效地管理碳资产和碳金融风险。碳价预测用数学计量技术手段，综合碳市场各种影响因素，从反映价格本身变动趋势的相关指标进行规律探索分析，形成碳价走势预判。碳价格预测方法包括传统分析法、时间序列法、回归分析法、BP（Back Propagation，反向传播）神经网络预测法、灰色系统法、混沌时间序列预测法以及小波网络预测法[16]。

（1）传统分析法。碳价预测的传统分析方法主要是指利用基本面分析和技术分析，预测价格走势。基本面分析考虑的因素包括供需、经济、政治、自然、投机等。

（2）时间序列法。时间序列法是指以历史价格排序为时间序列，分析随时间变化的趋势，从而预测未来价格。通常时间序列法包括确定性时间序列法和随机性时间序列法。时间序列法分为三个步骤完成：第一步，时间序列的识别及模型形式的选择；第二步，进行参数估计；第三步，模型的诊断检验。时间序列法需要基于假设预测值只受到时间因素影响，排除其他外部因素，多用于中、短期预测。

（3）回归分析法。回归分析法是处理多变量之间相关关系的数理统计常用方法。回归分析是根据数据估计回归方程，研究参数的点估计、区间估计，并对回归方程的参数或方程的显著性进行假设检验，最后利用回归方程实现变量的预测。碳价格预测可以基于过去大量的历史数据并显示出变量之间的统计规律，从而建立未来价格与历史价格及其他因素的数学模型。研究碳市场价格与时间的关系，一般采用自回归模型、ARCH（自回归条件异方差）模型或误差修正模型。自回归模型主要是利用历史碳价格信息之间存在的关系，建立回归方程预测未来价格。

（4）BP神经网络预测法。BP神经网络预测法是一种基于神经网络的学习算法，用于预测碳价格。选择BP神经网络结构后，利用输入输出样本观测值实现网络初始化，对网络的权值和阈值进行调整，激活函数采用Sigmoid函数，经过BP神经网络拟合与预测模型的校验，使网络实现给定的输入输出映射关系。利用BP神经网络对碳价格预测的步骤是：第一步，对碳价格原始数据进行归一处理确定网络结构；第二步，确定传递函数，一般采用S形对数或正切函数；第三步，确定学习函数Learngdm；第四步，计算期望输出值与实际输出值之间的平方和（误差函数）；第五步，确定隐含层神经节点数；第六步，建立优化BP神经网络预测模型；第七步，重复操作，降低误差。

（5）灰色系统法。在碳价格预测方面，灰色系统法是通过分析影响碳价格的长期因素和短期因素，在显著性检验后得到量化的长、短期的影响变量，利用灰色系统，推导出了碳价格的预测模型。

（6）混沌时间序列预测法。混沌时间序列预测法包含动力学法和相空间重构法，混沌产生于非线性动力学系统在一定条件下的非平衡的随机运动形式，相空间重构法是指通过对实际观测数据拟合，建立精确的、固定不变的时间序列模型，从而预测未来值。对碳价格的预测，首先对历史数据进行噪声平滑处理和消除线性趋势处理，然后将价格数据标准化至（0，1）区间内，并不改变价格的特征。考虑多变量时间序列包含信息更完善，因此，对碳市场交易日的收盘价、开盘价、最高价、最低价、成交量、持仓量数据进行多变量时间序列相空间重构和混沌性质识别。利用互信息法分析变量之间的相关性计算延迟时间。通常采用最近邻域法和最小误差法，计算多变量时间序列中的嵌入维数。

（7）小波网络预测法。小波网络预测法在经济预测中运用广泛，它避免了BP神经网络结构设计的盲目性和局部最优等非线性优化问题，大大简化了训练。此方法是基于小波分析理论以及小波变换所构造的一种分层的、多分辨率的新型人工神经网络模型，即用非线性小波基取代了通常的非线性Sigmoid函数，其信号表述是通过将选取的小波基进行线性叠加来表现。小波网络预测法以傅立叶变化的局部化理论为基础，强化时空序列分析。小波网络使用了时间—尺度域，而非使用时间—频率域，能准确从信号中收集有效信息，通过伸缩和平移等运算功能可对信号逐步进行多尺度细化过滤，最后汇集起来预测未来的价格。

二、碳排放权资产估值分析

1.估值方法

对于纳入碳交易体系的企业而言，碳排放权是日常经营的重要生产要素，对其进行估值是进行碳资产管理、参与碳交易、衡量低碳竞争力的基础。在碳金融领域，对碳排放权资产进行公允评估是碳质押融资等金融工具落地的先决基础。

碳资产估值方法可大致分为传统方法与创新方法。传统方法包括市场法、收益法、成本法等主流资产评估方法，其优势在于数据可得性相对较高、方法论相对成熟、计算原理简单直观；劣势在于缺乏对于碳市场独特性的考量，适用性存在局限，进而可能影响估值准确性。创新方法包括实物期权法、影子价格法等，通过对模型的调整设计提升估值准确度，但涉及较多对变量的假设，受限于碳市场起步阶段的成熟度、数据体量等因素，可能较难把握。碳排放权资产评估方法及特征见表4-2-1[17]。

2.碳排放权资产财务处理

企业主要依据财政部于2019年发布的《碳排放权交易有关会计处理暂行规定》来解决实务中碳资产会计处理的部分争议问题。《暂行规定》要求企业单独设置"1489碳排放权资产"科目，核算通过购入方式取得的碳配额，参与CCER交易的在"碳排放权资产"科目下设置明细科目进行核算。碳资产不属于金融资产、存货、无形资产中的任何一类，最终列示于资产负债表的"其他流动资产"项目。

碳排放权资产的账务处理见表4-2-2。

表 4-2-1　碳排放权资产评估方法及特征一览

方法	评估法	适用对象	评估原理	优劣势
传统资产估值方法	市场法	存在活跃的交易市场、稳定的交易价格、可比的参照物资产	通过在碳排放权交易市场中选取可比的交易价格、可比的参照物以及可比的交易案例，调整差异，修正资产系数，得出被评估碳排放的价值	优势：数据直观可得；劣势：可比市场发展尚未成熟
	收益法	能够准确计算未来一段时间内产生的现金流，并存在适用的折现率	通过预测碳排放权未来的收益，选取恰当的折现率，将碳排放权的预期收益折现到评估时点	优势：原理清晰；劣势：难以预测未来收益，折现率难以取值
	成本法	能够获知重新取得相同碳排放权的成本，获取便于计算的历史资料	损失成本：碳排放造成的损失得出该排放量的成本；防护成本：修复碳排放对环境造成的各种危害采取的防护措施，这些防护措施花费的成本	优势：可体现项目特性；劣势：难以获取相应评估数据
创新估值方法	实物期权法	存在完全的交易市场，交易价格服从对数正态分布，并能合理预期实物资产的预计可使用年限	将碳排放权视为一种期权，期权所有者能在未来的某一时刻以某一价格购买碳排放权配额，计算模型包括B-S模型、蒙特卡洛模型和二叉树模型	优势：计算精确；劣势：很多参数需要假设
	影子价格法	存在稳定的市场交易价格与可用的市场利率	计算碳排放权在最优配置下的价值	优势：评估较为精确；劣势：仅适用于成熟市场

表 4-2-2　碳排放权资产的账务处理

碳排放权资产相关情形	财务处理
通过政府分配等方式无偿取得、使用或注销碳配额	不作账务处理
重点排放企业购入碳配额	借记"碳排放权资产"科目，贷记"银行存款""其他应付款"等科目
重点排放企业使用购入的碳配额履约	按照所使用配额的账面余额，借记"营业外支出"科目，贷记"碳排放权资产"科目
重点排放企业出售碳配额，按配额取得来源不同分别进行账务处理：	
购入	借记"银行存款""其他应收款"等科目，按照出售配额的账面余额，贷记"碳排放权资产"科目，按其差额，贷记"营业外收入"科目或借记"营业外支出"科目
无偿取得	借记"银行存款""其他应收款"等科目，贷记"营业外收入"科目
自愿注销购入的碳配额	借记"营业外支出"科目，贷记"碳排放权资产"科目

碳排放权资产的财务报表列示和披露主要涉及资产负债表、利润表、财务报表附注。重点排放企业应在资产负债表中的"其他流动资产"项目列示"碳排放权资产"科目的借方余额；在利润表"营业外收入"项目和"营业外支出"项目中列示碳排放配额交易的相关金额；在财务报表附注中列示碳排放权交易、碳配额来源、节能减排或超排情况等信息。碳排放权资产的财务报表列示和披露见表4-2-3。

表4-2-3 碳排放权资产的财务报表列示和披露

报表	披露内容
资产负债表	
其他流动资产	碳排放配额的期末账面价值
利润表	
营业外收入	碳交易收入
营业外支出	碳交易支出
财务报表附注	列示在资产负债表"其他流动资产"项目中的碳排放配额的期末账面价值，列示在利润表"营业外收入"项目和"营业外支出"项目中碳排放配额交易的相关金额
	与碳排放权交易相关的信息，包括参与减排机制的特征、碳排放战略、节能减排措施等
	碳排放配额的具体来源，包括配额取得方式、取得年度、用途、结转原因等
	节能减排或超额排放情况，包括免费分配取得的碳排放配额与同期实际排放量有关数据的对比情况、节能减排或超额排放的原因等
	碳排放配额变动情况

3. 企业碳资产核算

对于纳入全国碳市场的控排企业，计算碳配额资产净值公式如下：

$$W_i = (A_i - E_i) \times P_{jp} \quad (4-2-1)$$

式中　W_i——i企业的碳资产净值，元；

A_i——政府发放给i企业的年度碳排放配额，tCO_2；

E_i——i企业的年度二氧化碳排放当量，tCO_2；

P_{jp}——j交易日的碳排放配额成交价格，元$/tCO_2$。

从式（4-2-1）可以看出：若企业的碳排放量小于碳配额，则企业有富裕的碳配额可以出售，碳资产净值为正；若企业的碳排放量大于碳配额，碳资产净值为负，为履约则需购买其他企业经核证的碳排放配额。

若企业未纳入全国或地方碳市场，无政府发放的免费配额，企业仍可在碳信用机制下的碳市场上进行碳减排量的购买，也可以进行碳资产的开发并通过市场交易获得收益，如开发自愿减排交易机制下CCER和电力市场下的绿电业务（目前部分地方碳市场纳入），非控排企业的碳资产净值计算公式如下：

$$W_i = \sum_n (C_n \times P_{jc}) + \sum_m (D_m \times Q_j) + \sum_g W_h \qquad (4\text{-}2\text{-}2)$$

式中　n——i 企业开发的 CCER 项目或其他碳信用机制下减排项目的个数；
　　　C_n——第 n 个 CCER 项目或其他碳信用机制下的核证减排量，tCO_2；
　　　P_{jc}——j 交易日 CCER 的成交价格，元 /tCO_2；
　　　m——i 企业开发的绿色电力项目个数；
　　　D_m——第 m 个绿电项目的可再生能源发电上网电量，$kW \cdot h$；
　　　Q_j——j 交易日绿电成交价格，元 /（$kW \cdot h$）；
　　　g——i 企业购买的不同碳信用机制下的碳资产数量，个；
　　　W_h——不同碳信用机制下的碳资产，元。

综合来看，企业一般广义碳资产核算可表示为公式（4-2-1）和公式（4-2-2）之和。根据公式（4-2-1）和公式（4-2-2）中碳资产的定义，对于纳入控排的企业和自身想开发碳资产的企业，碳资产核算的核心是企业自身碳排放量的核算和核证减排量的核算。油气企业的碳排放核算遵循联合国政府间气候变化专门委员会（IPCC）、国际标准化组织（ISO）等国际组织出台的一系列标准规范[12]。

4. 碳资产交易策略

企业或个人投资者想要有效地实施碳配额资产交易，须全面考虑市场条件、监管要求和各市场参与方的目标，并采用符合这些因素的交易策略。企业的碳资产交易策略和方法一般包括对冲、投机、套利、差价交易等。

1）对冲策略

对冲策略是试图采取对冲头寸来消除或降低与碳价变化相关的风险或波动性的策略。对冲策略往往涉及企业购买和储备碳配额以抵消未来潜在的排放配额缺口或碳价上涨，从而降低风险并确保履约要求。对冲策略有助于降低碳价上涨和监管政策意外变化的风险，企业可以使用现货交易或未来的期货合约、期权合约来实施对冲。企业对冲碳价风险的方法主要包括以下几种：一是根据实际排放量的配额缺口及时进行现货购买；二是在一级拍卖市场过程中先期购买一定数量的配额，并在履约前的几周内根据市场价格波动来决定是否卖出；三是根据未来 12 个月的预期排放量提前购买配额；四是根据未来长期（2~10 年以上）产量计划，储备配额或购买配额期货；五是作为因强力推进减碳政策及目标而导致企业部分运营"资产搁浅"（例如老旧火电厂）的战略对冲。对于大多数企业而言，提前几年购买碳配额可能存在着资金占用问题，提前储备大量配额将占用大量资金。

对冲策略是基于对未来配额短缺的风险规避，购买配额现货会导致配额短缺，但是利用期货市场进行对冲则不会导致配额稀缺。期货合约不一定导致实物交割，它也可以通过在约定到期日以当下市场价格付款来结算。企业不知道未来碳配额价格上涨或下跌，如果它可以选择以已知的期货成本购买配额期货以锁定价格，这将使其风险敞口降至最低，并有助于增加获取未来利润的确定性。例如，欧盟某企业现持有 1×10^4 t 碳配额，清缴履约期限为一年。假设配额现货和期货价格均为每吨 70 元，企业可以 70 万元的价格出售其 1×10^4 t 配额，同时以 2 万元的成本购买一年后到期的 1×10^4 t 配额期货（假设保证金和清算费用为 2 万元）。在企业碳期货到期前的一年内，企业获得了 68 万元的融资可用于生产或投资获利，并且在其期货合同到期时将重新获得 1×10^4 t 的配额。该方式对于那些想短期融资却可能受到当前信贷条件约束的企业来说是一种重要的现金流管理策略。

2）投机策略

投机策略与对冲策略不同，投机策略试图从碳价变化中获利，更容易受到市场波动的影响。投机策略是基于投机者对碳市场走向的合理预期进行交易，看好碳市场，投机者可能会购买碳配额，希望根据市场条件或政策发展的预期变化，在未来以更高的价格出售，或是预计未来需求将增加，通过购买碳配额现货引起配额短缺，从而推高价格。如果投机者认为碳价过高，他们可能会卖空配额，等待价格下跌，此时再通过回购配额以获利。因为主要依赖投机者对碳市场走势判断的准确性，投机策略交易的风险较高。

3）套利策略

套利策略是指同时买卖两个不同市场的碳配额并因两者价格失衡而产生利润的过程。套利策略主要是利用市场中的低效率。碳市场的关键功能是发现碳价，但即使在高效的市场中，错误定价也几乎不可避免，这使得投资者可以通过错误定价的扩散从而获得无风险回报。在此过程中，错误定价也可能得到一定程度的纠正。套利交易策略核心是"配对交易"。首先，跟踪具有相似历史价格趋势的投资资产进行匹配。之后，如果配对资产之间的价差因某种原因暂时扩大，则可以通过买入偏低者和卖出偏高者来构建配对投资组合。当市场回归理性时，套利价格将呈现特定的收敛趋势，从而使套利组合盈利。

4）差价策略

差价策略是指买入一种碳市场产品的同时卖出另一种碳市场产品，旨在从两种产品之间的差价（价差）变化中获利。例如，企业可以购买核证的自愿减排量并出售手中的碳配额，在实现自身碳排放履约的同时，利用两种碳市场产品之间的价格差异进行获利。

第三节　油气企业碳资产开发

碳资产开发是提升节能减排及新能源项目经济效益的重要手段，有利于油气企业按期实现碳达峰以及新能源业务规模效益发展。油气田开采是一个高耗能过程，各油气田企业要实现碳中和或"近零"排放目标，必须大力开发减排碳资产进行排放抵消，同时碳资产开发也是提升项目效益的重要手段。在油气企业减碳控排过程中存在管理、技术、政策等诸多不利因素，制约了碳资产的增加，需要采取具有系统性且有针对性的措施，在保障企业生产量和效益水平的前提下降低企业碳排放量，将碳排放量控制与成本效益相结合[18]。

一、重点开发方向

油气田企业的碳资产开发方法学主要包括甲烷减排和回收利用、锅炉（窑炉）改造、余热余压利用、电机系统节能、能量系统优化、绿色照明改造、可再生能源或新能源利用等减排类型，开发重点方向主要集中于甲烷减排和回收利用、余热余压利用、可再生能源或新能源利用以及二氧化碳捕集利用和封存（CCUS）等领域[19]。

1. 甲烷减排和回收利用

1）伴生气回收利用

零散气是指气田分散单井、低产气井、油田井及海上采油平台伴生等产出的分散小规模的无法利用的天然气。这部分小股量天然气量小，又因远离管输系统且近地无用户，开发利用不足。油气企业可通过提高管网密闭集输效率，开发回收工艺技术（包括混合烃回收、液化天然气回收），利用橇装设备，避免放空烧掉零散伴生气，有利于企业增效。

2）逸散甲烷回收利用

上游油气田开采产生的逸散放空气与伴生气，主要成分为甲烷。在百年尺度下，甲烷的全球增温潜势是二氧化碳的近30倍，减少甲烷排放对碳中和目标有重大贡献。以中国石油西南油气田为例，通过推广钻井测试放空气回收和集输管道检维修放空气回收，采用升降式火炬燃烧器和气田水闪蒸气脱硫装置等措施熄灭长明火炬，开展典型场站甲烷及挥发性有机物泄漏检测与修复，实现碳排放强度较大幅度下降。同时，开展净化厂、油气处理厂甲烷及炼油厂挥发性有机物 VOCs 泄漏检测与修复治理，为建立健全甲烷排放核算体系提供有效数据支撑[20]。

2. 余热余压利用

1）余热利用

油气田余热资源主要分为烟气余热（高温加热炉、锅炉等烟气余热）、产品余热（天然气余热、气田水污水余热）、冷却介质余热（换热装置冷却介质余热）、可燃废物余热（生产过程中产生的固体可燃废料、废液、废气的余热）四大类。其中，油气田采出水余热资源相对丰富，再借助高效热泵可起到能量倍增放大作用。

2）余压利用

天然气从井口、管网到用户压力逐级递减，其间会释放巨大的压差能量。油气企业现有余压资源丰富，覆盖天然气井口、输配气站、净化厂、地下储气库等多个环节。随着天然气增产，可利用的余压资源大幅增加，以西南油气田为例，现在天然气压力能资源可开发量 2×10^4kW，预计2025年增至 12×10^4kW。

3. 新能源利用

1）分布式光伏

油气田企业作业面积广阔，空闲场地、空置屋顶较多。分布式光伏资源呈现点多面广、差异性大、单点容量小、总体数量大等特点。油气企业可根据"应布尽布，就地消纳"原则，开发利用油气井场、站点剩余空间，建设分布式光伏，为油气设备供电。

2）集中式风光电

中国大部分油气田企业作业区位于山区、沙漠、戈壁和浅海等地域，这些地域通常也具备较好的风力和光照资源条件。油气田企业作业区还具备开发风光电所要求的场地、道路、电网等基础设施优势。同时利用有利的资源条件，油气企业可扩大开发利用绿电规模。

3）地热能利用

地热与油气是共生于沉积盆地的两种资源，油气田开发地热具有独特优势。据中国地质调查局 2015 年调查评价结果，全国水热型地热资源量折合 1.25×10^{12}tce，年可开采资源量折合 19×10^{8}tce，地热资源储量体量巨大[21-22]。

华北平原、四川盆地和柴达木盆地是中国前三的已探明可开采的地热资源区域，也是主要的油气产区。据统计，国内油田矿权区 $4km^2$ 以内的浅层地热资源量占中国水热型地热资源量的 86%。油气企业也积累了丰富的地质、钻井、测井等资料，各类闲置井可以改造为地热井，为油田变"热田""碳田"提供便利。

4. 二氧化碳捕集、利用和封存（CCUS）

CCUS 是将二氧化碳从工业过程、能源利用或大气中分离出来，直接加以利用或注入地层以实现二氧化碳永久减排的过程。中国已投运和建设中的 CCUS 示范项目涉及电厂和水泥厂等纯捕集项目以及 CO_2-EOR、注入 CO_2 强化 CH_4 开采方法 CO_2-ECBM、地浸采铀、重整制备合成气、微藻固定和咸水层封存等多样化封存及利用项目。

油气田企业已枯竭、已停产、无下一步勘探开发潜力的气藏具有天然的二氧化碳储存场地优势，有利于开展 CCS/CCUS。

二、开发路径

1. 碳减排项目机制选择分析

国际上 CDM 项目机制在中国已经停止，因此暂时不纳入考虑范围。VCS 项目体系仅接受最不发达国家的并入国家或区域电网的风、光、余热余压、地热资源发电项目。油气田公司的大型风光电和余压发电项目，如果是电量上网，不能申请 VCS 项目。开发使用绿电，部分地区可申请扣减企业碳排放核算。德国 UER 机制专门针对液体燃料供应商的上游减排，比较契合油气田企业的减排项目，但是 UER 项目跨境交易可能不利于国家自主贡献目标[23]。国内大型风光电等并网可再生能源类型项目可筹备申请国家CCER。

2. 油气田适合开发的CCER方法学

1）油气田适合开发的CCER方法学

国内CCER机制重启后，首批仅发布了四类方法学，但是之前国家已公布备案的旧存温室气体自愿减排方法学有200多个，综合分析其中适合油气田开发的经过梳理共有9项较为适合。国家鼓励企业开发新的温室气体自愿减排方法学，油田可根据自身业务特点，开发申报新的方法学，如CCUS、氢能领域[24]。

油气田旧存方法学见表4-3-1。

表4-3-1　油气田旧存方法学

类型	方法学编号	方法学名称
可再生能源	CM-001-V02	可再生能源联网发电
	CMS-002-V01	联网的可再生能源发电
	CM-022-V01	供热中使用地热替代化石燃料
林业碳汇	AR-CM-001-V01	碳汇造林项目方法学
	AR-CM-003-V01	森林经营碳汇项目方法学
回收利用	CM-029-V01	燃放或排空油田伴生气的回收利用
	CM-065-V01	回收排空或燃放的油井气并供应给专门终端用户
	CM-014-V01	减少油田伴生气的燃放或排空并用作原料
	CM-005-V01	通过废能回收减排温室气体

2）油气田CCER项目开发可能存在的问题

（1）新能源项目可行性研究报告合并编制不利于CCER项目设计开发。油气田点多面广，开展的分布式光伏发电、伴生气回收、植树造林等项目减排量小、分布分散难以管理。因此，油气田的新能源项目多按照地域区块规划部署示范区和建设综合类示范工程项目包括节能降耗、清洁电力、碳汇林等，项目的可行性研究报告多采用合并编制，不便分拆，增加了CCER项目开发难度。

（2）油气田新能源项目可行性研究批复、政府批复、投资分析、相关证明文件等基础资料不齐全，会导致计划拟定的新能源项目落地困难，影响自愿减排项目的正常开发。

（3）油气田部分在建、拟建新能源项目存在监测项目不完整、监测设备不齐全、监测不连续、台账记录频率不足等问题，将无法达到方法学中监测计划的要求[25]。

3. 减排量项目开发成本分析

国内减排量项目开发成本主要发生在项目开发阶段，分别是为聘请咨询机构制作项目设计文件、第三方审定机构对项目进行审定、第三方核证机构对项目减排量进行核证，视项目复杂程度每个阶段的成本大约为 15 万～30 万元，因此开发一个减排项目平均大约需要 60 万元的开发成本[26]。

三、德国上游减排机制项目开发

任何非欧盟国家的石油生产商都可以通过气候友好的技术升级来减少温室气体排放，从而开发上游减排（UER）认证证书，并可出售给欧盟境内的燃料供应商，用于抵消部分自身无法完成的减排目标。UER 项目成为全球石油企业积极开发的一类碳资产项目。

1. 德国上游减排机制产生背景

根据欧盟《燃料质量指令》（EU 2015/1513），在德国境内从事液体燃料经营的公司有强制义务减少其所销售燃料的温室气体排放。德国《联邦排放控制法》规定了温室气体减排配额，从 2020 年起，所有相关公司需减少其经营销售燃料量温室气体排放的 6%（在 2020 年前，此比例是 4%）。根据欧盟指令（EU 2015/652），2020 年的温室气体中的一部分可以用上游排放减排量抵消。德国政府出台了《上游排放减排条例》（UERO），UERs 具体是指用于生产汽油、柴油及液化石油气的原料在进入炼化厂或存储设施前发生的温室气体排放减少量，包括原油生产过程中避免伴生气的燃烧所获得的减排量。从 2020 年起，每个合规年获得的 UERs 可以用来抵消强制温室气体减排义务。在欧盟内外，任何国家减少上游排放的项目都可以产生 UERs，获得的 UER 证书可以卖给德国境内燃料供应商，以冲抵他们 6% 的减排目标[27]。

2. 项目开发要求

产生 UERs 减排结果的项目必须获得德国联邦环境署注册审批，项目的开发必须基于联合国清洁发展机制的方法学。在上游减排机制下，项目牵头方必须在项目开始前递交项目注册审批申请，在递交申请前，可以完成项目规划，但是项目的实际工作（特别是施工阶段）必须尚未开始。项目的设计文件必须由核证方进行审核，并出具核证报告核证方必须为在德国联邦环境署注册的在有效期内的上游减排项目核证机构。

德国联邦环境署在收到完整的注册审批申请表后，将在 2 个月内决定是否批准注册。批准之后，德国联邦环境署将公示批准通知，明确以二氧化碳当量表示的项目减排量。项目的抵消期最多为一年，不可延期；可以跨日历年，不可中断然后又恢复；可以分割成几个核查期；可以在通知德国联邦环境署后即刻开始；上游排放减排量的计算采用 CDM 方法学；只限于油气田上游减排项目；项目的审定或核证第三方必须为欧盟成员国境内经营实体。

项目牵头方将根据采用的方法学和上游减排机制的要求监控项目活动。如果项目活动或监控系统偏离了批准的项目文件，项目牵头方应立即通知德国联邦环境署及核证方。在项目的抵消内，如果项目获得或预期获得的减排量与核证报告估算的数值相差 10% 或以上，则为实质偏差，必须通报各方。

在收到完整的申请文件后，德国联邦环境署将在 4 周内决定是否签发 UER 证书。一旦 UER 证书签发，就可以流转到其他账户。减排义务方必须将在合规年内（比如 2020 年）获得的 UER 证书在第二年（比如 2021 年）的 4 月 15 日前转到生物燃料配额办公室的折旧账户以履约指定合规年（举例中的 2020 年）的温室气体减排配额。在抵消期结束一年内，德国联邦环境署要审核提交核查报告的完整性和准确性，必要时进行现场审查。如果核查的 UER 是不准确的，德国联邦环境署将更正数据，删除项目牵头方账户内的上游减排证书。流转到其他账户或已经用于履约温室气体减排配额的 UER 证书仍然有效，只有项目牵头方账户内的 UER 证书会被删除以更正获得的 UER 数量。如果牵头方账户内 UER 证书数量不足，则牵头方有义务向账户内缴纳适宜数量的有效 UER 证书，否则其保证金将被没收。

3. UER 项目开发策略及方法

德国上游减排机制要求，在 UER 项目建设活动开始前，项目开发的牵头方需要向德国联邦环境署提交项目备案申请。目前，该机制正在向全世界征集石油上游企业的减排项目以抵消德国石油行业的上游企业减排配额。该机制的管理机构为德国联邦环境署，项目开发采用 CDM 方法学。可以申请该机制的工程项目类别包括：

（1）原油生产过程中的伴生气放空燃烧；
（2）原油生产过程中的节能项目；
（3）原油生产过程中的可再生能源利用；
（4）原油运输方式的改变（比如油罐车运输改为管道运输）；
（5）国际原油提高运输效率。

4. 甲烷类 UER 项目案例

"大庆油田萨南深冷装置扩建工程德国 UER 项目"是 UER 项目开发典型案例，包括项目审定、德国联邦环境署批准、减排量核查及交易等阶段[28]。

1）工程建设概况

大庆油田萨南深冷装置扩建工程德国 UER 项目在萨南油气处理站内扩建 1 套油田气深冷处理装置，处理规模为 $60 \times 10^4 m^3/d$。工程于 2019 年 9 月开工建设，2020 年 12 月投产运行。

2）UER 项目开发进程

2019 年，大庆油田节能减排项目部对萨南深冷装置扩建工程项目进行了 UER 项目开发前期评估，完成了萨南深冷装置扩建工程 UER 项目在德国的备案，寻找到一家国际石油公司作为 UER 项目开发的合作方。

2019 年 10 月，国际石油公司完成了 UER 项目开发的尽职调查。2020 年 5 月 12 日，国际石油公司签署协议，协议正式生效。

2020年9月，德国核查机构对项目开展现场核定工作，12月15日完成核定报告。2020年12月4日，萨南深冷装置建工程开始进气运行，节能减排项目部从2021年1月1日起开始按照德国UER项目监测要求对该项目进行生产数据采集、天然气性质监测以及减排量测算。

3）案例分析

德国上游减排机制项目开发采用CDM方法学，因此在项目的审定、核查过程中，基准线、额外性证明等要求与CDM项目基本一致。需要关注以下六个开发重点：

（1）上游减排机制认可的减排行为须是发生在原材料进入炼化厂或处理厂前的温室气体减排行为。（2）项目减排量的买方应为在德国境内从事液体燃料销售业务的经营实体，审定方及核查方除了资质要求外也必须为在欧盟成员国境内注册的合格第三方。（3）项目应在实施前完成在德国联邦环境署的备案。（4）当项目注册成功后，只有这一年内的减排量可以经核证后签发为UER。（5）德国上游减排机制于2020年开始生效，有效窗口期可能比较短。（6）减排机制项目在注册时需要提交计算方法、项目描述等一般的技术资料，还需要提交同项目相关油井近5年的平均油气比、油藏压力、井深及原油产率的详细数据。

四、碳资产开发风险及应对建议

1.碳资产开发管理风险

碳资产开发管理主要的风险类型包括政策和法规风险、市场价格波动风险、技术风险以及项目风险。

（1）政策风险。政策的不确定性是碳资产开发面临的首要风险。不同国家和地区的碳政策存在差异，导致企业在跨国碳资产开发中可能面临政策不一致的风险。政府可能调整碳排放配额的分配方式、新的环境法规或政策的出台、政策的执行力度强弱、项目认证标准调整等都可能导致碳市场价格波动，从而影响碳资产的价值和开发成本。

（2）市场价格波动风险。碳市场价格受到多种因素影响，宏观经济环境、供求关系、政策变化等可能导致碳资产价值的不确定性，给企业带来经济损失。

（3）技术风险。碳资产开发涉及多种技术，如监测、报告和核查（MRV）技术、减排技术等，技术的成熟度、对环境的适应性等都会影响到碳减排效果，可能导致开发的碳信用价值降低，甚至受到法律诉讼和声誉损失。新技术的更新迭代、技术成本对比、安全性和稳定性也成为碳资产开发的关键考虑因素[29]。

（4）项目风险。项目的技术、经济、环境可行性是否存在缺陷或者误判；是否存在融资困难，项目的成本过高或资金回收周期较长；极端的天气、自然灾害、公众反对、社区关系紧张、利益冲突等都会影响项目的顺利推进。

2. 风险管理应对策略

充分做好碳资产开发的风险管理对于保证碳资产交易的稳定和盈利至关重要。

（1）政策风险管控。密切关注政策动态，及时调整项目策略；加强与政府部门的沟通，争取政策支持；多元化项目布局，降低政策依赖。

（2）市场风险管控。深入研究市场规律，合理预测价格走势；优化项目成本，提高市场竞争力；加强与金融机构的合作，降低市场风险。

（3）技术风险管控。加强技术研发与创新，提高技术可靠性；选择成熟的技术和经验丰富的合作伙伴；建立严格的质量控制体系，确保碳资产质量。

（4）项目风险管控。充分论证项目的可行性，优化项目设计；加强项目管理，建立碳资产管理平台，确保项目施工和碳资产开发按照时间节点实施；积极应对法律法规和社区问题，维护良好的项目形象。

3. 中国石油碳资产开发案例

中国石油上游业务一直在探索碳资产项目的开发技术路径。2006 年塔里木油田借助清洁发展机制首次探索油气田碳资产项目开发。2009 年，大庆油田成立了专注于碳资产开发的节能减排项目部。中国石油经过 10 余年持续推进自愿减排项目开发，成功开发近 500×10^4t 减排量，交易量达到 270×10^4t，在碳资产项目开发方面获得了显著突破，已成功开发塔里木油田放空气回收与利用工程（CDM 机制）、大庆油田南八天然气处理厂及其配套工程（CDM 机制）、吉林油田 15×10^4kW 风光发电工程（德国 UER 机制）项目、冀东油田武城地热供暖（VCS 机制）等 7 个项目。

例如，吉林油田余热利用工程打包开发碳资产，在德国成功注册，创造了中国石油新能源打包开发碳资产的新模式。2023 年，吉林油田按照节能低碳工程"能开发尽开发"的原则，梳理各类减碳工程，在单一项目不具备开发价值的前提下，创造性地提出打包开发的模式，将吉林油田 8 项余热利用工程打包开发成国际碳资产项目。这些工程以 8 个场站污水余热为热源，通过建设吸收式和压缩式热泵 12 台，装机规模 37.8MW，成功实现余热回收，替代站内部分化石燃料消耗，预计每年可减碳 3.5×10^4t。

第四节　碳资产区块链数字化管理

区块链技术在建立多方参与的可信碳排放数据与交易数据共享治理机制方面优势明显。基于区块链技术搭建的碳资产管理平台，可以将企业碳资产管理、碳交易及供应链业务管理、集团下属各控排企业、上下游供应商、节能服务商、金融机构、监管机构连接起来，帮助企业摸清碳资产家底、实现碳排放控制、降低排放成本、拓展绿色产业链生态圈和碳资产收益最大化。

一、资产数字化管理平台面临的问题和挑战

国内各类碳资产管理平台，通常已具备碳排放数据管理、排放履约管理、CCER 项目管理、碳交易管理、碳业务培训、分析决策等功能，对企业的碳资产管理起到了基础支撑作用，但是这类碳资产管理平台通常存在以下单方面或者多方面的不足。

1. 数据庞大整理周期长

企业碳排放基础数据较多。企业燃料消耗量大，燃料使用量数据涉及的采购、投料台账记录频繁；生产控制数据（DCS）、用电量数据、在线监测数据量大；燃料低位发热量、含碳量、碳氧化率等需每日进行检测，检测报告数量多，材料整理工作量大；检测设备的维护、校准信息、车辆使用、设备维修等台账种类繁多。同时部分企业存在台账结构化、电子化不足，导致基础数据获得难度较大，数据整理周期较长。

2. 数据可信性保障低

基础数据来源较多，对于燃料使用量，基础材料涉及采购及消耗台账、财务报表、采购发票等；对于燃料检测数据，涉及检测结果、送检频次、实验室资质、设备维护及校准等资料，涉及材料种类繁多。若企业存在误报、漏报、错报情况，人工开展的多源数据交叉校验短时间内不能保证核查质量。

3. 市场分析及风险防控缺失

管理平台缺少对碳市场的预测机制及相关模块，规避人为造成的风险存在较大困难。

二、应用关键数据技术

1. 区块链技术

区块链是一种分布式多节点"共识"实现技术，作为一个去中心化的数据库，具有分布式存储、不可篡改和加密安全的特点。分布式存储的任何节点中数据内容一致，可避免某个数据节点故障影响整个数据库；区块链按时间序列、按区块记录数据的模式，使得数据传输可追溯，不可随意篡改；采用加密技术使得数据可用不可见，有效解决数据共享中的隐私保护问题。通过区块链可以完整、"不可篡改"地记录价值转移（交易）的全过程。区块链技术支持的场景可以实现更广泛的参与，更低的沟通或集成成本，更高的效率以及更低的风险。

2. 碳引擎技术

数据公司提供的碳引擎技术会整合国内外多种碳排放参数库和排放因子库，并持续性地收纳和更新，便捷引用，省心省力；提供了功能强大的公式编辑器与可视化交互界面，

实现所见即所得；支持主公式下内嵌无限级子算式及求和等复杂运算，支持将碳盘查数据自助拖拽式形成报表、大屏，支持回归分析、分项分析等多种维度数据分析。

3. 物联引擎技术

物联引擎技术是基于计量在线监测系统采集和物联接入的碳排放数据监测技术，适合对控排企业在生产过程中消耗的电力、燃气等能耗进行精准计量，同时也可对生产过程所排放的颗粒物、二氧化碳、一氧化氮、二氧化硫、氮氧化物、氧气等碳排放气体浓度以及流速、烟温、湿度等数据进行精准计量与实时监测。通过物联平台接入获取的数据可同步上传至区块链进行存证。通过传感监测与物联采集技术实现的直接测量方式，能够精准、客观地获取各类型碳排放数据，能够客观反映企业能耗规模与用能结构，实现了碳排放数据的自动采集与数字化沉淀，不仅便于后期的碳盘查核算，也避免了人工填报带来的效率与可信度问题，但整体增加了实施成本与系统复杂度。

基于移动端实现随时随地的人与人、人与设备、人与系统、人与服务连接，对于有业务人员参与的活动数据（如：交通运输燃油使用量、行车里程、货运量、生产过程监督采用等），能够高效进行碳排放数据的采集、录入以及溯源。

4. 数据汇接技术

数据汇接技术支持不同应用的数据打通和沉淀，支持对各类技术栈、部署地点的应用进行非侵入式数据接入，通过零代码可视化的方式进行数据模型配置和数据传输。

5. 利用区块链技术构建碳资产管理平台

区块链技术为企业碳资产管理、碳交易提供了高性能、高可信、高安全的数字基础保障。基于区块链的碳资产管理平台可以充分满足企业各分公司、子公司多样化的节点功能需求，同时保证系统运行的高并发性能，可保障不同控排企业之间数据并行处理、互相隔离、非授权互不可见的数据隐私性，同时便于后期快速扩展新的区块链应用场景，导入丰富的技术和联盟资源[30]。

基于区块链的碳资产管理平台可以实现碳排放数据自动抽取与汇集、碳排放数据的精准核算、配额预测与测算、内部配额交易撮合与优化调配、碳价预测、碳减排项目开发、碳减排计划制定等功能（图4-4-1）。

1）碳排放监测

利用区块链技术、数据汇接技术，连接客户自建系统、数据采集系统、用户文件等，实现碳数据采集、监测、存储，支持实时监测。通过碳排放监测模块，可以定位碳排放异常并预警，实现在核查周期中的持续监测，做到对企业碳排放情况"心中有数"。

2）碳盘查管理

通过平台的搭建实现盘查工具化、自动化、图表化。控排企业可通过应用生成报告，上报到环境信息管理系统，支持直接测量法核算、质量平衡法核算、排放系数法核算等主要计算法则和持续更新的碳排放因子。平台支持确定核算边界、识别碳排放源、收集活动水平数据、选取排放因子数据、计算碳排放的主要业务流程。

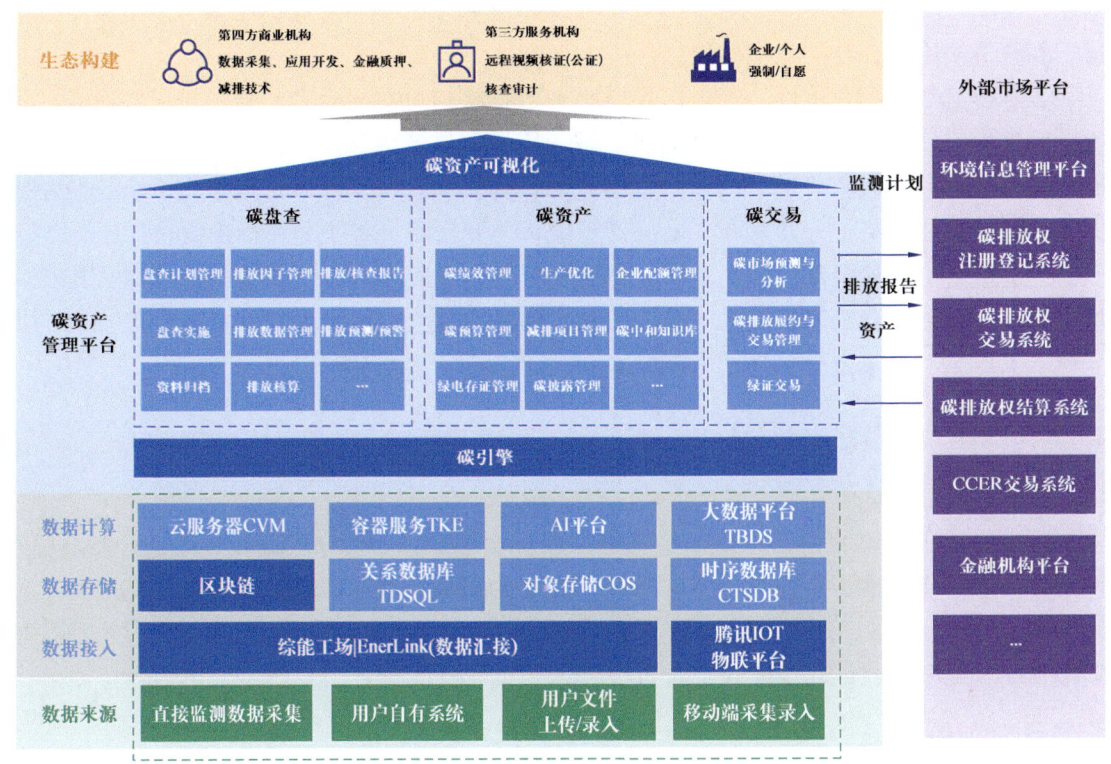

图 4-4-1 基于区块链的碳资产管理平台总体架构图
资料来源：腾讯云计算

3）碳资产管理

基于区块链技术构建多方参与的可信数据共享治理机制。支持为集团内各排放企业建立碳账户，统一管理碳资产，包括碳排放数据管理、碳预算管理、配额管理、CCER 管理、减排项目管理、数据存证管理、生产智能优化等。

4）碳交易管理

支持平台上内部虚拟配额账户的开设及虚拟配额的确权分配、碳资产保值策略建议、履约管理、交易分仓管理等。平台支持碳交易辅助决策、绿证交易支撑以及绿证核算与申办。

5）数据可视化

借助数据可视化组件搭建可视化平台，分别建立基于大屏、个人电脑（PC）、平板、移动端的碳资产数据可视化，为整个碳资产管理工作的可视、可知、可用打好基础。

6. 应用效益

以区块链技术为基础，融合碳引擎技术、物联引擎技术构建的碳资产管理平台，可为企业碳资产管理水平的提升提供有力支撑。主要应用效益包括：

（1）提升数据的实时性。基于物联引擎，可实现企业 DCS 系统、CEMS 系统及电表等在线监测数据自动采集并实时上链，每日动态更新发电企业燃煤消耗量、发电量、发热量、脱硫机使用量、外购电量的数据。

（2）提升数据的可信性。通过区块链平台数据接口可对接企业台账系统，将企业台账或统计报表、能源台账等数据自动抽取上链，用于碳排放核算数据的交叉核验，可确保数据的真实可信。同时基于链上内嵌的智能合约核算模块，可实现碳排放数据的自动化精准核算，合约算法在链上公开发布，确保计算流程公开透明、各子公司标准统一。

（3）提升交易的灵活性。企业可根据自身配额盈缺情况，在链上实时发布碳配额交易量需求，通过智能合约匹配交易对象、价格、时间等信息，完成配额交易，提升交易的灵活性。

第五节　绿电绿证与碳资产协同

国内形成了绿电交易、绿证交易和国家核证自愿碳减排量（CCER）交易三类市场并行格局，进一步丰富了企业落实"碳中和"政策的市场机制手段。三类市场进入全面运行阶段，市场之间正在互联互通方面形成降碳合力。企业实施绿色低碳转型中开发和利用的碳排放权、绿电、绿证、用能权等是重要资产，需协同管理。

一、绿电市场

1. 绿电概念

绿色电力指水力、风力、太阳能、生物质能、地热能、海洋能等可再生能源发电上网电力。绿色电力交易（绿电交易）是指以绿色电力产品为标的物的电力中长期交易，用以满足发电企业、售电公司、电力用户等市场主体出售、购买绿色电力产品的需求，并为购买绿色电力产品的用户提供绿色电力证书（绿证）。中国绿色电力交易正在开展市场化交易机制设计和试点示范。国家电网和南方电网公司推动开展绿色电力交易试点市场工作。绿色电力的生产者（新能源企业）与消费者（用电企业、售电公司等，含电网公司代理）直接签订交易合同，实现了绿电生产、传输、消费全流程闭环，引入绿色电力是石油化工行业重要的降碳手段[31]。

2. 绿电交易政策进程

中国绿电交易经历了消费配额制、市场交易试点和挂钩用户可再生能源消纳责任权重的三个阶段时期。中国于 2019 年建立可再生能源消纳保障机制，明确了承担可再生能源消纳责任的主体为消费端，由国家能源主管部门按省级行政区域下达可再生能源电量在电力消费中应达到的比重，从内涵上看可称为"绿电消费配额制度"，2020 年又开展了可再生能源超额消纳量交易，2021年启动绿色电力交易试点。国家发展和改革委员会与能源局2022年1月发布《加快建设全国统一电力市场体系的指导意见》[32]，提出探索开展绿色电力交易，引导有需求的用户直接购买绿色电力，做好绿色电力交易与绿证交易、碳排放权交易的有效衔接。2022年1月，国家发展和改革委员会等七部门印发《促进绿色消费实施方案》[33]，进一步推动绿电交易、绿证交易、碳排放权交易的联动发展，结合全国碳市场相关行业核算报告技术规范的修订完善，研究在排放量核算中将绿色电力相关碳排放量予以扣减的可行性。2022年4月《京津冀绿色电力市场化交易规则》《南方区域绿色电力交易规则》等方案进一步推动区域和地方绿色电力交易实践。2022年12月国家发展和改革委员会、国家能源局印发《关于做好2023年电力中长期合同签订履约工作的通知》，鼓励电力用户与新能源企业签订年度及以上的绿电交易合同，加强绿电交易与绿证交易衔接。同时，将加强高耗能企业使用绿色电力的刚性约束，各地可根据实际情况制订高耗能企业电力消费中绿色电力最低占比；建立绿色电力交易与可再生能源消纳责任权重挂钩机制，市场化用户通过购买绿色电力或绿证完成可再生能源消纳责任权重。2023年2月15日，国家发展和改革委员会、财政部、国家能源局下发《关于享受中央政府补贴的绿电项目参与绿电交易有关事项的通知》，当绿电交易结算电量占比超过50%且不低于当地平均水平时，项目可优先获得绿电补贴。政策将引导绝大部分带补贴项目参与绿电交易，自2023年开始绿电交易的供给量或呈现大幅增长。

全额保障性收购新规将进一步为绿电交易拓宽空间。截至2023年12月底，全国可再生能源发电装机容量达 $15.16 \times 10^8 kW$，占全国发电总装机的51.9%；2023年全国可再生能源新增装机 $3.05 \times 10^8 kW$，占全国新增发电装机的八成以上。2023年，全国可再生能源发电量近 $3 \times 10^{12} kW \cdot h$，接近全社会用电量的1/3，但规划滞后的电网根本无法消纳如此之多的新增绿电，在光伏、风电规模化发展的同时，新能源消纳并网问题不断加重，对于新能源高比例大规模可持续发展形成制约。2024年3月18日，国家发展和改革委员会发布《全额保障性收购可再生能源电量监管办法》，自2024年4月1日起施行，对全额保障性收购范围进行优化，提出全额保障性收购包括保障性收购电量和市场交易电量，多方位、多主体协同促进可再生能源消纳。《全额保障性收购可再生能源电量监管办法》适用于风力发电、太阳能发电、生物质能发电、海洋能发电、地热能发电等非水可再生能源发电，水力发电参照执行，基本涵盖了所有绿电，最大的变化在于"全额"收购可再生能源电量的主体发生了变化，可再生能源电量全额保障收购的责任主体，由过去电网企业一家，转变为电网企业、售电企业、电力用户、电力调度机构和电力交易机构等多元主体。这一政策变化将电网企业与可再生能源发电项目的上网电量的关系，由此前硬性的全额"包销"改为软性"托底"，突出了市场化方式实现资源优化配置和消纳。政策实施后，电网将不再承担全额收购的义务，仅承担保障性收购电量部分即可。这对于可再生能源来说，将会有更多的电量参与市场化交易，但同时也意味着市场化的售电压力将提高，而未来电价风险可能会被市场更多地关注。

3. 绿电交易规则

2022年5月，北京电力交易中心印发《北京电力交易中心绿色电力交易实施细则》，就国网区域绿电交易的定义、规则、机制等进行了明确。南方区域各电力交易机构联合编制印发《南方区域绿色电力交易规则（试行）》进一步进行了明确。

（1）绿色电力产品是指符合国家有关政策要求的风电、光伏等可再生能源发电企业上网电量。市场初期，主要指风电和光伏发电企业上网电量，根据国家有关要求可逐步扩大至符合条件的其他电源上网电量。

（2）参与市场成员包括发电企业、电力用户、售电公司等市场主体，以及电网企业、电力交易机构、电力调度机构、国家可再生能源信息管理中心等。

（3）参与绿色电力交易的发电企业初期主要为风电和光伏等新能源企业。绿色电力交易优先组织未纳入国家可再生能源电价附加补助政策范围内的风电和光伏电量参与交易；已纳入国家可再生能源电价附加补助政策范围内的风电和光伏电量可自愿参与绿色电力交易，其绿色电力交易电量不计入合理利用小时数，不领取补贴；分布式新能源可通过聚合的方式参与绿色电力交易。

（4）绿色电力交易的组织方式主要包括双边协商、挂牌等，可根据市场需要进一步拓展，应实现绿色电力产品可追踪溯源。其中：双边协商交易为市场主体自主协商交易电量（电力）、价格，通过绿色电力交易平台申报、确认、出清；挂牌交易为市场主体一方通过绿色电力交易平台申报交易电量（电力）、价格等挂牌信息，另一方市场主体摘牌、确认、出清。

（5）价格方面，绿色电力交易价格由市场主体通过双边协商、挂牌交易等方式形成。绿色电力交易价格应充分体现绿色电力的电能价值和环境价值，原则上市场主体应分别明确电能量价格与绿色环境权益价格。

4. 绿电市场存在的挑战

（1）绿电交易的活跃度不高。发电企业主动入市意愿并不强烈。首先，存量项目因为核准早、价格高、补贴高，缺乏放弃补贴入市意愿。其次，发电不可控，中长期出力预测困难，与用电曲线难以匹配，一旦入市则面临偏差考核风险。最后，享受电网保障收购政策，享受财税优待，相比入市交易具有非常明显的优势。绿电平价项目目前投产规模较小，已投产绿电项目放开参与市场交易的比例不高，也制约绿电交易规模[34]。

（2）绿电交易以省内市场为主，跨省区交易并行，未来绿电波动性间歇性增大，各省区存在消纳困难问题。绿电进入省区和跨省跨区市场的市场准入未充分放开，不同省区市场规则差异较大，短周期交易品种不足，各省区将难以应对大规模新能源并网导致的波动性和间歇性问题。

（3）绿电与工业产能的空间错配。当前绿电资源集中在西北地区，而工业产能主要集中在东部沿海地区，由于空间的不匹配，跨省跨区的绿电交易十分困难，使得企业的绿电需求难以得到满足，或需付出高昂的成本。同时大型新能源发电企业主动参与中长期交易的意愿较低，使得用户签订长周期合同的难度大[35]。

（4）绿电使用仍面临成本过高问题。浙江、江苏地区，绿电交易溢价（相较燃煤基准电价）有所扩大，已由 2021 年 9 月绿色电力试点交易的 0.03～0.05 元/（kW·h）上涨至 2022 年度长期交易协议中的 0.061～0.072 元/（kW·h），2022 年广东绿电长期交易协议成交均价较煤电基准价高 6 分/（kW·h），较火电成交均价高 1.7 分/（kW·h），增加的这一部分成本由企业承担。

（5）绿电交易品种不够丰富。现在的绿电交易只有年度交易和月度交易，没有零售侧之间的转让交易，如果买方因为特殊情况导致用电需求下降，没有合理的途径可以将它此前购买的绿电转让给其他有需求的售电公司或电力用户，只能由自身去承担这种偏差带来的损失。

二、绿证市场

绿证是绿色电力的"电子身份证"，用于认定绿电生产、消费，属于环境权益资产，可扣减"能耗双控"的总量限制、抵扣可再生能源消纳责任、交易兑现绿电环境价值以及与绿电捆绑做碳抵消辅助实现碳中和目标。2023 年，绿证核发实现可再生能源电力全覆盖，至此绿电交易和绿证交易的基础平台和工作机制均已贯通，绿证供应迎来翻番式增长，但由于缺乏政策性强制需求的承接，市场供需失衡价格面临重大下行压力，同时国内绿证面临在碳市场无法扣减碳排放，国际市场认可度不高等多方面问题。

1. 绿证概念

绿证即绿色电力证书，由国家可再生能源信息管理中心颁发，是符合要求的可再生能源发电企业生产绿色电能的"电子身份证"，具有特殊标识代码，是认定与核算可再生能源电力生产、消费的权威凭证，是可再生能源环境价值的有效证明。

2. 绿证发展历程

中国绿证机制经历替代补贴、捆绑绿电交易、可再生能源全面覆盖三个时期将进入全面运行阶段。国内绿证机制设计初衷在于通过绿证收益替代可再生能源补贴。中国自 2006 年开始对可再生能源发电实行补贴政策，但是由于地方规模管理失控，装机远超国家规划，补贴资金出现较大缺口。为弥补缺口，中国于 2017 年 7 月开始试行集中式陆上风电和光伏的绿证交易，用绿证收益替代补贴资金，也可通过销售绿证对冲补贴拖欠的风险。2020 年 1 月 1 日起，未完成消纳指标的市场主体可通过自愿认购可再生能源绿色电力证书的替代方式完成消纳量。由于属于自愿认购，绿证交易低迷。2017 年至 2020 年底全国绿证累计交易数量仅为 6700 张。

2021 年中国全面推行绿证交易，绿证的约束性交易逐步取代自愿交易，财政部、发展和改革委员会、能源局发布《关于促进非水可再生能源发电健康发展的若干意见》财建

〔2020〕4号自2021年1月1日起，扩大绿证市场交易规模，推广绿证交易。2022年，中国开始实行绿电绿证捆绑交易的试点机制和将绿证作为可再生能源消纳责任与能耗认定基本凭证的政策，政策推出后绿证交易大幅提升。2022年全年绿证交易数量达到969万张，较2021年增长15.8倍。2023年绿证市场进入全面核发时期。2023年8月3日，国家发展和改革委员会、财政部、能源局联合发布《关于做好可再生能源绿色电力证书全覆盖工作促进可再生能源电力消费的通知》（发改能源〔2023〕1044号），国内绿证从仅覆盖集中式陆上风电和光伏扩大到包括风电、光伏、新投产常规水电、生物质、地热和海洋能等全部可再生能源，并将其定义为可再生能源环境属性的唯一证明，政策上结束了绿色消费证书、超额消纳责任、可再生能源中长期交易合同均可作为绿色价值凭证的时代。绿证的环境凭证性约束交易逐步取代自愿交易，将正式进入全面运行阶段。相比绿电交易的"证电合一"，绿证交易是"证电分离"。企业出售绿证后，相应的电量不再享受国家可再生能源电价附加资金的补贴。国家可再生能源信息管理中心负责对购买绿色电力证书的机构和个人核发凭证（图4-5-1）。

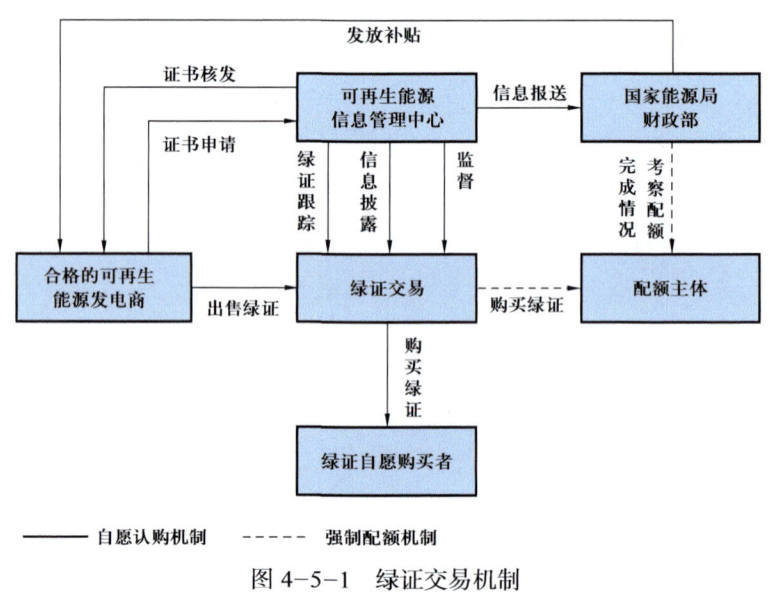

图4-5-1　绿证交易机制

3. 绿证功用

1）绿证为完成消纳责任权重（配额）的重要方式

2019年5月，国家发展和改革委员会、能源局发布《关于建立健全可再生能源电力消纳保障机制的通知》（发改能源〔2019〕807号），明确自愿认购绿证等量记录为可再生能源电力消纳量。为落实2030年前碳达峰目标，国家能源局发布《关于征求2021年可再生能源电力消纳责任权重和2022—2030年预期目标建议的函》提出2030年全国统一可再生能源电力消纳责任权重为40%，其中非水电电力消纳责任权重为25.9%。2022年8月15日，国家发展和改革委员会等三部委联合发布《关于进一步做好新增可再生能源消费不纳入能源消费总量控制有关工作的通知》（发改运行〔2022〕1258号），允许各地区自2021年开始，当年较上一年新增的风电、太阳能发电、水电、生物质发电、地热能发电等可再生能源电力消费可在计算当年能源消费总量时予以扣除，并明确将绿证作为可再生能源电力消费量认定的基本凭证，同时明确绿证原则上可以转让。

2）绿证已与能源消费"双控"机制关联

2021年9月国家发展和改革委员会发布的《关于印发〈完善能源消费强度和总量双控制度方案〉的通知》（发改环资〔2021〕1310号）提出，根据各省（自治区、直辖市）可再生能源电力消纳和绿证交易等情况，对超额完成激励性可再生能源电力消纳责任权重的地区，超出最低可再生能源电力消纳责任权重的消纳量不纳入该地区年度和五年规划当期能源消费总量考核[36]。

3）绿证可以作为质押资产获得融资

根据《环境权益融资工具》（JR/T 0228—2021）规定，绿证属于环境权益类资产。2022年12月，国家电力投资集团有限公司与中国建设银行完成国内首笔绿证收益权质押贷款合同，通过质押绿证收益权的方式，获得了短期低息资金，盘活了绿色轻资产。

4）绿证的国际互认和衔接碳市场

国内绿证已纳入国际绿电消费倡议的有条件认可范围，按新规国内可再生能源电量原则上只能申领核发国内绿证，预计I-REC等国际绿证开始退出中国开发市场，为国内绿证发展腾挪出了空间，如果绿证实现国际互认将是出口企业降碳核算的有力凭证。国内正在研究推进绿证与全国碳市场的衔接协调，未来将发挥绿证在碳排放核算中作为绿电基本凭证的作用，成为"能耗双控"向"碳排放双控"转变的重要载体。

4. 企业可采购绿证种类与模式

（1）在中国市场主流的国际绿证类型有国际可再生能源证书（I-REC）和全球可再生能源交易工具（APX TIGRs）。自2023年1月1日起，所有补贴项目停止签发国际绿证。国内绿证和国际绿证不可同时申请。水电可以申请I-REC，且因为国内水电目前大部分都无补贴，那么未来即使I-REC不再签发有补贴项目，按目前的规则也不影响水电的签发[37]。

（2）企业购买国内绿证有补贴绿证、平价绿证和绿电绿证三种选择。补贴绿证因为价格较高，成交量低，平价绿证和绿电绿证是企业参与交易的主要选择。平价绿证和绿电绿证分别代表了"证电分离"和"证电合一"，两种模式各有优劣，互为补充。平价绿证不受物理通道的限制，更加灵活，具有一定的金融属性，绿电交易更能满足企业对可溯源绿色电力的需求[38]。

（3）企业主要可以通过四个途径来购买绿证：①绿证交易平台购买；②找绿证咨询中介公司代采购；③找新能源电站持有方购买；④通过专业碳管理系统平台来购买。绿证交易平台的优点是信息丰富，价格透明；找中介代采购，优点是省事省力，但由于中介能力和资源参差不齐，企业很容易买到重复申请绿色权益的"假"绿证。找新能源电站持有方购买，优点是绿证价格低，但购买量要足够大，否则卖方不会卖，沟通成本非常高。通过专业碳管理系统平台来购买，能够提供绿证注册、核发、交易、核销等综合服务，但要多付出一部分平台费用成本。

5. 绿证市场挑战

国内绿证在国际上认可度不高。中国绿证在一定程度上是比照 RE100 的要求设计的，但是由于追踪系统尚不完善，就绿证时效性是否满足 RE100 要求进而中国绿证是否被其认可，尚具有不确定性。目前也尚未有公开信息显示 RE100 成员企业以中国绿证成功对外声明其在中国的商业使用了绿色电力。中国存量项目绿证的国际认可度也不高，存量项目在入市交易时并未取消电网保障收购政策，导致 RE100（企业 100% 使用可再生能源电力）难以认定绿电环境属性属于消费者；"保障收购"等同于计划电，未产生减碳增量效益。这说明中国可再生能源保障收购政策与国际绿证的认证标准存在一定的不对应，影响了存量绿证的国际认可度。目前仅增量平价绿证比较符合 RE100 标准。国内外绿证应用对比见表 4-5-1。

表 4-5-1 国内外绿证应用对比

类型	国际绿证 I-REC	国际 APX	国内绿证 GEC
与官方平台的沟通难易	易：官方反馈非常快。有助于推动项目尽快获得绿证签发	难：官方反馈极慢，不利于项目顺利快速签发	易：官方反馈快。有助于推动项目尽快获得绿证签发
项目类型	2021 年 5 月 31 日以后只有无补贴平价项目（风电、光伏、水电）可申请	无补贴平价项目（风电、光伏、水电）可申请	风电、光伏、新投产常规水电、生物质、地热和海洋能
官网	irecstandard.org	apx.com	greenenergy.org.cn

2024 年 9 月，国际绿证 I-REC 退出中国市场。中国将不再注册发行新发电资产的 I-REC 绿证。国际绿证退出为中国强化自主绿证体系提供了重要契机，但也对跨国企业在中国的绿色电力使用认证带来了困难，进而影响到这些企业的可持续发展和碳中和目标，影响其在全球范围内履行碳减排承诺的能力。短期市场面临过渡期的适应性挑战。企业面临如何调整其绿色电力采购策略、如何确保其碳减排目标符合国际标准，以及如何有效利用本土绿证实现其可持续发展等问题。

6. 国内企业对绿电绿证需求来源

消费绿电可以通过绿证交易、绿电交易（也即绿证与物理电量捆绑交易）两种方式进行。绿电交易实行"证电合一"，交易后既可以获得电能使用权，又可以获得绿证，通过"e-交易"APP 交易。绿证交易实行"证电分离"仅获得绿证，通过中国绿色电力证书交易平台、北京电力交易中心和广州电力交易中心交易。

国内企业消费绿电绿证需求主要来源涉及六类：一是下游大客户对供应商绿电占比有需求；二是外企总部要求在华分部绿色转型，或者为国际品牌代加工，使用绿电可以获得更大市场份额；三是服务企业宣传，上市公司、大型跨国企业履行可持续发展的社会责任，承诺或自愿完成碳中和的企业，加入 RE100 倡议的国内企业为了实现 100% 使用可再生能源的承诺而选择采购绿电；四是完成可再生能源电力消纳考核，并且超过激励性消纳责任权重的消纳电量折算的能源消费量不计入该地方或企业能耗"双控"考核的奖励机制；五是增加碳资产，可在地方试点碳市场碳核查中绿电扣减碳排放量，将企业绿色电力资源开发成碳资产出售，对接荷兰 I-REC 机构，开发国际绿证，实现"市场电价 + 绿证收入"盈利模式；六是外向型出口企业规避碳税风险，出口欧盟的中国外向企业从 2023 年开始向其报告进口产品包含的碳排放，并且使用绿电更容易让他们的产品在未来进入国际市场，降低被征收碳税的风险。

7. 企业选择绿电、绿证和 CCER 交易工具对比

中国绿电、绿证、CCER 市场，从不同角度发挥着助推碳减排的功能。企业可以同时采用三种手段实现自身碳中和，可以使用 CCER 抵消已核定的碳排放量，用于覆盖范围一、范围二和范围三，也可以通过采购绿电直接扣减其范围二中外购电力碳排放部分。采购绿证、绿电有利于用户锁定用电成本，保障绿证绿电长期稳定供应。但是 100% 通过购买来实现碳中和是不提倡的，易被认定为"漂绿"，遭到媒体和环保组织机构的质疑。绿电、绿证和 CCER 对比见表 4-5-2。

表 4-5-2　绿电、绿证与 CCER 优劣势对比

项目	绿电	绿证	CCER
范围	抵消范围二	抵消范围二	覆盖范围一、范围二、范围三的排放
时间限制	受制于新能源项目发电曲线和电力用户用电曲线的匹配度，降低了交易的灵活性	要求"21 个月原则"	CCER 在开发项目的计入期内均可实现碳抵消作用
开发角度	对于未进入市场的居民、公益事业等用户，无法通过绿电交易实现绿色电力消费	开发流程和难度都低	开发流程长，难度大，一般情况业主不具备开发能力，需要寻求专业的咨询公司开发，存在一定的开发成本

三、用能权市场

1. 用能权市场概况

用能权是指在能源消费总量和强度控制的前提下，用能单位经核发或交易取得、允许其使用或投入生产的综合能源消费量权益，企业对依法取得的用能指标可进行交易。用能

权交易形式包括由政府出售给企业、政府从企业回购、企业间交易等。

用能权市场架构已有设计，试点市场正在运行，但是交易量较小，交易形式单一。2016年7月，国家发展和改革委员会印发了《用能权有偿使用和交易制度试点方案》[39]，提出在浙江省、福建省、河南省、四川省开展用能权有偿使用和交易制度试点工作。2017年12月，国家发展和改革委员会办公厅正式批复四省开展用能权有偿使用和交易试点工作方案。各试点市场所在省出台了《用能权有偿使用和交易试点工作实施方案》《用能权有偿使用和交易管理暂行办法》，福建省于2018年12月，四川省于2019年9月，河南省和浙江省于2019年12月，先后正式启动用能权市场交易。现在河北、山东、江西、湖北、江苏等省，正在积极主动探索开展用能权相关交易。另外，国家发展和改革委员会正在组织用能权交易试点研究工作，加快推进全国用能权交易市场建设，通过实施用能权交易确保完成能耗强度降低的基本目标，遏制不合理能源需求。现阶段用能权市场交易量较小，从浙江省用能权交易情况来看，2021年全年共产生12笔交易，总量为33.8×10^4tce，平均每单约2.8×10^4t，单笔交易量从1862t至78548t不等。

2. 用能权市场法律法规尚待完善

用能权市场法律法规尚不健全，技术支撑不足，跨区域用能权交易受限，难以促进整体用能效率提高。目前用能权有偿使用和交易机制尚在试点阶段，尚未有国家立法支持，难以实现跨区域交易。用能权市场在确权、监测、核算、核查等技术支撑方面不如碳市场完善，缺乏标准规范支撑。

3. 用能权交易市场趋势探索

1）能源消费总量控制目标设置优化或导致用能权交易市场逐步萎缩

"十三五"期间，由地方政府给相关企业分配初始用能权指标。目前，能源消耗总量和强度调控制度正在不断优化，国家不再向地方下达能源消费总量控制目标，而是由地方根据能耗强度下降指标和经济增长目标匹配测算能源消费总量控制目标。初始用能权分配的基础条件已发生重大变化，根据"没有上限、没有交易"的原则，在现有交易机制设计下，存量交易市场或将不复存在。增量交易市场上用能权指标将成为极度稀缺的生产要素，导致卖方市场用能单位为保障自身后续用能，倾向于保留盈余指标，或将导致市场逐步萎缩。

2）原料用能不纳入能源消费总量控制，将缩小用能权交易基础体量

原料用能指用作原材料的能源消费，即能源产品不作为燃料、动力使用，而作为生产非能源产品的原料、材料使用。原料用能占中国能源消费总量比重较大。2022年11月《关于进一步做好原料用能不纳入能源消费总量控制有关工作的通知》发布，原料用能不纳入节能目标责任评价考核，意味着不用做燃料和动力功能的原料用能将逐步过渡为普通生产资料退出用能权交易市场。同时，在核算能耗强度时，原料用能消费量将从能源消费

总量中扣除，会大大降低原料用能占比较高行业的能耗强度指标，也会造成用能权交易市场体量减小[40]。

四、绿电、绿证、用能权与碳市场链接机制

现阶段中国绿电市场、碳市场、绿证市场彼此相互关联、相互影响。

1. 绿证核发交易制度已实现与绿电交易试点的有效衔接

国家可再生能源信息管理中心作为第三方机构建设运行全国绿证认购交易平台，同时负责中国绿证的核发及交易组织工作。目前绿证核发交易制度已实现与绿电交易试点的有效衔接，国家可再生能源信息管理中心按照国家相关要求根据绿电交易结算数据批量核发绿证至北京、广州电力交易中心。

2. 绿证交易市场与碳交易市场按各自规则运行暂未互相抵消

绿电消费配额的目的是为完成非化石能源占一次能源消费中的占比提升，绿证交易是实现这一目标的重要方式，而碳交易市场是为了控制化石能源碳排放总量，两个目标是独立的，仅在上一级碳达峰碳中和目标上有一定关联。现阶段两个市场仍然按各自规则运行，其作用不互相"抵消"。

3. 绿证与 CCER 是两个并行的独立市场

CCER 和绿证交易是两个平行的、并行运行的市场，同一个项目暂时可以同时申请 CCER 和绿证。绿证为符合要求的发电企业提供了一种可以提前拿到补贴的方式，而 CCER 是帮助企业将项目产生的减排量获取额外的碳资产收益。购买 CCER 的主体通常为纳入碳市场的重点排放单位，通过交易获得的 CCER 用于在碳市场中抵消配额，帮助企业以低成本履约；而绿证的购买方范围更广，包括受到可再生能源电力消纳责任权重指标约束的主体，及其他自愿购买绿证的组织和个人，其购买的绿证有助于完成可再生能源电力消纳配额要求[41]。

4. 地方政府在尝试绿电市场与碳市场的链接

全国首张电碳市场的"绿电交易凭证"获得双认证。2022 年 4 月 26 日，湖北省内的 7 家发电企业、8 家电力用户代表签署绿色电力交易协议，获得由湖北电力交易中心、湖北碳排放权交易中心共同认证的"绿色电力交易凭证"，这是全国首张电碳市场双认证的"绿电交易凭证"，标志着"电""碳"市场协同迈出关键一步。交易凭证上注明了用户信息、交易电量、电量类型、来源电厂、等效二氧化碳减排量等绿电绿色属性所有权，可记录、可追溯、可存证。根据等效二氧化碳减排量，可用于省内试点碳市场的碳排放抵消。浙江省发布《关于开展 2021 年浙江省绿色电力市场化交易试点工作的通知》，提出在省内企业用电碳排放指标计算原则制定阶段，企业买入绿电获得的《浙江绿色电力交易凭证》

主动纳入碳排放指标管理体系。据调研，浙江绿电交易凭证与碳市场链接也仅在本省内实施。江苏省发布《江苏省促进绿色消费实施方案》，研究制定高耗能企业使用绿色电力的刚性约束机制，逐年提高绿色电力消费最低占比；到2025年，高耗能企业电力消费中绿色电力占比不低于30%；探索在碳排放量核算中将绿色电力相关碳排放量予以扣减。石化行业的绿电抵消碳排放处于征求意见阶段。《中国电解铝生产企业温室气体排放核算方法与报告指南（试行）》，要求排放核算需要扣除工序中消耗的绿电电量。工业及其他行业核算指南，购入电力未区分绿电。

5. 国内用能权与碳排放权交易尚未有效链接

用能权与碳排放权制度本质相同，都是通过政府初次分配和市场二次分配来达到节能减排的目标。用能权与碳排放权是两项并列且互补的节能减排措施，用能权交易着眼于前端管理，碳排放权交易着眼于末端治理。用能权交易在实现节能的同时也会促进减排，碳排放权交易在实现减排的同时也会促进节能，因此在设计目的方面，两项制度的实施效果具有高度协同性。但是，目前用能权与碳排放权尚未实现有效衔接，二者在基础数据、交易对象和政策手段上存在着重叠和交叉的地方，两者之间的界限不清晰。为参与交易，企业需进行能源消费量、碳排放量双重审核，增加了企业负担。两个交易制度并行，存在多头管理，重复管控，增加企业管理和减排成本的情况。《河南省用能权有偿使用交易试点实施方案》中明确，为避免双重履约，河南省用能权交易未将统调燃煤电厂纳入交易范围，表明河南省认为碳排放权与用能权同时管制同一市场主体会造成"双重履约"，但这一举措局限在河南试点范围内。

6. 用能权交易主体或逐渐转向绿证交易市场

现在绿证作为可再生能源电力消费量认定的基本凭证，国内积极推进绿证交易市场建设。绿证交易与用能权交易在交易主体、交易标的、交易机制等方面存在相似之处。新增可再生能源消费不纳入能源消费总量控制，有更多可再生能源将以绿证方式参与交易，促进绿证交易发展，用能权交易主体也将会转向绿证交易市场。

7. 三类市场供需失衡矛盾突出

短期市场易出现绿电买不到、绿证卖不掉、CCER缺口大的情况。绿电交易供应不足，国内东部省份需要通过跨省跨区外调方式引入绿电，但各省承担各自可再生能源消纳责任权重，且外送对当地没有额外好处，对绿电外送供应意愿较小。另外跨区输送也受到输送通道的限制，或缺乏适用的输电通道，导致可输送供应的绿电量非常有限。绿证覆盖范围扩大，预计绿证供应将迎来翻番式增长，但由于绿证需求主要来自企业履行社会责任自愿购买以及作出供应链碳中和等绿色承诺的跨国公司，能耗双控和可再生能源消纳责任权重未分配至市场主体。各省基本未将现有消纳责任权重指标传导到用户侧，而是由本省电网企业完成指标，用能企业不会面临配额的考核。可再生能源消纳责任权重各地区基本能够完成。同时，绿证所代表的零碳属性尚未在计算碳排放量时得到认可，也限制了绿证需求扩张，绿证市场易出现供大于求。新能源发电有刚性，绿证边际成本接近于零，绿证有2年"保质期"，且不可二次交易，投资属性差，不利于储备囤积。国内CCER存在明显短缺缺口。全国碳市场已纳入电力行业，对应CCER需求约$2×10^8$t，经历第一、第二履约期后，现仅存供应量不足，市场缺口较大。

参 考 文 献

[1] 杜焱，张琦，等.碳资产管理理论与实务［M］.北京，清华大学出版社，2023.
[2] 夏睿瞳.我国碳排放交易价格波动及其影响因素研究——兼析履约日附近价格突变与日常价格波动规律［J］.价格理论与实践，2022（11）：129-132.
[3] 许悦，常宁京.化石能源价格与碳交易价格关系：长期均衡与短期波动研究——来自上海碳排放权交易试点的证据［J］.价格理论与实践，2023（1）：184-187.
[4] Zeng S，Nan X，Liu C，et al. The response of the Beijing carbon emissions allowance price（BJC）to macroeconomic and energy price indices［J］. Energy Policy，2017，106（JUL.）：111-121.DOI：10.1016/j.enpol.2017.03.046.
[5] Lin B，Xu B. A non-parametric analysis of the driving factors of China's carbon prices［J］. Energy Economics，2021，104.DOI：10.1016/j.eneco.2021.105684.
[6] 张跃军，魏一鸣.化石能源市场对国际碳市场的动态影响实证研究［J］.管理评论，2010，22（6）：34-41.
[7] 赵立祥，胡灿.中国碳排放权交易价格影响因素研究——基于结构方程模型的实证分析［J］.价格理论与实践，2016（7）：101-104.
[8] 北京绿色交易所.企业碳资产管理体系建设及案例分享［EB/OL］.［2023-04-04］https：//wenku.baidu.comview/5f567b01f211f18583d04964966648d7c0c70874.html.
[9] 廖欣瑞，林梨，柯丹妮.碳资产管理的发展实践及启示［J］.福建金融，2022（11）：9-14.
[10] 郑守忠，郑悦，周海洋，崔宇，宋扬.发电企业集团化碳交易规则应对碳市场机制的策略研究［C］//中国企业改革与发展研究会.中国企业改革发展优秀成果2019（第三届）.下卷.北京：中国商务出版社，2019.
[11] 朱润民.参与"碳交易"应有所为有所不为［J］.中国石油石化，2021，8（15）：27.
[12] 张俊峰，徐庆虎.碳交易对油气企业的影响及对策建议［J］.国际石油经济，2021，29（7）：9-13.
[13] SHEN W. Chinese business at the dawn of its domestic emissions trading scheme：incentives and barriers to participation in carbon trading［J］.Climate Policy，2015（3）：339-354.
[14] 张俊峰.中国海油应对能源转型的低碳发展策略与实践［J］，国际石油经济，2021，33（3）：207-213.
[15] 张彩平，吴莉.碳资产管理框架构建及应用研究［J］.财务与金融，2019（3）：60-64，44.
[16] 曾悦.碳期货定价方法及价格预测技术综述［J］.新型工业化，2017，7（2）：81-88.
[17] 王昕婷，吴芝萱，袁广达.碳排放权价值评估模型构建——以大唐国际发电股份有限公司为例［J］.财会月刊，2020（7）：37-42.
[18] 马亚男，高学明，吴杰.油气企业碳资产管理体系构建研究［J］.财会通讯，2022（20）：109-113.
[19] 马建国，刘宏彬，郑重.油气开采企业绿电绿证与碳资产开发技术路径分析［J］.石油石化节能与计量，2024，14（7）：115-119.

[20] 王欣晨.西南油气田公司的绿色企业建设之路[J].中华环境,2022(5):71-74.
[21] 罗佐县,刘芮,宫昊,等.中国地热产业发展空间分析[J].国际石油经济,2021,29(4):40-47.
[22] 潘峰.中国开征地热资源税问题研究[D].济南:山东财经大学,2017.
[23] 王晓平.关于油气田企业碳资产开发的思考[J].油气与新能源,2024,36(3):60-65.
[24] 李锐,杨捷,陈灿,等.油气田企业碳资产开发重点方向及路径研究[J].天然气技术与经济,2022,16(6):69-77.
[25] 范婧,徐文龙,何战友,等.长庆油田CCER项目开发探索与思考[J].石油石化节能,2023,13(7):72-76.
[26] 李森圣,何润民,王富平,等."双碳"目标下川渝地区天然气与新能源融合发展对策研究[J].天然气技术与经济,2022,16(1):60-66.
[27] 马建国.油气田碳减排适用方法学[M].成都:四川大学出版社,2022.
[28] 马建国.油气田甲烷控排与碳资产开发策略[M].成都:四川大学出版社,2022.
[29] 涂晋,陈明军,陈禹宁.发电企业强化碳排放强度管理的改进建议[J].质量与认证,2021(4):42-43.
[30] 杨皓瑜.区块链嵌入下碳资产数据管理平台的重要意义[J].中国质量万里行,2023(10):62-64.:
[31] 朱玥怡.绿电使用将成化工行业降碳主要手段,企业采购痛点如何解决?[EB/OL].https://www.bjnews.com.cn/detail/1664262830168896.html.
[32] 国家能源局.关于加快建设全国统一电力市场体系的指导意见[EB/OL].2022-01-30.http://www.gov.cn/zhengce/zhengceku/2022-01/30/content_5671296.htm.
[33] 国家发展改革委等七部门.促进绿色消费实施方案[J].节能与环保,2022(2):6.
[34] 梁志飞,贾旭东.绿电交易关键问题及政策建议[J].中国电力企业管理,2022(4):26-29.
[35] 张伟,马巍威,马涛.中国绿电交易亟待破解四大难题[EB/OL].2021-11-24.http://www.chinasei.com.cn/ad/ad9/202111/t20211124_43374.html.
[36] 杜国义,高峰,罗雯.碳达峰与碳中和目标下推行绿证机制的问题与思考[J].风能,2022(1):50-51.
[37] 德恒研究.国际绿证VS国内绿证,中国企业如何选择?[EB/OL].2022-03-31.https://new.qq.com/rain/a/20220331A0AYQZ00.
[38] 臧宁宁.推动绿电、绿证和碳信用交易机制协同建设[J].中国电力企业管理,2022(4):33-36.
[39] 国家发展改革委.用能权有偿使用和交易制度试点方案[EB/OL].https://www.ndrc.gov.cn/xxgk/zcfb/tz/201609/W020190905517245473931.pdf.
[40] 公丕芹.能耗调控政策优化背景下用能权交易存在的问题及工作建议[J].中国能源,2022,44(11):72-76.
[41] 王宇.中国碳市场、绿证交易和绿色电力交易的政策梳理和衔接机制浅析[R].北京:清华大学能源环境经济研究所,2022(6):18-19.

第五章　石油石化企业对策

全国碳市场在促进企业减排温室气体、加快绿色低碳转型方面的作用已初步显现。随着石油石化行业纳入全国碳市场时间临近，企业在行业减排和绿色低碳转型方面均承受较大压力，需提前布局，"向绿而行"，在技术创新和环境责任之间寻找平衡，持续完善能耗指标管控体系，利用碳市场，采用新的碳金融和碳资产管理模式，积极探索可持续发展策略，加速推动企业绿色低碳高质量转型发展。

第一节　碳市场发展对石油石化企业挑战与机遇

石化行业产业链条较长，且温室气体排放贯穿全产业链，行业减排压力大。中国石化产品的人均消费仍然显著低于发达国家，特别是化工行业还有较大增长空间，另外石化行业和交通领域用油紧密相关，其低碳发展的程度将影响中国整体的碳达峰碳中和进程。石化企业面对碳市场发展既有挑战又是重要战略机遇期，充分利用碳市场将有助于推动能源结构转型，优化行业产品格局，推动企业技术创新和转型变革，形成向低碳、绿色清洁方向发展的路径。

一、碳市场发展对石化行业的挑战

1. 碳中和与碳市场背景下，石化行业面临深化炼化一体化和轻质化等结构性调整的挑战

"双碳"目标下，碳交易市场推动石化行业碳排放强度进一步下降，对存量炼化产能形成挑战。碳交易市场可以利用提升石化行业碳排放基准线，增加炼化排放成本，不断压减炼化碳排放量，进而实现对纳入碳交易市场的控排主体的碳排放约束。在碳中和和碳市场减排约束目标下，原油在一次能源需求中的占比以及原油加工量将进一步下降，汽柴油需求未来将持续放缓，进一步加重国内炼油市场的竞争，出现对存量炼油产能的逆向淘汰，形成深化炼化一体化和轻质化趋势。随着能源结构由传统化石能源向新能源方向转变，大型炼厂逐步通过"降油增化"方式实现转型，转型路径主要分为两类：一类是以催化裂解为核心的传统改进，主要是丙烯和碳四的下游发展路线；另一类是通过加氢裂化和催化重整提供化工原料，然后配合建设蒸汽裂解和联合芳烃装置，下游发展烯烃芳烃等的转型路线[1]。

2. 碳价格作为成本约束可以传递到炼油、石化、燃气发电等行业

借鉴欧洲碳交易市场发展经验，碳成本对碳市场所涵盖行业的产品价格传递程度进行估算，结果显示多种产品存在显著的成本传递，其中水泥、钢铁和炼油厂部门的效应显著。在水泥行业，碳价格成本传递率一般在20%~40%之间；在钢铁行业，碳价格成本传递率一般在55%~85%之间；在炼油行业，碳价格成本传递率更高，汽油的成本传递率为80%~100%，柴油和粗柴油的成本传递率为100%或以上。欧洲碳配额价格对石化等部门产品价格成本传递见表5-1-1[2]。

表5-1-1 欧盟碳价格（EUA）对石化等部门的产品价格成本传递

行业	产品	存在显著成本传递的样本国家/地区	成本传递率
石油化工	乙烯	西北欧、地中海各国	>100%
	乙二醇	西北欧	>100%
	环氧丙烷	西北欧	100%
	乙二醇丙醚	西北欧	>100%
炼油厂	汽油	比利时、德国、法国、意大利	80%~95%
	柴油	比利时、法国、希腊、意大利、波兰	>100%
	粗柴油	比利时、德国、法国	>100%

3. 石化行业与碳排放相关配套条件缺乏

石化行业参与碳交易受限于缺乏行业碳排放统计、排放监测、核查、评价和考核等相关制度的配套条件[3]，行业主管部门面临进一步完善碳交易市场配套的法律、法规、标准、政策等挑战。从技术层面来看，石油化工行业上游油气勘探和开采，中游储运、炼制，再到下游石化化工，企业涉及的产业链长、工艺流程复杂；减碳技术路径包括降碳技术、零碳技术和负碳技术等方法众多，平衡并探索多种技术组合进行减排对企业要求高难度大。

从纳入碳市场层面，由于产业链结构复杂、上下游关联紧密，石化行业纳入碳市场所涉及的配额分配、核算方法、核算因子等方法规则比电力市场更加困难；石化企业由于涉及生产流程和产品种类繁多，且面临经常性的生产调整，普遍缺乏系统、成熟的碳资产核算管理方法与工具。

4. 发达国家形成碳关税壁垒围堵发展中国家的出口

发展中国家一直处于工业供应链的低端，出口产品多是碳含量高的产品，在生产的过程中，将排放、污染留在了国内。许多发达国家不仅运用经济、行政和法律等手段，不断

抬高高碳商品的竞争成本和市场准入标准，逐步引入碳信息标识、碳足迹等相关制度，以引导消费者选用低碳产品，进而增强低碳产品的市场竞争力，甚至利用技术上的优势通过征收碳关税、设置环保"门槛"等贸易壁垒，一方面迫使发展中国家以高昂的价格引进发达国家的低碳技术，另一方面达到限制发展中国家产品出口的目的。

5. 企业面临管理理念的挑战

一是低碳财务管理。传统的财务管理中财务报表只记录企业的所有者权益状况、企业现金流量和日常经营状况，没有具体的经济指标显示企业生产经营活动对环境、生态等造成的影响。低碳时代的到来改变了原有的财务管理理念。低碳会计在对企业的活动进行确认时，不仅要考虑经营利润，还要考虑到企业的社会责任、节能减排、节约利用资源、气候因素等指标。

二是产品低碳竞争力。传统的管理模式评价企业的竞争力着眼于盈利过程中的收益率，忽视了企业生产过程中环境恶化、温室气体排放等负外部性。现在企业生产的产品只有符合市场碳排放标准，才能具有竞争力。企业需要关注低碳发展技术，满足消费者的低碳需求，进而赢得市场的竞争优势。

二、碳市场发展对石化行业的机遇

1. 碳价将提升发电行业中燃气机组竞争优势

为鼓励低碳的燃气机组发展，根据全国碳排放权交易配额总量设定与分配实施方案，燃气机组配额清缴义务为经核查排放量与免费配额量两者中的最小值，即燃气机组暂无外购碳配额压力。燃气机组的碳排放对燃气发电行业不会产生强约束。在未来电力现货市场成熟的情况下，燃气机组结合较高的碳价收益会比燃煤机组表现出更大的优势。

2. 碳市场推动石化行业技术创新和变革

石油天然气开采领域，为降低碳价上涨对开采成本的影响，油气开采需要投入更多资金及人力，用于低碳油气生产技术以及CCUS与驱油技术相结合的开采技术的应用研究。

在炼油化工领域，因为碳市场对一次性能源消耗价格的影响，将引导石化行业转变原有的产品比例，比如生产成化工品原料、润滑剂、石蜡和沥青，这些都不会导致直接的大量二氧化碳排放。企业也将大力研究"油转特""油转化"方面技术，争取取得更好效益。

未来碳中和产品在市场中定价高于不能实现碳中和产品的定价，将进一步推动炼化企业深入开展低能耗、无排放的炼油化工技术研究，为炼油化工的工厂配套CCUS设备，实现产品生产的零碳、负碳排放。炼化产业将会投入资金开展碳排放低的新产品、新工艺的研究，从而实现企业的可持续发展。碳配额控制、碳价影响的生产成本提高将推动企业对石油天然气产品的回收利用[4]。

3. 全球战略新兴格局调整创新带来机遇

随着低碳经济发展，发展中国家与发达国家之间在低碳技术方面还存在差距，新能源产业的迅速兴起及其由此带动的节能环保、高端装备制造、新能源、新材料等相关战略性新兴产业得到快速发展，从国家层面，中国可以把握这次机遇，通过制度创新、体制创新，调整和优化产业结构，从而在较短的时期内缩短与发达国家差距。

第二节 石油石化企业应对碳市场举措

碳排放管理已成为企业社会责任和可持续发展战略的核心组成部分。碳市场作为一种创新的碳排放管理市场机制，可以允许企业通过交易碳排放权来达成自身的减排目标，同时激励更多的碳减排行动。随着全球对环境保护意识的增强和碳减排压力的加大，石油石化企业可以从绿色低碳转型工程、碳市场管理工程、电—碳协同工程、碳业务数字化工程与"双碳"人才能力建设工程等方面，建设有效的管理体系，推动实施绿色转型。

一、企业绿色低碳转型工程

石油石化企业实施绿色低碳发展不仅是应对能源安全、构建资源节约和环境友好型社会及生态文明建设的需要，更是能源转型和实现"双碳"目标的必然选择。石油石化企业绿色低碳转型路径可与石化行业碳减排路径规划相一致。石化行业碳减排路径规划时间表，见表5-2-1[5]。

表 5-2-1　中国石化行业碳减排路径实施预规划时间表

内容	2021—2030 年	2030—2040 年	2040—2050 年	2050—2060 年
产业结构调整	汽柴油消费稳步下降；煤油消费持续增加，受航空需求拉动到2040年前一直增加；乙烯当量自给率上升到70%	汽柴油消费稳步下降；煤油消费持续增加；乙烯当量自给率保持在70%	汽柴油消费稳步下降；煤油消费基本平稳；乙烯当量自给率保持在70%	汽柴油消费稳步下降；煤油消费开始下降；乙烯当量自给率保持在70%
轻质原料替代	非石脑油路线乙烯达到25%	非石脑油路线乙烯达到型30%	非石脑油路线乙烯达到35%	非石脑油路线乙烯达到40%
节能降耗	100%的产能达到目前的能耗标杆值或者先进值要求	重点产品单位能耗比2030年下降4%	重点产品单位能耗比2040年下降4%	重点产品单位能耗比2050年下降4%
发展绿氢	绿氢使用达到 30×10^4 t/a	绿氢使用达到 50×10^4 t/a	绿氢使用达到 100×10^4 t/a	绿氢使用达到超过 300×10^4 t/a
深度电气化	设备电气化率达到80%；电加热蒸汽裂解等工艺过程深度电气化技术开始示范	设备电气化率达到100%；电加热蒸汽裂解等工艺过程深度电气化技术开始应用	设备电气化率达到100%；电加热蒸汽裂解等工艺过程深度电气化技术开始推广	设备电气化率达到100%；电加热蒸汽裂解等工艺过程深度电气化技术占比达到1/3
CCUS	捕集封存 0.05×10^8 tCO_2/a	捕集封存 0.1×10^8 tCO_2/a	捕集封存 0.2×10^8 tCO_2/a	捕集封存 0.3×10^8 tCO_2/a

1. 绿色低碳转型举措

1）适应能源转型需要，推进产能结构布局调整

（1）布局低碳化。通过上大压小、淘汰落后等措施，推动炼油和化工产能整合；炼油项目向石化产业基地集中，利用集约集聚的优势发展，并与化工项目进行配套衔接；通过推广应用较为成熟且具备经济性的节能降碳技术，对存量产能进行全面提质挖潜。（2）流程低碳化。炼化总流程向炼化一体化、短加工流程、生产特色产品、能源高效利用和实现低碳排放等方向转变；对于存量产能，可采用加氢/催化裂解组合技术路线增产化工品，重构总流程；对于新建产能，按照"一体化、集约化、大型化、高端化、清洁化"的设计思路，采用短流程路线；对于生产过程，优化完善炼油项目配套码头、油库、管道、运销体系，生产中加快产品结构调整和生产技术改造，提高清洁油品、特色油品、化工原料、化工产品的生产灵活性；在广泛应用石化行业绿色工艺基础上，增强数字化技术应用[5]。（3）原料低碳化。乙烯原料轻质化有利于提高烯烃收率，从而降低单位产品碳排放；采用乙烷为原料裂解生产乙烯的路线，乙烯收率进一步提高，较传统石油基制乙烯路线，能耗下降；通过蒸汽裂解原料轻质化，采用包括绿氢、天然气、乙烷、丙烷等在内的低碳原料也可以减少工业生产过程中的排放。（4）深度电气化。不断提高工艺装置电气化率，实现用能结构变革；大型石化企业、基地或园区可通过自备热电装置满足供热需求和部分电力需求，通过引入新能源电力，提高电气化程度，还可通过在公用工程和工艺过程中加强电气化深度，如汽驱改电驱、电加热蒸汽裂解、电化学还原二氧化碳制乙烯制合成气等措施降低碳排放。（5）发展生物燃料产能有利于实现能源多元化供应。（6）废旧塑料回收再利用是循环经济的重要组成部分，主要的回收方式包括物理回收和化学回收，化学回收具有更广泛的原料来源和产品应用场景，更具发展前景；石化企业可结合技术进步和经济成本合理发展再生塑料产能，推动原料多元化。

2）推进绿氢绿电耦合，实施绿氢炼化工程

氢气是石化行业的重要原料，制氢也是石化行业二氧化碳排放的来源之一。绿氢可以在绿电无法发挥作用的领域实现互补，促进以氢为原料的行业深度脱碳。绿氢与绿电协同耦合替代化石能源、重构炼化业务能源供给体系将为实现"双碳"目标提供重要解决方案。绿氢炼化的内涵包括：（1）在氢气生产环节，绿氢逐步替代灰氢、蓝氢；（2）利用绿电绿氢能源属性，减少用能环节碳排放；（3）对工艺流程进行适应绿电绿氢的改造；（4）利用氢的属性生产更少碳足迹的产品；（5）做好核能技术储备，推动热电业务转型。

3）推进CCUS与石企业融合发展

CCS/CCUS可以减少化石燃料燃烧和工业生产过程等直接排放的CO_2，是石化行业走向碳中和"最后一公里"的必然选择。石化行业工艺过程中产生的碳排放相对集中，更利于CCUS的应用。另外，煤化工方面煤制氢与CCUS技术的集成应用具备成本优势，CCUS可以降低煤制氢过程中90%的CO_2排放。CCUS与石化企业融合发展可聚焦三个方面：（1）石化企业高碳浓度生产环节，在排放端部署碳捕集项目；（2）二氧化碳利用，

密切关注地质、生物、化工新材料等领域，利用技术进展，推动二氧化碳资源化利用；（3）衔接好上游捕集和下游利用，同步推进储运、输送等配套能力建设。

4）利用碳定价机制

利用碳市场等碳定价机制，激励企业减少碳排放，同时发挥碳金融投融资功能，鼓励企业在低碳领域进行投资和创新。

2. 油气田企业绿色低碳转型困局与对策

国内油气开采企业经过60余年开发，面临资源劣质化严重、采出程度高等油气发展困境，还面临着国家"双碳"形势要求的政策压力。油气田企业在新形势下主动超前谋划、积极布局是必然选择。

1）油气田企业低碳转型困局

（1）油气供应链面临脱碳压力。

在节能低碳成为全社会普遍认知的现实情形下，更多采购商也要求其供应链的相关企业都必须提供更加绿色低碳的产品，从而推动了油气供应链节能低碳标准升级，供应链面临脱碳压力。

（2）油气生产特点增加了高耗能依赖性和节能降耗复杂性。

随着油气田开发持续推进，油气田高耗能依赖等的客观特性在增强，增加了企业节能降耗的复杂性。一是随勘探程度提高，勘探资源隐蔽性、劣质化程度日益明显，出现储采失衡的矛盾，开发后期产液量和注水量持续增加，单位油气生产耗能较难下降。二是油气生产系统、重点能耗设备，能效低、能耗高。一些大功率电泵井存在含水高、液量高、耗能高、产出低等突出问题，节能降耗难度大。

（3）用能精细管理仍显不足。

油气企业在油气开采、集输、处理、存储、转供和消费等整个生产体系中，面临生产场所边远、油气水井分散、能耗环节众多等问题，精细管理难度大。另外，油气田业务内部计量配备率低、精度低、无效耗损监测不足。终端用能价格体系尚未充分反映能源热值和价值。

（4）清洁能源利用业务存在短板。

清洁能源利用业务存在几个方面的不足：① 油气田企业并不掌握风光发电等新能源产业的核心技术。② 油气田企业获取新能源发电上网指标难度较大。③ 油气生产区域内的清洁能源优势资源评价分析工作滞后，可用地热及风光发电优势区位未得到充分识别与开发。④ 油气生产企业分散用能特性与清洁能源优势资源协同利用机制需要进一步完善[6]。

2）油气田企业绿色转型对策

油气田企业实施低碳绿色转型需要从提升低碳意识、提高用能效率、优化能源结构和推广负碳固碳技术以及碳资产开发等方面入手，配合石化产业链实施上游源头减碳、中游过程降碳、下游末端固碳，减少产品全生命周期碳足迹，形成产业链各环节统筹脱碳策略。

（1）提升低碳意识。

油气田企业进一步树立企业节能低碳价值观，以企业 ESG 为引领，正确处理勘探、开发与环境的关系；普及企业节能低碳文化知识，指导企业员工的节能低碳行动；制订与企业低碳转型相挂钩的员工激励计划，将转型指标与员工绩效、管理层绩效挂钩。

（2）提高用能效率。

通过采用先进节能技术设备，提高生产过程中的能源利用效率。提升油气生产过程用能效率水平、增强降碳技术创新能力，提升企业能效标准。例如引入"削峰填谷率"考核，根据季节变化，强化避峰用电。另外，对于油气公司炼化业务中常减压装置存在的燃料消耗量较大和塔的水力学性能不够优化等问题，可以开发或采用外部常减压装置优化技术，从源头入手优化，取得节能降耗效果。

（3）优化能源结构。

立足资源禀赋和产业基础，抢占新能源新赛道，推动油气与新能源融合发展，发展气电。油气企业炼化业务，加速发展新质生产力，推动"减油增化""减油增特"。贯通能源产业链服务，探索新能源汽车补能服务业务，构建新的能源产业链生态。

（4）推广负碳固碳技术。

油气企业持续攻关 CCUS 应用技术，探索捕集、注入、驱油、埋存的节能降耗和减碳增效的高质量发展之路，发展碳汇业务为补充，探索生态系统固碳，适时开展林业碳汇和生物多样性保护。

（5）转型投融资布局绿色低碳技术项目。

油气公司在转型投资上，通过专属风险投资机构布局绿色低碳技术，培育绿色科技生态；在转型融资上，与私募股权机构成立合资公司，共同开发绿色低碳项目。

二、企业碳市场管理工程

1. 石化企业利用碳市场推动实现绿色转型和可持续发展

石化企业进入和利用碳市场推动绿色转型和可持续发展，企业需要进行提前准备布局。

1）进入碳市场关键步骤

石化企业进入碳市场包括了解碳市场的基本规则、评估自身的碳足迹、设定减排目标，以及规划碳减排策略等关键步骤。

（1）理解碳市场规则与机制。

碳市场等碳定价机制本身是一种"规则性交易"，无论是对国际碳关税，还是对全国碳市场，乃至应对全球供应链减排压力，石化企业均需掌握碳定价机制的相关政策和规则，如碳市场的排放核算边界、市场交易规则、配额分配、履约方式等，熟悉国际碳关税规则下企业的碳关税征收范围、排放计算、申报要求、各方权责、履约规则和程序，并跟踪了解全球供应链的碳足迹核算、认证规则等。这一阶段可能需要咨询专业机构或参加相关培训。

（2）碳排放评估。

企业需要对自身的碳排放进行全面评估，包括直接排放（如燃料燃烧）和间接排放（如电力消耗）两部分。评估结果将帮助企业清晰了解自身的碳排放状况，为后续设定减排目标和制定减排策略提供数据支持。

（3）减排目标设定。

基于碳排放评估的结果，企业需要设定具体的减排目标。在设定目标时，企业应考虑到碳排放权的成本、减排技术的可行性，以及潜在的经济效益等因素。

（4）碳减排策略规划。

企业根据自身的产业特性和碳排放情况，制定合理的碳减排策略，包括提升能效、采用清洁能源、改进生产工艺、投资碳减排项目等多种措施。企业还可以通过购买碳信用或参与碳补偿项目来实现部分碳中和减排目标。

（5）建立碳管理体系。

碳管理体系包括制定碳管理政策、建立碳排放监测和报告机制、配置专职的碳管理团队等。

2）科学的碳市场交易操作管理

石化企业参与碳市场进行交易包括注册与资质审核、购买碳排放权、出售碳信用等关键步骤。

（1）注册与资质审核。

企业需要确定参与的碳市场类型（强制性或自愿性）和选择具体的交易平台，并向选定的平台提交参与碳市场交易的申请，包括企业基本信息、碳排放数据、减排计划等。交易平台将对企业提交的信息进行审核，确认企业资质和排放数据的准确性。这一过程一般需要第三方机构的验证和审计。

（2）购买碳排放权。

基于企业的碳排放量和减排目标，确定需要购买的碳排放权数量。分析当前碳市场的价格趋势和供需情况，制定交易策略。通过碳市场平台或通过经纪人完成碳排放权的交易。交易完成后，相应的碳排放权将划转到企业的账户中。

（3）出售碳信用。

通过实施碳减排项目，如可再生能源投资、能效提升项目等，企业可以生成碳减排量，通过第三方机构的验证，确认其减排效果，形成碳信用，并在碳市场平台注册后可用于交易。交易过程中企业需分析碳市场的需求和价格趋势，为自己的碳信用定价。最后，通过碳市场平台或直接与买家协商，完成碳信用的出售。成功交易后，碳信用从卖方账户转移至买方账户。

3）企业参与碳市场行动策略

从当前的趋势来看，碳市场将继续扩大和深化，技术创新和绿色金融的发展将为碳市场带来新的机遇。企业应积极拥抱这一变化，建立和完善碳管理体系，积极参与碳汇项目，利用金融衍生工具管理风险，以及加强跨界合作等措施，来提升自身在碳市场中的竞争力和适应能力。

（1）加强碳市场知识和政策跟踪。企业应加强对碳市场发展趋势、政策变化的关注和分析，以便及时调整自身的碳管理策略和市场参与计划。

（2）建立和完善碳管理体系。建立一套全面的碳管理体系，包括碳足迹计算、减排目标设定、碳减排项目实施和碳市场交易等，确保企业碳管理活动的系统性和有效性。

（3）积极探索基于自然的解决方案。基于自然的解决方案提供生态碳汇，是碳减排必不可少的技术路径，企业可探索基于自然的解决方案，通过生态环境工程（例如植树造林）提供生态碳汇，强化气候风险管理。

（4）利用金融衍生工具管理风险。利用碳市场的金融衍生工具，如期货、期权等，有效管理碳价格波动带来的风险。

（5）加强跨界合作。与其他企业、行业协会、金融机构和政府等不同主体加强合作，共享资源和信息，提高碳市场参与的效率和效果。

2. 欧盟碳关税对石化企业影响与对策

欧盟碳边境调节机制（CBAM，也称碳关税）于2023年10月1日开始生效。

1）欧盟碳关税碳市场对石化企业影响

（1）欧盟碳边境调节机制快速发展。

欧盟碳边境调节机制正式进入2023年至2025年的三年过渡期，欧盟等对外"碳关税"贸易壁垒逐步形成。2019年，欧洲为推进应对气候变化和经济能源转型发布《欧洲绿色协议》，其后2021年公布"Fit for 55"（承诺在2030年底温室气体排放量较1990年减少55%）系列立法提案支持该协议，CBAM即是其中一项关键法案。CBAM相关产品的进口商须支付在生产国支付的低于欧盟碳市场碳价的差额部分，使进口产品承担与欧盟产品相同的碳价成本。CBAM目标一是防止欧盟内部或由于碳排放约束政策可能导致的产业竞争力下降；二是获取相关收益用于国际气候投融资；三是提升欧盟在全球气候治理体系中的领导力和话语权。

CBAM设定覆盖范围包括钢铁、铝、水泥、化肥、电力和氢六大试点行业，2023年10月1日进入过渡期，至2025年底每年仅需提交六大行业相关产品碳排放数据，过渡期结束后，于2026年1月1日正式征收碳关税。欧盟计划于2034年前覆盖碳市场涉及燃烧、炼油等9个部门行业，暂不包括汽车制造、太阳能光伏板等未纳入碳市场的行业。CBAM覆盖产品碳含量计算不采用全生命周期碳足迹方法，既不考虑产品上游原材料生产环节的排放，也不考虑使用和报废阶段等下游环节的碳排放，仅关注企业的直接排放和外购电力的间接排放。CBAM 明确了违反规则的惩罚力度。在 CBAM 实施年份对未提交与上一年度进口货物中对应排放量的 CBAM 证书或提交虚假信息的企业进行处罚，罚款为上一年度欧盟碳市场碳平均价格的三倍，同时仍需向 CBAM 当局补交未结数量的碳关税。

欧盟 CBAM 机制成为 G7 发达国家"气候俱乐部"建立"碳关税同盟"的气候贸易政策模板。2022 年 12 月，G7 国家成立"气候俱乐部"，并以此为基础，欧美等正在联手构建发达国家的"碳关税同盟"，对非参与国的进口商品征收统一碳关税，旨在通过自身低碳先发优势，抢占全球绿色产业链重要地位，收获"低碳红利"，以此形成新的气候贸易政策壁垒。

（2）中国对欧出口品中的化肥、有机化学品、塑料等将最先受 CBAM 影响，而"碳关税同盟"将对中国整体出口贸易产生更深层次影响。

2022 年，中国对欧盟出口额是 200 亿欧元，CBAM 覆盖的钢铁、铝、水泥、化肥、电力和氢等六大行业产品占对欧盟出口总额的 3.2%。其中，涉及石化行业的化肥为 3.3 亿欧元，氢为 3134 欧元，将最先受到 CBAM 影响。CBAM 如果在 2026 年前纳入有机化学品（中国对欧出口为 349.9 亿欧元）、塑料（175.2 亿欧元）和氨（量极少）。届时中国有机化学品和塑料及其制品等化工品出口欧盟的成本将增加，进而会影响国内乙烯和炼油行业效益。2034 年开始，欧盟 CBAM 征税范围将扩大到欧盟碳市场纳入的所有部门和行业，受影响最大的将是石油化工品和钢铁，两者的对欧贸易出口分别占受影响贸易额的 27% 左右。

G7 集团气候俱乐部"碳关税同盟"将对中国出口贸易形成更深层次影响。2022 年，中国对 G7 国家出口为 1.1 万亿美元，占中国出口总额的 31%。中国碳排放强度高于美国、德国等国家，欧美联手制定以碳排放为标准的国际贸易规则，将形成新型全球性绿色贸易壁垒，会大幅提高中国出口成本，引起中国出口向非 G7 地区转移，但是同时有利于中国风电光伏等组件出口；另外还将倒逼中国碳市场尽快全部覆盖石化等行业。

（3）企业减少碳关税依靠购买碳配额、碳信用和绿证效果微小，直供绿电是有效的途径。

中国碳配额价格远低于欧盟水平，且国内碳配额大部分免费分配，依靠购买碳配额降低碳关税的效果微小。另外，CBAM 还未出台碳信用扣减碳价的相关细则，但是结合欧盟一贯对碳核算的谨慎态度，其允许企业在碳关税中全额扣减企业为购买碳信用支付的金额可能性较低。国内绿证、国际绿证等暂不能用于 CBAM 机制中，直供绿电有望成为降低碳关税的有效途径。CBAM 明确水泥、化肥等行业间接排放将纳入碳核算范围中，企业采用直接与可再生能源发电设施相连或者与可再生能源发电公司签署电力采购协议等用电方式，可以认定是消费绿电，不计入间接排放。企业为使用绿电而支出的这部分能源转型成本或将获得欧盟的认可。目前对企业直连路径下，电力的间接碳减排量的具体核算和计量，还有待 CBAM 后续细则的出台。

（4）对石化企业化工品出口业务影响将扩大。

CBAM 涵盖范围 2034 年前将全部覆盖欧盟碳市场交易产品，包括燃料燃烧、矿物油精炼、己二酸、乙二醛、硝酸、炭黑等炼油化学产品以及玻璃、陶瓷等油气下游消费领域，对中国石油化工品出口的影响将进一步扩大。

2）石化企业应对欧盟碳关税对策

（1）建立出口核心产品的价值链碳排放核算体系，优化完善供应链碳排放管理；加强数字化碳管理系统，包括碳足迹、碳排放强度预测、碳资产、碳交易、碳金融等模块功能建设；对化肥和氢等产品出口须熟悉欧盟产品环境足迹信息披露规范，评估 CBAM 成本。

（2）探索布局直供绿电。关注国际碳排放核算方法进展，推动与国外核算评估方法互认。对重点出口石化产品，筹建与欧盟 CBAM 标准相通的"近零碳"工厂，布局直供绿电。进一步参与绿色电力市场与绿证市场，熟悉绿色电力市场各种合约，提升市场交易能力，储备优质绿电资源。

（3）长周期可探索基于绿色甲醇、CO_2 合成乙烯等碳中性化工品原料的技术适用性，建立不依赖化石原料来源的备选技术路线。加速企业节能减碳技术应用和项目投资，有效降低产品单位碳排放，提高化工品出口的国际低碳竞争力。

3. 内部碳定价管理模式

内部碳定价机制逐渐成为企业采取的一种内部碳排放治理的重要措施。内部碳定价是大型企业为实现低碳转型自愿将温室气体排放的成本内化为单位碳排放量价格的一种定价机制，是企业自发式内控减排机制。企业综合运用内部碳定价模式，可增强新增项目应对气候监管风险的弹性，并降低碳价波动带来的运营风险，可以提前为外部碳定价的不确定性做好准备。通过内部碳定价机制的实行，可以提高内部部门间对降低碳排放的意识，优化碳排放投资资金分配，有利于碳达峰行动方案的实行，是企业迈向碳中和必要的管理工具。

1）内部碳定价三种可行模式

内部碳定价分为碳影子价格、内部碳费和隐含碳价三种模式。

（1）碳影子价格是指对资源投入和产出进行合理配置和优化组合后，碳排放每增加 1 单位引起的收益或产出的增加量，常被用来估计边际碳减排成本（MAC）。可应用于帮助企业评估项目气候风险敞口，可以衡量投资价值，预判外部碳定价对其运营和供应链造成的影响。将碳成本对公司战略和投资回报率的影响纳入决策中，可以了解各项目真正经济成本。另外，该模式的实施不会引起财务资金转移，但也不能改变或解决过高碳排放量的问题。

（2）内部碳费是通过企业实现特定气候或能源目标所需的资本投资，包括计划减排投入、绿色能源购买及碳抵消项目等，与计划减少碳排放量相比计算得出。企业向业务部门收取的碳排放费用被用于投资低碳和能效项目。通过内部碳费有利于资金转移到公司内部低碳技术引进和创新上，满足低碳转型战略资金需求，激励排放部门实现碳排放目标。内部碳费模式涉及真实资金转移，大量资金转移有影响企业内部运营的风险。

（3）隐含碳价，又称隐性碳价格，即用企业历史上为减少碳排放而实施的低碳项目总支出除以减少的碳排放量得出的单位碳价格。隐含碳价可以帮助目标公司了解历史碳足迹，了解遵守碳法规的经济成本。企业历史上的可再生能源购买支出、高效能源项目成本支出、碳信用抵消购买支出，以及符合燃油经济性和效率标准的项目支出，都包含在隐性碳价中，往往导致定价偏高。三种内部碳定价模式对比见表 5-2-2。

表 5-2-2 三种内部碳定价模式的对比

定价	价格设定方法	有无资金交换	适用场景	价格范围
影子价格	部分公司综合参考国际和区域碳交易系统的价格以及油气价格以及碳排放的成本进行定价，部分公司利用生产要素投入成本以及产出因素，形成内部统一碳价	理论价格不涉及部门间或者内外部资金交换	应用在评估投资项目包括研发、基础设施、设备和资产等风险方面	略高于区域碳市场价格，国际石油公司价格范围在 30～80 美元 /t，并且长时间内价格固定不变
内部碳费	在减排量目标下利用运营中需要的减排投资额除以总排放量计算得出	将内部排放量回收资金，用于低碳投资，涉及内部资金费用的转移	应用在对高碳部门征收碳费，辅助实现碳减排目标，补充低碳战略转型资金需求，提升内部业务部门低碳意识等方面	由于涉及资金转移，碳费往往被调低，一般为 5～15 美元 /t
隐含碳价	主要根据历史减排项目（包括可再生能源项目）投资额除以对应的减排量，进行追测计算得出	根据公司历史低碳投资测算的减排理论成本，不涉及资金转移	应用在衡量气候政策法规的边际减排成本方面	公司历史上的可再生能源购买支出、高效能源项目成本支出、碳信用抵消购买支出等都包含在隐性碳价中，往往定价偏高

2）影子价格测算方式与应用方式

碳的影子价格通常根据方向性距离函数（DDF）模型测算[7]。碳影子价格投资项目应用是将影子碳价与投资分析指标，例如：内部报酬率（IRR）、净现值（NPV）等进行结合使用，将碳排的成本，以及减排的效益纳入投资分析之中，让项目决策得以反应碳排放成本的影响。

3）内部碳费测算应用方式

根据 Z 公司碳达峰行动方案投资额以及预期达到的减排目标，对公司内部碳费价格进行测算，并根据测算的价格结果以及对应部门的碳排放强度降低目标涉及内部碳费的分配方案。

（1）内部碳费价格测算。

$$内部碳费价格 = [每年用于减碳目标措施的投资额（元）- 项目产品收益] / [预计每年减排的温室气体排放量（tCO_2e）]$$

内部碳费计算公式（以油田企业为例）：

$$内部碳费 = 内部碳费价格 \times （油田实际碳排放强度 - 基准碳排放强度）\times 油田油气年产量$$

根据公式和公布的企业碳排放强度，得出内部碳费收支情况。假设 Z 的 A 公司二氧化碳排放强度高于企业内部设定的基准，每年预计需支出碳费，B 公司二氧化碳排放强度低于均值基准线，测算后每年预计获得碳费收入，通过企业内部的这种碳费收支资金转移，有利于淘汰落后产能和激励低碳高效的部门发展，也可以满足低碳战略转型资金需求。在实际操作中，因涉及真实资金转移，对生产运营有较大影响，可以选择将碳费按比例调低，或者争取公司外部政府部门资金支持。

（2）内部碳费实施步骤。

大型石油公司内部碳费管理涉及碳排放数据管理、低碳投资策略管理等，可与碳资产协调共管。在管理体系方面，借鉴国际大型石油公司和国内大型电力行业央企集团的碳资产管理经验，设立碳达峰碳中和委员会领导小组，领导小组成员为油气田企业、炼化企业、国际贸易企业等部门管理人员。碳交易工作和碳排放数据管理工作由碳达峰碳中和委员会领导小组统筹协调和归口指导，具体执行方面，碳交易由具有交易经验的企业交易团队执行，碳排放数据由履约企业和碳排放数据中心共同监督配合完成，碳领导小组按照"集中管理、集中交易"的原则做好控排减排、碳交易履约、会计财务处理、二氧化碳利用等工作。

企业实行内部碳费制度的步骤可以概括为：（1）计算碳排放；（2）确立碳减排政策和开发投资策略；（3）确定内碳费价格；（4）获得批准，并建立治理和反馈环路；（5）管理费用，沟通结果，并不断发展以扩大影响。公司内部碳费实施步骤见表 5-2-3。

表 5-2-3　公司内部碳费实施步骤

步骤	内容	主要部门
（1）计算碳排放	确定碳排放部门的碳排放清单，包括范围一、范围二（可不涉及范围三），利用排放和能源跟踪软件提高碳排放统计透明度	碳排放数据中心、碳排放管理数据平台管理办公室
（2）确立碳减排政策和开发投资策略	识别内部碳费收取的相关利益部门，获得其对该模式的支持	首席财务官办公室
	建立部门内部碳减排目标以其支持政策，碳减排政策涉及部门对碳减排的承诺（如承诺碳达峰碳中和）	碳达峰碳中和委员会
	可以选择专注于一个特定的部门、排放类型或产品系列，来定义碳费征收边界	碳达峰碳中和委员会
	制定碳基金投资战略对从碳费中收取的资金，根据碳减排目标，进行减碳投资或者分配	碳达峰碳中和投资基金
（3）确定内碳费价格	通过碳达峰碳中和的总投资成本除以碳费排放边界内的排放量来计算碳价格，预计成本	首席财务官办公室

续表

步骤	内容	主要部门
（4）获得批准，并建立治理和反馈环路	确定内部碳价模型获得公司管理层批准	董事会，CEO，碳达峰碳中和委员会
	依托跨组织的碳达峰碳中和委员会提供指导	碳达峰碳中和委员会
（5）管理费用，沟通结果，并不断发展以扩大影响	按适当周期（季度、半年、年）向组织部门收取碳费；可从预算中通过内部转账向碳中和费基金支付其分配的费用，该基金用于碳达峰碳中和投资	首席财务官办公室，碳达峰碳中和投资基金
	每月或每季度将实际排放量和成本与作为碳费收费的预测值进行对比，在必要时进行校准，以确保达到碳减排政策目标	首席财务官办公室
	通过在内部交流你的碳费和投资的进展，确保利益相关者知道他们投入的资金正在产生影响。提供排放数据和绩效的可见性，形成决策激励	碳达峰碳中和委员会、首席财务官办公室，碳达峰碳中和投资基金
	对外信息披露，发表白皮书和新闻稿以及进行演讲，帮助公司向客户、合作伙伴、投资者和其他外部组织（以及员工）传达环保方面的努力	碳达峰碳中和委员会

4）石化企业实施内部碳定价的策略建议

石化企业可借鉴内部碳定价机制，在内部形成多部门联动的碳减排运行模式，辅助低碳减排与节能提效。石化企业制定碳达峰、绿色低碳转型战略后，对实现目标可引入内部碳定价机制。具体建议包括：根据业务目标场景综合运用内部碳定价三种模式。内部碳定价的方法是互补的，三种模式可在内部综合运用。利用内部碳费模式推动公司减排战略目标实施，激励内部部门低碳创新；利用碳影子价格模式和隐含碳费有助于上中下游项目风险评估。其中，实行内部碳费制度带来的真实资金转移会影响企业运营，在实行初期可根据减排目标适当调低内部碳费标准或初期暂不征费。如果企业参与碳定价机制的各项工作经验尚浅，可优先采用影子价格覆盖范围一和范围二排放。未来可能受欧盟碳关税影响的企业，可将欧盟碳价预测值设置为影子价格，评估欧盟碳关税机制下新增碳排放成本；受政策和碳市场监管的高耗能企业，可参考全国碳市场价格设置影子价格。

4. 利用基于自然的碳抵消固碳项目方案

碳抵消是净零目标的重要组成部分。原则上，企业应优先降低所有在其可控范围内的碳排放，而后再将碳抵消纳入考虑。石化企业的业务运营（范围1和范围2）以及整个价值链（范围3）中难以减少的排放量，可利用碳抵消。碳抵消固碳项目，包括基于自然的解决方案（NBS）以及碳捕集、利用与封存（CCUS）。根据科学碳目标倡议发表的企业净零标准（SBTi Net-Zero Standard），用于净零目标碳核算的碳抵消不能多于企业基准排放量的10%。

1）企业发展碳抵消有三种途径

企业参与的碳抵消模式主要包括三种途径：（1）与减排项目开发商合作；（2）独立开发新减排项目；（3）收购生产高质量抵消的第三方公司。例如，荷兰皇家壳牌石油公司、英国石油公司、意大利埃尼集团、道达尔能源和雪佛龙股份有限公司均已与减排项目开发商合作，通过植树造林项目进行碳抵消。这类模式有助于确保企业进行稳定、高质量的碳抵消，用于自身业务，或用作金融工具。

2）基于自然的碳抵消方案

自然的碳抵消解决方案最广为应用的方式是林业碳汇，种树项目的规模易于量化宣传，能够被公众广泛接受。但是森林等自然碳汇如果管理保护不当，一旦遭遇山火、虫害、疾病、砍伐、土地利用等干扰，将在短时间内将所储存的碳重新释放到大气当中，买家投入碳抵消项目的资金也会面临巨大风险。选择基于自然的碳抵消时，应特别关注项目的时长、绩效指标和计算方法，尽量选择周期长（如10年以上）且具有严格的自然资源管理体系和严谨的碳计算方法的项目。

3）CCS/CCUS 项目开发

（1）CCS/CCUS 埋碳潜力大。

惠誉发布了《聚焦碳捕集和封存》报告，预计到2032年，全球碳捕集能力将达到 $3.3\times10^8\text{t CO}_2\text{e/a}$，比2022年预测的 $1.92\times10^8\text{t CO}_2\text{e/a}$ 大幅增加[8]。

（2）CCS/CCUS 发展存在的机遇。

CCS/CCUS 在碳减排难度较大的行业中具有广阔的应用前景，主要包括发电和工业过程。利用 CCS/CCUS 技术改造现有电厂，有助于在维持发电供应的同时降低碳排放，CCUS 也有助于水泥和钢铁生产等行业脱碳。CCS/CCUS 的市场需求不断增加：一是可用于提高石油采收率（EOR）、生产化学品等；二是在通过捕获制氢过程中的 CO_2 生产清洁氢。

（3）CCUS 发展面临的挑战。

经济可行性是影响 CCS/CCUS 的关键挑战因素。开发和应用碳捕集技术改造现有工业流程或发电厂的成本、CO_2 长距离运输所需管道等设施的建设维护成本以及碳储存所需的地质监测成本等都将推高 CCUS 项目成本。

CCS/CCUS 项目所需的基础设施建设方面面临挑战，例如在部分发展中国家建设新的管道及运输系统、在合适的地质构造中建造 CO_2 储存设施等。CCS/CCUS 发展中面临缺乏支持性政策法规、尚未形成清晰一致的监管框架、国际标准的缺乏等挑战。

（4）未来发展趋势。

石油和天然气行业将占 CCUS 市场的主导地位。由于油气公司加强气候承诺、掌握 CCS/CCUS 相关的专业知识、拥有管道以及枯竭油气田等基础设施便利等因素，多数计划建设的 CCS/CCUS 项目均有油气公司的参与。未来引入自愿减排交易，将推进 CCS/CCUS 商业化进程。自愿减排交易的引入可以推动 CCS/CCUS 项目在 CO_2 控排企业中的应用。通过将 CCS/CCUS 与 CO_2 控排企业结合，可使项目整体 CO_2 排放量降低，切实提升 CCS/CCUS 项目的收益价值、增加系统经济效益，有利于推进 CCS/CCUS 大规模推广和商业化进程[9]，但目前 CCS/CCUS 开发 CCER 项目尚未有方法学的支撑。开发 CCUS 减排方法学具有三个难点：一是潜在泄漏，CCS/CCUS 项目通过人为封存温室气体改变了地层构造，泄漏是此类项目首要担忧的问题。二是 CCS/CCUS 项目的减排原理反对方认为 CCS/CCUS 只会鼓励继续使用化石燃料，而不是促进向可再生能源过渡。三是 CCS/CCUS 项目减排量巨大，可能会对碳市场的稳定运行造成一定冲击。

4）联合初创公司入场 "CCS/CCUS 技术圈"

近年不断涌现新兴科技初创公司，专攻 CO_2 捕集和利用技术。国际上越来越多的石油公司密切关注 CCS/CCUS 创新领域，对初创公司给予资金、资源方面的支持，共同突破技术，联合进入 "CCS/CCUS 技术圈"。

（1）阿布扎比国家石油公司与阿曼 44.01 公司合作开发橄榄岩矿化二氧化碳封存商业项目。

阿曼 44.01 公司具有橄榄岩二氧化碳矿化技术，采取从大气或工业过程中捕获 CO_2，将其溶解在水中，然后注入地下橄榄岩地层，进行矿化变成岩石。这种安全、永久、可扩展的消除碳的方法是脱碳科学在实际应用方面的重大进步。

阿曼 44.01 公司与阿布扎比国家石油公司合作，在阿拉伯联合酋长国的七酋长国之一——富查伊拉开发碳捕获和矿化站点，是中东能源公司所开展的第一个此类项目（图 5-2-1）。44.01 公司表示，1t 橄榄岩能够矿化 500～600kg 的二氧化碳。44.01 公司计划到 2040 年永久储存 10×10^8t 二氧化碳。2023 年阿曼 44.01 已从阿曼能源和矿产部获得特许权，项目将于 2024 年在哈迦山脉开始世界上第一个商业规模的二氧化碳橄榄岩矿化项目[10]。

图 5-2-1　阿曼 44.01 橄榄岩矿化项目所在地哈迦山脉

（2）大型石油公司越来越多的投资初创公司 CCUS 技术。

CCS/CCUS 部分领域技术未取得突破、应用前景不明朗，初创公司规模较小，在发现新机会和实现核心技术创新等方面更为快捷；石油公司在投资实力上更具优势，能够迅速推动技术应用规模化和商业化。因此，越来越多的石油公司将投资目光转向 CCS/CCUS

初创公司，将自身的资金、枯竭油田资源和地下岩层测绘技术等优势，与后者专攻技术研发的优势结合，推进技术进步、寻求商业机遇、履行碳中和承诺，实现双赢[11]。近年来国际石油公司投资的具有CCS/CCUS技术的初创公司情况见表5-2-4。

表5-2-4 近年来国际石油公司投资的具有CCS/CCUS技术的初创公司情况

初创公司（英文名称）	合作石油公司简称	所属环节	被投资企业业务简介
Blue Planet	雪佛龙	碳捕集、碳利用	通过碳捕获DAC技术、生产和开发碳酸盐团聚体技术，将二氧化碳转化为石灰石等建筑材料
Carbon Clean	雪佛龙、沙特阿美	碳捕集、碳封存	CycloneCC专利技术可以大幅降低碳捕集成本
Carbon Engineering	雪佛龙、西方石油	碳捕集、碳利用	使用DAC技术捕集二氧化碳，并将其合成为清洁、价格合理的运输燃料
C-Capture	bp	碳捕集	捕集电厂烟气中的二氧化碳
Compact Carbon Capture	贝克休斯	碳捕集、碳封存	该公司设计的碳捕集系统功能优于常规碳捕集系统，同时尺寸只有常规系统的1/4
Daphne Technology	沙特阿美	碳捕集	通过纳米技术和电子束烟气处理技术减少航运中甲烷等污染物泄露
Deep Branch Biotechnology	道达尔	碳利用	利用捕获的二氧化碳来生产动物饲料蛋白
Electrochaea	贝克休斯	碳利用	正在开发利用二氧化碳和绿氢合成天然气工艺
Global Thermostat	埃克森美孚	碳捕集	利用定制设备和基于胺的化学吸附剂吸收二氧化碳
Horisont Energi	贝克休斯、艾奎诺	碳利用	生产蓝氨
Lanza Tech	壳牌、中国石化	碳捕集、碳利用	拥有碳捕获和气体发酵工艺，通过专有的微生物技术将废碳转化为可持续燃料、织物、包装、轮胎等工业用品
Liquid Light	bp	碳利用	利用催化剂将二氧化碳转化为液体燃料和化学品
Novomer	沙特阿美	碳利用	利用催化剂将二氧化碳转化为基聚氨酯等化学品
NovoNutrients	雪佛龙、伍德塞德能源	碳利用	培养细菌将二氧化碳转化为动物饲料中的蛋白质
Skyonic	bp	碳利用	使用SkyMine工艺将二氧化碳转化为小苏打、盐酸和石灰石等矿物质
SolidiaTechnologies	bp、道达尔	碳利用	拥有二氧化碳固化的Solidia Concreten™混凝土专利
Svante	雪佛龙	碳捕集	利用旋转床方式结合纳米材料（固态吸附剂）以过滤方式进行碳捕集
Synata Bio	道达尔	碳利用	运用分子生物技术将含碳气体转化为燃料化学品

5. 企业利用 CCER 机制布局碳资产开发和管理方法

1）识别和选择合适的项目

企业需要根据自身的业务特点和减排目标，综合考虑项目的可行性、减排效果、成本效益等因素，识别适合的 CCER 项目，包括可再生能源开发、能源效率提升、碳汇等项目。

2）项目开发和实施

项目的开发和实施包括项目设计、监测计划制定、减排量核算等工作。同时，企业应确保项目符合 CCER 机制的要求，并按照相关规定进行设计、核证、登记等程序。

3）碳资产管理和交易

企业可以将获得的 CCER 减排量作为碳资产进行管理和交易。通过参与碳市场，企业可以出售多余的减排量获得经济收益，或用于抵消自身的碳排放，实现碳中和目标。

4）加强监测和报告

为了确保 CCER 项目的有效性和透明度，企业需要建立健全监测和报告体系，定期监测项目的减排效果，并按照要求向相关机构提交报告。这有助于增强企业的信誉和市场竞争力。

5）战略规划和持续改进

利用 CCER 机制进行碳资产开发和管理应作为企业长期战略的一部分。企业应不断评估和改进其碳管理策略，以适应市场变化和政策要求。同时，积极关注碳市场的发展动态，及时调整项目和交易策略，以获取更好的经济和环境效益。

6. 企业碳市场交易总体策略风险管理

国内环境权益交易市场处于初创阶段，存在市场信息不透明，交易种类繁多、价格各异，认证效力不足等情况，给参与交易方会带来诸多风险。可将环境权益市场风险划分为：政策风险、履约风险、交易风险、策略操作风险等[12]。

为了降低环境权益交易风险事件发生的可能性或减少损失，公司参与环境权益交易需进行风险识别，并建立有效的防控措施。

1）政策风险与应对

一是碳市场政策风险。碳交易本质上是政府为达到低碳减排目的而创设的环境政策工具，是国家应对气候变化政策的产物，具有很强的政策依赖性。各试点地区政策要求均不相同，因而存在政策性风险。

二是 CCER 政策风险。企业在国内自愿减排市场存在 CCER 政策理解不到位，企业项目开发认识不足等风险[13]。

三是风险应对举措。建立专门团队或与专业机构合作，持续跟踪相关政策和法规的变化，及时评估对企业碳市场策略的影响；根据政策变化调整企业的碳减排目标和路径，确保合规性并最大限度地利用政策变化带来的机遇；通过行业协会或直接与政府机构沟通，参与碳市场政策的讨论和制定过程，为企业争取有利的政策环境；采用使用碳金融衍生工具，利用期货、期权等金融衍生产品对冲碳价格波动风险，并根据市场分析和预测，灵活调整碳资产的购买和销售时机。

2）履约风险与应对

一是碳市场的履约风险。国家或地方都会对企业上交碳配额的时间有明确规定，企业必须在规定的期限内上交，否则将会承担由未能按期履约带来的风险。对于虚报、瞒报温室气体排放报告，拒绝履行温室气体排放报告义务的控排企业，将受到行政处罚、节能减排优惠限制、信贷政策限制等影响企业信用。在碳资产管理的托管业务中，履约期前需由碳资产管理公司将碳资产及收益返还给排控企业。在此过程中，排控企业希望提前返还保证有充裕的时间完成履约操作，而碳资产公司则希望碳资产归还期限尽可能接近履约期限，以便充分利用碳资产的市场价格波动来进行碳资产投资交易，由此便产生了托管业务中的履约风险。

二是履约风险应对。企业在明确履约提示的同时，提前启动交易方案，督促交易，并委派专员指导完成履约；对托管、回购、抵押融资等业务，约定具体返还时间，降低履约风险。

3）交易风险与应对

（1）碳市场交易风险。碳排放权交易合同中交易主体首先应具有交易资格，否则，可能面临无法开户交易、被处以限制交易的风险。由于政策不完善、市场主体对碳交易认识不足、信息不对称等多种因素，国内碳交易存在交易高度集中、价格短期暴涨的现象，在一定程度上给控排企业带来了高成本履约风险。另外，国内碳市场流动性与市场换手率偏低，特别是对于大金额的交易，买卖双方需要交易时可能无法找到交易对手，易造成交易的流动性风险。

（2）CCER交易风险。CCER交易中易出现因信息不对称而陷入碳汇骗局的风险，另外，还存在因对开发合作机构选择及谈判存在责任分配不合理引起项目延迟，CCER的收益分配及付款方式不当引发纠纷等风险。

（3）绿证交易风险。绿证市场价格不透明，绿证认购交易平台网站虽然明码标价，但实际成交价不是网站标价[14]。国际绿证I-REC为传统的人工核证方式，为"一纸证书"，其申请时效性乃至证书真假难辨等多方面都存在较大交易风险。

（4）绿电交易风险。一方面电力市场化改革后，新能源企业参与电力市场交易实行市场竞争分时电价，需要根据合同确定的时段交易，如果交易不及时，易出现电价偏高的时段采购电力，增加交易成本。另一方面新能源企业往往需要通过风、光功率预测上报的短期预测数据来确定发电能力计划曲线，再基于这项数据申报电量电价。如果预测不准，轻则达不到最佳收益，重则面临偏差电量考核惩罚。极端情况下，预测设备出现故障还可能造成巨额损失[15]。

（5）风险应对。① 碳市场方面，加强对流程合同的审查，形成规范的审核流程以及标准。企业提前安排碳市场交易，提前储备碳资产，分批交易、分批采购及浮动交易，避免集中交易；积极对接配额盈余企业，拓宽采购渠道，避免流动性不足风险；同时运用多种碳金融手段，盘活碳资产。② 绿证市场方面，采购前采购经理需了解客户需求，根据不同的需求采购不同绿证，还需注意绿证的保质期与时效性。针对国际绿证交易而言，一方面要注意对交易方进行必要的资信调查，另一方面需要掌握国际绿证划转规则，合理设置交付结算及违约责任条款，切实保障自身权益。③ 绿电市场方面，通过量化程序增加电力交易能力，引入天气因素强化风光功率模型预测。

4）项目风险与应对

碳减排项目的执行过程中可能遇到技术、资金、管理等方面的挑战，影响项目的完成和减排效果。应对措施包括：对于已投资的碳减排项目，建立严格的项目管理体系，包括进度监控、质量控制、风险识别和应对机制等，确保项目按计划执行；通过与其他企业、金融机构或政府机构的合作，共同投资和管理碳减排项目，分担项目风险。

5）策略操作风险与应对

操作风险主要是指因行情系统、下单系统等出现技术故障或者投资者自身操作失误，而导致意外损失的风险。企业管控操作风险可采用建立标准化的策略报批—资金申报—下单流程体系，责任到人，制订考核措施与交易策略；建立风控措施，加强能力建设，熟悉规则；建立双岗校核制度，发挥集团化优势，对账户统一管理，避免单人交易，多人在场，确保交易指令无误。

7. 石化企业利用绿色金融和碳金融等市场工具

1）石化企业的资本公司发展绿色金融辅助企业低碳转型的模式

石化企业将绿色发展理念融入产品布局和投资体系，构建涵盖绿色信贷、绿色票据、绿色租赁、绿色投资、绿色保险等的多层次绿色金融产品体系，为可持续发展增添绿色动力。

（1）聚焦绿色行业。资本公司及各金融企业支持节能环保、清洁生产、清洁能源、环境保护。聚焦碳减排重点领域，运用绿色货币政策工具支持绿色信贷投放，发放碳减排贷款。

（2）精选绿色客户。聚焦光伏、风电等领域，支持绿色低碳项目，建立包括"储气贷"及"光伏发电贷"等的绿色信贷产品矩阵，赋能企业新能源业务发展。

（3）开发绿色租赁。推动绿色金融产品创新，在节能环保、清洁能源、绿色交通、绿色制造等领域实现多元化投放，建立"核心客户+产业链"的绿色租赁产品体系。

（4）开展绿色投资。通过直接股权投资、发行绿色债权投资计划、设立绿色产业基金等方式，把握绿色金融领域的投资机会，持续加大绿色投资力度。例如，设立股权投资信托，支持二氧化碳高价值利用，通过直接投资各类绿色金融产品、设立债权投资计划的方式,开展绿色投资实践。

(5)丰富绿色保险产品。例如,为油田、石化等企业的项目提供环境污染责任保险。

2)探索利用碳金融市场举措

随着碳市场以及绿证市场等基础碳资产扩张,石化企业通过借鉴具备风险可控、期限灵活、流程便捷等特点的碳金融成熟案例,可进一步利用碳金融工具满足低碳转型和向综合能源公司发展的资金需求。

石化企业开展碳金融业务模式探索建议如下:

(1)摸底石化的低碳融资需求,设计碳金融产品应用匹配,筹建用于金融机构碳排放数据统计核算的碳账户[16],有序发展碳金融业务,强化模式和工具创新。

推进碳金融管理体系融合,碳金融模式可以与石化企业碳达峰碳中和路径中的融资需求进行期限配置。依据石化所在地方相关政策和碳金融发展实际,渐进积累沉淀碳金融产品库,利用人工智能、大数据、区块链等数字技术与碳金融深度融合,能够在产品筛选、投融资决策等方面提供更多支持。统一开展投融资和资产管理决策,企业碳一体化平台设置碳金融产品服务管理功能,依据相关条件因素匹配推荐产品服务,跟踪管理产品服务实施过程和预期收益,帮助企业更好的识别、运用和管理碳金融产品。

(2)可布局业务涉及的全球各地区碳市场,优化碳资产资源池结构,利用丰富碳金融产品组合管理风险,辅助碳资产管理。

布局海外碳市场、拓展海外碳交易渠道,也可通过碳期权、碳远期、碳掉期等交易实现套期保值,有效规避碳市场价格波动所带来的风险,帮助石化企业提前锁定碳收益或碳成本,可充分利用碳金融产品获得政府和市场的低成本绿色资金支持,利用额外碳资产转移可增加正向的碳资产收益[17]。

(3)与不同金融机构开展碳金融业务合作。

石化企业可以与银行推动碳质押、碳债券、碳结构性存款等金融产品开发,提升企业闲置碳资产与资金的盈余收益;石化企业可以借鉴林业碳汇预期收益权质押贷款模式,解决林业碳汇合作项目中资金投入大、时间长、信贷利率偏高等问题;与证券公司联合发行碳债券、碳基金或利用碳回购等工具以充实低碳项目的资金来源,降低资金成本;与信托公司探索碳信托模式,对于石化企业 CCS/CCUS 开发的 CCER 量可以采取碳信托模式,解决 CCS/CCUS 项目开发中资金不足问题,与信托公司合作可以通过借出碳资产,获得较稳定的收益;与保险公司开发碳保险,在一定程度上消纳油气勘探开发风险造成的损失,CCS/CCUS 开发中可利用"碳捕集"保险化解企业应用 CCS/CCUS 技术所面临的风险,助力企业实现降碳减排目标[18]。

(4)石化企业归口管理部门把控碳金融工具应用的风险。

一是把控时间期限,防止出现到期配额冻结不能履约的情况;二是把控资金应用途径,碳资产抵押融资所获资金原则上用于企业减排项目建设运维、技术改造升级、购买更新环保设施等节能减排改造活动,不应购买股票、期货等有价证券和从事股本权益性投资；三是把控融资担保风险，碳排放权作为一种新权利类型，在《中华人民共和国民法典》中目前均缺乏对其担保的规定。以银行为代表的部分金融机构结合自身风控逻辑，会同时要求企业提供其他融资担保方式，也增加了公司融资担保的风险。

三、电－碳协同工程

1. 石油石化企业发展新能源策略

石油石化企业开发利用可再生能源，发展风能、光伏、地热、余热、氢能等新能源业务，探索应用新能源技术，降低传统能源用量，有助于走出一条清洁能源规模发展之路，形成低碳发展、绿能十足的新业态。

1）利用新能源模式

石油石化企业进入新能源领域，利用新能源，归纳为四种模式。

（1）嵌入模式。"嵌入"模式指石油石化企业因地制宜参与新能源或利用新能源，主要有三个途径：一是以企业产品作为新能源产品制造的配件或配料，以供应链的身份进入新能源；二是利用企业生产运行占用的物理空间（如厂房、油田、加油站等），将新能源（包括具有新能源属性的充电桩）的发电、用电（包括充电）活动嵌入进来；三是以资金投入、技术转让等手段参股、入股新能源企业或新能源项目。企业"嵌入"模式进入新能源的优点是成本小，风险低；缺点是投入不足，发展缺少专业化，缺少主导性。

（2）重大项目模式。重大项目就是石化企业规划、设计、建设和运行以新能源综合开发利用为一体的重大项目。石油石化企业以重大项目进入新能源充分体现了企业（尤其是头部石油石化企业）强大的技术、资金、运行、整合、组织能力，与石化企业是上下游一体化的产业特性相对应。

（3）组织化模式。组织化模式指企业将新能源业务正式作为企业的一个重要部门或板块形式。

（4）资本运作模式。资本运作对于企业进入新能源具有独特价值。企业资本通过投资可再生能源项目等绿色能源产业，既可以实现经济效益，又可以为环境保护作出贡献。一是新能源的技术路线比较多，而且新的技术路线又层出不穷，不同技术路线存在或明或暗的竞争甚至颠覆性竞争，石化企业通过资本运作可以同时与众多技术路线保持联系；二是新能源仍然处在发展的初级阶段，尚未发展为一个成熟的产业，存在的不确定性还很大（尤其是单个技术方面），通过资本运作可以在保证石化企业与新能源产业建立链接的预期目标实现的条件下，降低进入的风险，提高进入的机动性和灵活性。

2）新能源发展具体路径

（1）石油石化上游企业充分利用自身资源条件，提升绿能供应。

石油石化上游企业充分利用满足条件的油区场站与闲置土地，依托油田电网、储能电站等资源，扩大风光电装机规模，统筹多能同步开发、互补应用，提升绿能供给能力，把油气田资源优势转化为发展优势。例如，华北油气应用小型风光储一体化发电装置，为东胜、大牛地气田开发提供有力支撑；东北油气采用"风光互补+储能"方式，建设了中国石化上游首座碳中和储气库—孤家子储气库；西南油气充分利用办公楼屋顶开展光伏建设，先后建设了5个分布式屋顶光伏发电项目；上海海洋油气建成并投用光伏停车场，有近200个停车位和38个充电桩；华东油气在泰州采油厂广山中转站推广应用"太阳能+空气源"一体化技术，助力该站实现碳中和。

（2）"油田""热田"协同开发。

上游油气企业地热资源丰富、覆盖面积广，且部分废弃油井为转化地热开采提供了良好的资源条件。上游企业还拥有众多集输站库，采出液中含有大量的热能，通过创新技术和设备，将采出液的余热转化为有用的能源，可以实现能源的高效利用和环境的友好保护。近年来，国内上游企业积极探索地热供能与油气生产相结合的发展模式，围绕油气田生产办公用热需求，大力推广"地热+""余热+"集成应用，助力"油田""热田"协同开发。

（3）发展氢能产业成为新能源的重点领域。

借鉴胜利油田、中原油田等企业通过大力推进能源结构优化，积极部署氢能产业的模式，实现油田"绿电制绿氢"等项目的新突破。

（4）发展"新能源+"创新模式。

一是布局"新能源+油气"模式。随着新能源与油气融合发展速度加快，"新能源+"形式也不断丰富。石化企业依托自身优势和资源，差异化发展新能源，打造"低碳""零碳"油气田，形成多能互补综合能源系统。

二是海上风电+海水淡化、制氢。海上风电制氢是解决海上风电大规模并网消纳难、深远海电力送出成本高等问题的有效手段。海上风电制氢可以分为海上电解水制氢方案和陆上电解水制氢方案。海上电解水制氢方案中，电解水制氢系统位于海上，海上风电直接在海上进行氢气的制取；陆上电解水制氢则指海上风电发出的电力经海底电缆、升压站等设施输送至陆上电解水制氢系统，在陆上完成氢气的制取和储运。

三是"新能源+"综合能源。海上风电+渔业+旅游、海上风电储能离网供电、海上风电深海能源岛等多种能源综合开发利用融合发展模式也在探索和发展中。

2. 统筹绿电、绿证和 CCER 市场策略

中国政策鼓励企业绿色消费，积极使用绿电，形成"一企一策"的具体降碳行动方案。企业外有政策推动，内有加大清洁能源生产供应和节能减碳的低碳转型需求，需利用绿电、绿证和 CCER 三类市场机制推动落实碳中和目标。石化企业对绿电、绿证和 CCER 市场均会有参与，其中炼化公司有对外采购绿电绿证需求，油田新能源项目可开发绿证资产，已纳入全国碳市场的石化企业自备电厂可用 CCER 履约，企业需要对三类市场进行统筹优化。

1）利用三个市场赋能，辅助运营碳中和与价值链降碳

一是建立绿电、绿证和 CCER 市场综合分析体系。对于新能源项目，对比绿电、绿证和 CCER 开发收益，并网海上风电和光热发电等已有方法学的可优先开发成 CCER，提升环境权益价值。二是研究利用公司外购绿电、绿证和 CCER 作碳抵消的模式，实现运营中碳中和与价值链降碳。可以使用 CCER 抵消已核定的碳排放量，用于覆盖范围一、范围二和范围三，部分省市碳市场可以通过采购绿电直接扣减范围二中外购电力碳排放部分。三是为满足产品客户 RE100 标准下 100% 绿电要求，减少解释成本，可优先选择国际绿证。

2）依托新能源发展基地的区域资源，加强绿证资产开发，探索绿电直供模式

依托油气公司建设的沙戈荒地区、地热资源区以及海上风电区等新能源发展基地，对已建新能源项目加强绿证资产开发。探索利用公司乡镇农村燃气网络，协助推进整县户用分布式光伏开发，由专门部门负责绿证资源开发。探索自建分布式新能源等绿电直供，构建"零碳园区"，园区中以绿电直供的方式生产的出口产品可以应对国际碳关税贸易壁垒带来的不利影响。

3）因资源制宜，立足企业碳封存资源以及金融资源，推动碳市场创新业务发展

在首批 CCER 四类方法学下，石化企业可借助中美阳光之乡声明推动 CCUS 项目的机遇，加强项目额外性、减排效果和封存逸散应对等症结点研究论证，推动 CCUS 项目方法学落地的政策攻关，争取试点项目，推动国家补贴政策。加强利用碳配额、CCER 和绿证等环境权益资产与企业金融业务结合，推动收益权质押、减排项目保险等碳金融项目示范，解决减排技术资金缺口。

3. 企业构建近零碳厂站

"近零碳工厂"是指生产制造过程中通过技术性节能减排措施，使工厂综合碳排放接近为零，工厂所使用的能源全部来自可再生能源，如太阳能、风能、水能等，同时在生产过程中所产生的碳排放全部得到了消除。构建近零碳绿色低碳工厂是在国家碳达峰碳中和相关政策落地实施重要路径，更是工业企业绿色低碳高质量转型高质量发展的必然趋势。

1）企业零碳厂站建设和认证

目前，国内暂无统一的零碳工厂建设与评价的国家标准，各团体标准均大同小异，相互借鉴。中国节能协会 2022 年发布的可量化评价的"零碳工厂"标准，成为企业打造零碳工厂的指导手册。《TCECA-G0171—2022 零碳工厂评价规范》中评价方案应至少包括基本合规要求、基本管理要求、基础设施、能源和碳智能信息化管理系统、能源和资源使用、产品、温室气体减排实施、碳抵消等 8 个方面。根据上述各方面对资源与环境影响的程度和敏感性给出相应的评分标准及权重，其中，零碳工厂基本要求为工厂应达到的基础

性要求，任何一项不符合不能评价为零碳工厂；零碳工厂评价要求为工厂努力达到的要求，根据各分值、权重予以评分。2023年2月6日，中国节能协会发布了《零碳工厂评价规范团体标准管理办法》并公示了"零碳工厂评价小组"，小组成员由中国节能协会、中国节能协会碳中和专业委员会、远景智能、钛和检测认证集团、中国质量认证中心组成，同时提出，要建立国内首个零碳工厂评价和披露平台。中国标准化协会也于2023年9月发布"零碳工厂标准"，基于区块链的链上认证标准，联合德国莱茵认证机构，"零碳工厂"可以获得欧盟标准认定。

2）企业绿电直供方案

绿电直供可以帮助企业减少对传统化石燃料的依赖，降低运营成本，减少碳排放，并提升品牌形象与市场认可度，确保企业能够有效利用绿电直供来提升其在全球市场上的竞争力，尤其是面对CBAM等政策。

（1）前期准备与市场分析。

在绿电直供项目的实施前期，企业需准备和分析涉及行业基准设定、竞争分析、利益相关者分析和供应链整合等多个方面。首先，明确企业在绿电市场中的定位。这涉及了解市场需求、客户期望、以及当前市场上的主要供应商。其次，分析竞争对手的绿电战略，涉及技术选择、价格策略、市场份额以及客户反馈，识别市场中的空白点或潜在的合作机会。再次，与外部利益相关者包括政府机构、当地社区、环保团体和供应商建立良好沟通渠道。

（2）技术评估与选择。

在企业绿电直供项目的技术评估与选择阶段，关键在于选择合适的技术方案以最大化能源效率、成本效益，并符合企业的具体需求和环境标准。

一是企业需要评估不同绿电技术的成熟度。成熟的技术通常有更可靠的性能数据、更广泛的市场接受度和更完善的服务网络。分析技术是否适合特定地理和气候条件。技术选择还应考虑其对环境的潜在影响，还需要进行详尽的成本效益分析，考虑技术的初始安装成本、运维成本、预期寿命及其维护需求。选择能效最优的技术。由于可再生能源的间歇性，需要考虑调度灵活性及与储能解决方案的集成。例如，太阳能系统可能需要与电池存储系统结合，以保证夜间或多云天气下的电力供应。

二是制定清晰的技术路线图。不仅包括当前的技术选择，也应规划未来可能采用的技术进步。定期评估现有技术的表现并与市场上的新技术进行比较。设立定期审查机制，根据最新的技术发展更新设备或优化系统配置。

三是经济性分析与融资策略。在实施绿电直供项目中，进行全面的经济性分析和制定有效的融资策略是确保项目可持续性和经济可行性的关键，包括构建全面考虑项目的所有直接成本、间接成本、直接收益和潜在收益成本收益模型，以及在绿电直供项目的融资策略中，考虑到资金需求通常较大且项目周期长，采用多元化和创新的融资方法可以帮助企业有效降低资金成本，分散财务风险，并确保资金的可持续性。

四、碳业务数字化工程

1. 构建数字化碳业务管理体系

基于国内碳资产管理模式的现状，运用物联网、人工智能、大数据、5G等数字化技术，结合信息物理系统构建碳业务数字化管理体系框架，实现企业碳资产的全生命周期管理和全流程管理[19]。

建立数字化的碳业务管理体系步骤如下：

（1）确定战略目标。企业将碳排放目标纳入长期发展战略，将"碳管理"纳入企业生产经营管理，自上而下制定低碳工作方案，自下而上报送碳资产相关数据。

（2）人员组织。低碳工作的推进需要统一协调、集中监管，企业可设置单独的碳业务归口管理部，将企业低碳战略层层分解，将减碳任务稳步落实到部门、员工和产品上，通过培训、绩效考核等手段提高员工低碳转型意识。

（3）设计流程。厘清碳业务管理相关的岗位职责，协调各部门、各岗位的信息沟通，设计每一环节上的业务流程，并加以内部控制。

（4）建立规章制度。集团、公司、部门、岗位各层面制定体系化的规章制度，建立奖惩机制。

（5）数字化手段。利用5G、大数据、云计算等技术保障数据源头的真实有效，输送客观全面的碳数据。

（6）运营监督。有组织、有计划地运营管理，形成业务流、碳流、资金流三方面的联动，监督每一环节运营动态，及时反馈问题。

2. 构建完备的碳预算系统

通过实施碳预算，企业可以明确碳减排的目标和路径，进而采取有效措施减少碳排放。企业通过碳预算有效管理其碳配额，可以在碳市场提前布局碳资产交易。有效的碳预算能够确保企业（尤其是外贸企业）避免国家或地区碳排放的法律风险和政策风险。对环境责任的高度承诺和表现可以增强投资者对企业的信心，吸引更多愿意支持可持续发展企业的投资。

1）实施碳预算体系步骤

碳预算模型包括多个关键步骤：目标设定、流程设计、表单编制、责任分解。每一步都需精心规划以确保模型的有效执行。

（1）目标设定。碳预算的首要步骤是明确和设定实际可行的碳减排目标。

（2）流程设计。碳预算的流程涉及多个部门，包括管理层、财务、运营及环境保护部门，每个部门需明确在碳预算管理中的角色和责任，并建立一个集中的信息系统，收集、存储和分析碳相关数据，支持决策制定和策略调整，定期检查碳预算执行情况，评估其有效性，并根据外部环境和内部执行情况的变化进行调整。

（3）表单编制。碳预算表单是记录和跟踪碳排放和减排活动的工具，包括总预算表单涉及全公司范围内的碳排放和减排目标，以及相应的财务预算；子预算表单是针对具体项目或部门的碳排放和减排目标详细列出所需的资源、预期成本和预计的减排效果，以及跟踪和监控表单。

（4）责任分解。确保每个单位都对自己的碳排放负责，同时促进整个组织的目标一致性。

2）企业计算碳预算方法设定

企业可以采用以下几种方法：

（1）基于活动数据的计算：该方法使用特定活动（如燃烧多少吨煤炭）和相应的排放因子（每吨煤炭产生的 CO_2 量）来计算排放量。

（2）质量平衡方法：这适用于那些可以精确测量输入和输出物质量的情况，以确保能源利用和排放数据的准确性。

（3）热值分析：通过分析燃料的热值来估算碳排放，尤其适用于燃料类型多样的发电企业。

3）企业需要建立标准化的计算流程

该流程包括数据收集、数据审核、计算和结果报告。每一步都有明确的质量控制标准，确保计算结果的准确可靠。基于碳排放计算的结果，企业的财务部门与环保部门合作编制年度碳预算。为了确保实际排放不超过预算限额，企业还需要实施实时监控系统。企业利用收集到的碳排放数据支持管理决策。通过分析数据，能够识别自身减排潜力、优化能源使用和提高操作效率。此外，这些数据也帮助公司评估减排措施的成本效益，为未来的投资和改进提供依据。

4）碳预算监控与评估

确保企业碳排放目标的达成，也为持续改进和策略调整提供了数据支持。应用实时监控技术，确保数据的完整性和准确性，形成定期性评估报告。设定一系列关键绩效指标（KPIs），用于衡量碳管理的效果。基于监控与评估的结果，企业需要不断优化其碳预算策略。需要高度重视内部员工和外部利益相关者的反馈。需要定期跟踪和评估新兴的碳减排技术和管理方法。通过参加行业会议、研究报告和技术论坛，企业不断吸收和应用前沿科技，以优化其碳预算策略。

3. 加强企业碳数据质量管理问题与应对举措

1）数据质量问题

少数企业存在重大数据质量问题和弄虚作假问题，部分企业仍存在的碳排放数据质量保障体系未建立或不规范，对国家核算标准规范理解不到位，参数选用和计算不正确，缺少煤质采样、制样和化验、保存样品、送检等流程方面的监管制度，存档资料不全面、原始数据记录混乱，炼化企业针对石化和化工行业履约边界的碳排放数据质量管理薄弱等问题；另外，目前部分企业的低碳、节能、环保数据分别由不同的部门或者人员负责，碳排放数据来源与生产节能系统也尚未实现对接，存在基础数据来源不一致、数据处理原则不一致、数据质量要求不一致，存在接受第三方数据核查时可能面临数据真实性遭到质疑的风险。

2）对于企业碳排放数据质量问题，可采取以下应对措施

（1）严控数据造假，严选第三方核查和检测机构，降低数据质量违法风险。

建立常态化内部碳核查机制，形成企业自查、集团内部核查、外部审计三方结合的数据核查体系，并将碳排放数据核查与公司HSE体系审核有效结合，确保数据质量；对企业聘请的第三方核查机构的专业能力进行评估，制定准入标准，确保不因第三方核查机构的问题影响公司所属企业排放数据质量的真实性、准确性。

（2）完善企业碳排放数据监管保障体系，提升数据质量。

企业加强碳排放监管考核，制定碳排放考核细则，推动各企业提高责任意识，加强人员力量和设备配备，加强碳排放数据统计的部门间协调与数据产生、传递、汇总与报告过程中的质量管控，提升碳排放数据管理精细化水平。

（3）强化自身数据核算专业能力。

企业进一步强化温室气体排放核查核算中心专业能力，以加强对企业碳排放数据核查工作，尽可能争取核查机构以最小值核定企业的碳排放量，避免出现"保守性"原则核算和配额惩罚性扣减，帮助企业降低碳排放成本。

企业应建立数据质量控制计划，统一规划、生产、环保等各口径数据，做到有据可查，有据可依；进一步规范企业能源消耗分类，严格避免自用消耗燃料、原料数据的混淆；从能源消耗的污染物排放、碳排放、能源统计等多个口径进行交叉校核，确保数据的准确性。

企业应以碳资产集中管控平台建设为依托，继续加强分布式控制（DCS）生产系统、节能系统与碳资产管理平台的衔接融合，实现碳排放相关生产数据的自动采集、传输，保证数据信息化存证溯源、不可篡改和数据一致性，进一步细化企业碳排放数据管控粒度，建立装置I设施级碳排放清单及数据库；从源头避免出现数据弄虚作假情况，以及因为数据不准、不全或者不合规给企业造成损失。

五、"双碳"人才能力建设工程

1."双碳"人才建设类型

"双碳"人才是指在碳市场从事碳管理的相关人员或研究节能减排、能源替代等核心技术的高科技人才，以及复合型技术人才，需要具备电力、能源、建筑、化学材料、环境等领域的复合型专业技术知识。"双碳"管理人才指将"双碳"领域的顶层机制设计、发展规划、核算标准等进一步落地的管理人才，既具备常规的政策研究、工商管理、经济学、法学、统计学等基本素养，同时又对"双碳"政策、低碳技术发展、环境气候等领域

非常熟悉，如碳政策研究员、碳排放管理员、碳资产管理员等。绿色金融人才是指在绿色金融行业领域从事绿色金融相关工作的专业人才，需具备绿色投资、绿色信贷、绿色保险等方面的专业知识，同时能够深刻理解环境风险、企业社会责任等相关概念，以实现经济、环境和社会效益的平衡，推动可持续发展。

2."双碳"人才培养面临挑战

"双碳"人才面临的挑战：一是"双碳"人才的数量较少且结构分散，人员储备不足，人才缺口较大；二是"双碳"人才的培养模式和培养标准仍在探索，人才培养体系尚在试点阶段；三是"双碳"人才的评价标准和体系仍待完善，职业发展路径尚不清晰；四是学校的"双碳"人才培养相对市场发展具有滞后性，产教衔接不到位导致供需错配矛盾突出；五是"双碳"人才的专业性、创新性、综合性水平仍待提升。

3.构建"双碳"产学研融合培养机制

参与构建政府、科研院校、企业联合的产学研合作，在"双碳"法律法规、政策制定、重大项目建设、能源转型发展、能源和新能源科技创新等方面，利用相关专业从业人员集聚效应，以政策制定、重大项目研究攻坚、科技创新攻关、人才培养为合作抓手，组建"双碳"产教融合发展联盟，共建"双碳"领域相关国家实验室、全国重点实验室和国家技术创新中心，搭建国家储能氢能技术产教融合创新平台[20]，以重大项目储备人才队伍，构建专业智库团队，培养"双碳"应用型人才队伍。

4.开展"双碳"专业人才继续教育

选取具有"双碳"教育背景、具有"双碳"科创基础或承担专业技术人才知识更新工程任务的高等院校、科研院所、行业教育培训机构、专业协会（学会）、相关事业单位或大型企业开展"双碳"专业人才继续教育。

参 考 文 献

[1] 马安. 中国炼油行业转型升级趋势[J]. 国际石油经济, 2019, 27（5）: 16-22.
[2] Johanna Cludius, et al. Ex-post investigation of cost pass-through in the EU ETS—an analysis for six industry sectors[J]. Energy Economics, 91（2020）: 104883. https://doi.org/10.1016/j.eneco.2020.104883.
[3] 刘学之, 黄敬, 郑燕燕. 碳交易背景下中国石化行业2020年碳减排目标情景分析[J]. 中国人口·资源与环境, 2017, 27（10）: 12.
[4] 林从龙. 碳市场发展对油气行业的影响[J]. 石油石化节能, 2023, 13（4）: 63-67.
[5] 北京大学能源研究院.《2022年中国石化行业碳达峰碳减排路径研究报告》[R]. 北京：北京大学能源研究院, 2023: 24-28.
[6] 马建国. 油气田业务碳达峰情景分析[J]. 石油石化节能, 2021, 11（12）: 1-4.
[7] 陈广卫, 张静, 刘兆鑫. 石化企业内部碳定价方法研究[J]. 当代石油石化, 2022, 6（30）38-42.
[8] Group A P O I. Carbon capture and storage in focus part 1[J]. Asia Pacific Oil and Gas Insight, 2024（Jan. TN.212）.

［9］张帆．"双碳"目标下CCUS产业化模式面临的挑战、对策及发展方向［J］．现代化工，2022，42（9）：5．

［10］44.01公司．44.01公司与阿曼能源和矿产部签署首个碳去除项目协议［EB/OL］．https：//4401.earth/44-01-signs-agreement-with-omans-ministry-of-energy-and-minerals-for-a-first-of-its-kind-carbon-removal-project/．

［11］王丹，孙楚钰．石油公司进入碳捕获技术圈，投资了哪些CCUS初创公司［EB/OL］．https：//finance.sina.com.cn/money/future/roll/2023-06-09/doc-imywsyiz4677884.shtml．

［12］王嘉祯，钟锐，王遥．全国碳市场价格波动的风险研究［J］．环境保护，2022，50（22）：32-36．

［13］董储幸．冲出重围！碳市场风险破解之道［EB/OL］．2019-11-2．http：//www.tanjiaoyi.com/article-29297-4.html．

［14］远景能源．超千万张绿证交易达成，绿证市场火热背后存隐患［EB/OL］．2022-06-28．https：//www.163.com/dy/article/HAVNFJGR05509P99.html．

［15］朱颖，胡惜子，谢嘉庭．新能源项目投资与开发过程中应避免的十大红线雷区［EB/OL］．2023-02-24．https：//www.sohu.com/a/645854445_121123759．

［16］谢珣．立足碳核算推动碳账户体系优化建设——基于北京银行量化碳金融实践的思考［J］．金融电子化，2023（9）：80-82．

［17］顾韵．能源企业推动碳金融发展的几点思考［J］．财经界，2023（7）：60-62．

［18］黄颖，艾莺．绿色金融助力油气企业低碳发展［J］．化工管理，2023（24）：11-14．

［19］吕珺．集团企业碳资产数字化管理体系构建策略［J］．新疆石油天然气，2022，18（2）：10-15．

［20］张莉．中国"双碳"专业人才的培养路径研究［J］．中国科技人才，2023（6）：40-46．